风电场建设与管理创新研究丛书

风电场工程后评估与风电机组状态评价

许昌　林竹　薛飞飞　钟淋涓　等　编著

中国水利水电出版社
www.waterpub.com.cn
·北京·

内 容 提 要

本书是《风电场建设与管理创新研究》丛书之一，主要对风电场工程后评估方法和风电机组状态评价技术进行了介绍，具有一定的系统性。本书内容包括绪论、风电场后评估资料收集和数据预处理、动态功率曲线评估、风电场工程后评估内容和指标体系、风电机组常见故障及特征参数、风电机组关键部件的状态预测及预警、风电机组运行健康状态评价方法、基于云模型的风电场工程综合后评估、基于大数据技术的风电机组状态评价、风电场工程后评估和风电机组状态评价软件开发等。

本书适合作为高等院校相关专业的教学参考用书，也适合从事风电场工程后评估的工程技术人员阅读参考。

图书在版编目（CIP）数据

风电场工程后评估与风电机组状态评价 / 许昌等编著. -- 北京 : 中国水利水电出版社, 2020.12
（风电场建设与管理创新研究丛书）
ISBN 978-7-5170-9114-1

Ⅰ. ①风… Ⅱ. ①许… Ⅲ. ①风力发电－电力工程－研究②风力发电机－发电机组－研究 Ⅳ. ①TM614 ②TM315

中国版本图书馆CIP数据核字(2020)第218740号

书　　名	风电场建设与管理创新研究丛书 **风电场工程后评估与风电机组状态评价** FENGDIANCHANG GONGCHENG HOU PINGGU YU FENGDIAN JIZU ZHUANGTAI PINGJIA
作　　者	许昌　林竹　薛飞飞　钟淋涓　等 编著
出版发行	中国水利水电出版社 （北京市海淀区玉渊潭南路1号D座　100038） 网址：www.waterpub.com.cn E-mail：sales@waterpub.com.cn 电话：(010) 68367658（营销中心）
经　　售	北京科水图书销售中心（零售） 电话：(010) 88383994、63202643、68545874 全国各地新华书店和相关出版物销售网点
排　　版	中国水利水电出版社微机排版中心
印　　刷	天津嘉恒印务有限公司
规　　格	184mm×260mm　16开本　13.75印张　285千字
版　　次	2020年12月第1版　2020年12月第1次印刷
印　　数	0001—3000册
定　　价	**65.00**元

《风电场建设与管理创新研究》丛书

编 委 会

《风电场建设与管理创新研究》丛书

主要参编单位

（排名不分先后）

河海大学
哈尔滨工程大学
扬州大学
南京工程学院
中国三峡新能源（集团）股份有限公司
中广核研究院有限公司
国家电投集团山东电力工程咨询院有限公司
国家电投集团五凌电力有限公司
华能江苏能源开发有限公司
中国电建集团水电水利规划设计总院
中国电建集团西北勘测设计研究院有限公司
中国电建集团北京勘测设计研究院有限公司
中国电建集团成都勘测设计研究院有限公司
中国电建集团昆明勘测设计研究院有限公司
中国电建集团贵阳勘测设计研究院有限公司
中国电建集团中南勘测设计研究院有限公司
中国电建集团华东勘测设计研究院有限公司
中国长江三峡集团公司上海勘测设计研究院有限公司
中国能源建设集团江苏省电力设计研究院有限公司
中国能源建设集团广东省电力设计研究院有限公司
中国能源建设集团湖南省电力设计院有限公司
广东科诺勘测工程有限公司

内蒙古电力（集团）有限责任公司
内蒙古电力经济技术研究院分公司
内蒙古电力勘测设计院有限责任公司
中国船舶重工集团海装风电股份有限公司
中建材南京新能源研究院
中国华能集团清洁能源技术研究院有限公司
北控清洁能源集团有限公司
国华（江苏）风电有限公司
西北水利水电工程有限责任公司
广东粤电阳江海上风电有限公司
江苏省风电机组结构工程研究中心
中国水利水电科学研究院

本书编委会

主　　编　许昌　林竹　薛飞飞　钟淋涓

参编人员　刘建平　贝耀平　曹周生　王瑜　刘淑军　张航
汪华安　周川　王辉　孙世民　绳结竑　白光谱
傅钧　张成义　牛国智　蔡静　谭振国　李文明
潘赫男　张佳丽　胡小峰　黄洁婷　刘玮　彭怀午
胡已坤　齐志诚　叶建东　李良县　张云杰　黎发贵
黄春芳　张鑫凯　彭秀芳　阿力夫　塔拉　韩晓亮
丁佳煜　郝辰妍　杨志宇　靳志杰　郭宏宇　曾娜梅
郭琛良　陈杰　陈飞　李云涛

本书参编单位 河海大学

南京工程学院

国家电投集团五凌电力有限公司

中国三峡新能源（集团）股份有限公司

中国能源建设集团广东省电力设计研究院有限公司

中广核研究院有限公司

国家电投集团山东电力工程咨询院有限公司

华能江苏能源开发有限公司

中国电建集团水电水利规划设计总院

中国电建集团西北勘测设计研究院有限公司

中国电建集团北京勘测设计研究院有限公司

中国电建集团成都勘测设计研究院有限公司

中国电建集团昆明勘测设计研究院有限公司

中国电建集团贵阳勘测设计研究院有限公司

中国电建集团中南勘测设计研究院有限公司

中国长江三峡集团公司上海勘测设计研究院有限公司

中国能源建设集团江苏省电力设计研究院有限公司

内蒙古电力（集团）有限责任公司 内蒙古电力经济技术研究院分公司

内蒙古电力勘测设计院有限责任公司

中国船舶重工集团海装风电股份有限公司

中国能源建设集团湖南省电力设计院有限公司

丛书前言

随着世界性能源危机日益加剧和全球环境污染日趋严重，大力发展可再生能源产业，走低碳经济发展道路，已成为国际社会推动能源转型发展、应对全球气候变化的普遍共识和一致行动。

在第七十五届联合国大会上，中国承诺“将提高国家自主贡献力度，采取更加有力的政策和措施，二氧化碳排放力争于2030年前达到峰值，努力争取2060年前实现碳中和。”这一重大宣示标志着中国将进入一个全面的碳约束时代。2020年12月12日我国在“继往开来，开启全球应对气候变化新征程”气候雄心峰会上指出：到2030年，风电、太阳能发电总装机容量将达到12亿kW以上。进一步对我国可再生能源高质量快速发展提出了明确要求。

我国风电经过20多年的发展取得了举世瞩目的成就，累计和新增装机容量位居全球首位，是最大的风电市场。风电现已完成由补充能源向替代能源的转变，并向支柱能源过渡，在我国经济发展中起重要作用。依托“碳达峰、碳中和”国家发展战略，风电将迎来与之相适应的更大发展空间，风电产业进入“倍速阶段”。

我国风电开发建设起步较晚，技术水平与风电发达国家相比存在一定差距，风电开发和建设管理的标准化和规范化水平有待进一步提高，迫切需要对现有开发建设管理模式进行梳理总结，创新风电场建设与管理标准，建立风电场建设规范化流程，科学推进风电开发与建设发展。

在此背景下，《风电场建设与管理创新研究》丛书应运而生。丛书在总结归纳目前风电场工程建设管理成功经验的基础上，提出适合我国风电场建设发展与优化管理的理论和方法，为促进风电行业科技进步与产业发展，确保工程建设和运维管理进一步科学化、制度化、规范化、标准化，保障工程建设的工期、质量、安全和投资效益，提供技术支撑和解决方案。

《风电场建设与管理创新研究》丛书主要内容包括：风电场项目建设标准化管理，风电场安全生产管理，风电场项目采购与合同管理，陆上风电场工程施工与管理，风电场项目投资管理，风电场建设环境评价与管理，风电场建设项目计划与控制，海上风电场工程勘测技术，风电场工程后评估与风电机组状态评价，海上风电场运行与维护，海上风电场全生命周期降本增效途径与实践，大型风电机组设计、制造及安装，智慧海上风电场，风电机组支撑系统设计与施工，风电机组混凝土基础结构检测评估和修复加固等多个方面。丛书由数十家风电企业和高校院所的专家共同编写。参编单位承担了我国大部分风电场的规划论证、开发建设、技术攻关与标准制定工作，在风电领域经验丰富、成果显著，是引领我国风电规模化建设发展的排头兵，基本展示了我国风电行业建设与管理方面的现状水平。丛书力求反映国内风电场建设与管理的实用新技术，创建与推广风电中国模式和标准，并借助“一带一路”倡议走出国门，拓展中国风电全球路径。

丛书注重理论联系实际与工程应用，案例丰富，参考性、指导性强。希望丛书的出版，能够助推风电行业总结建设与管理经验，创新建设与管理理念，培养建设与管理人才，促进中国风电行业高质量快速发展！

2020 年 6 月

本书前言

随着国家发展和改革委员会关于全面深化和完善可再生能源价格机制改革等相关文件的发布，风电、光伏发电等新能源逐步实现平价上网，成为发展的必然趋势。有效评估风电场工程和盈利能力，提升风电场实际运行效益是广大风电场投资者关注的重点。

风电场大多数建于偏远的山区、近海乃至远海区域，风电机组的分布较为分散，外部的自然环境恶劣，如夏季的高温暴晒，冬季低温导致的结冰，极端工况下的极限温度、湿度、大气压力，海上盐雾的腐蚀以及复杂的湍流等，加上电网参数对风电机组运行的影响，机组内部部件受力情况复杂，造成风电机组处于非健康状况的因素复杂多样，从而使风电机组故障的种类繁多。对于风电机组来说，风轮、齿轮箱等部件的维修或更换，需要较长的时间周期和较大的资金投入，特别是对于偏远地区以及海上风电场。当机组出现问题时，大型吊车和维修船只等工作器械的租赁费用极高，这将给风电场带来沉重的经济负担。因此，对于风电机组设备来说，合理安排运维，减少因机组故障造成的损失非常必要。风电机组状态评估和故障诊断技术的应用，特别是高效准确的故障诊断与定位技术的应用，能为机组运维提供巨大帮助，极大限度地减少经济损失。

随着计算技术的不断进步，大数据技术广泛应用，工业生产中产生的海量数据，为基于数据驱动的故障诊断模型提供了更加良好的基础，也提高了对传统智能学习方法的要求。深度学习方法作为数据分析处理的重要手段，能有效地对海量数据进行处理，提取数据的内在特征，找出数据间的相关信息，逐渐被更多地应用在故障诊断算法当中。

随着风电产业的发展，风电场投入运营时间的不断增长，风电场内大型风电机组会面临设备老化问题，从而导致机组故障率不断上升，运维成本持续增长。从目前趋势来看，风电机组不断朝着大型化和数字化方向发展，如何利用大数据技术对风电场工程和风电机组运行状态进行评估，以及如何对风电机组设备的故障隐患进行排查和预防，成为了风电从业者日益关注的重点。

本书主要对风电场工程后评估方法和风电机组状态评价技术进行介绍，具有一定的系统性。第 1 章介绍了本书研究开展的背景、意义及研究现状；第 2 章介绍了风电场后评估资料收集和数据预处理的方法；第 3 章介绍了动态功率曲线评估和测试方法；第 4 章介绍了风电场工程后评估的指标体系和具体工作内容；第 5 章对风电机组的常见故障及发生原因进行系统介绍，并构建了风电机组健康状态评价参数体系；第 6 章介绍了风电机组关键部件的状态预测及预警方法；第 7 章介绍了基于模糊综合评价方法的风电机组状态评价方法；第 8 章介绍了基于云模型的风电场工程综合后评估方法；第 9 章介绍了基于大数据技术的风电机组故障诊断及状态评价方法；第 10 章介绍了风电场工程后评估和风电机组状态评价软件的开发与应用；第 11 章对全书内容进行总结，并对相关技术未来的发展提出展望。

由于编著者水平有限，书中定有不足之处，希望广大读者批评指正。

作者

2020 年 11 月

目　录

第1章 绪　　论

1.1 研究背景及意义

能源作为人类赖以生存与技术革新发展的物质基础，驱动着社会的发展。随着生活水平的日益提高，以及传统能源的使用对环境的影响日渐突出，高速增长的能源需求与传统化石能源（如石油、煤炭等）的资源枯竭逐渐形成矛盾。在此背景下，可再生的清洁能源受到人们的广泛关注。清洁能源既可以缓和对能源的急切需求，又能减少传统能源在使用过程中对环境的破坏。风能作为技术相对成熟的低成本清洁可再生能源，近年来得到了迅猛的发展。国际能源署（IRENA）的统计数据显示：截至2019年年底，全球风电机组的累计装机容量已达622704MW，其中海上风电的装机容量达28308MW。全球风能理事会（GWEC）在2020年3月发布的《2019年全球风能旗舰报告》显示：截至2019年年底，全球风能的总装机容量目前已经超过651000MW，2019年全球新增风电装机容量为60.4GW，是历史上风电装机容量第二高的年份。而不同的能源预测机构预测到2030年全球累计风电装机容量在2000000MW以上，其中海上风电的累计装机容量在150000MW以上。全球风电累计装机容量如图1.1所示。全球海上风电装机容量如图1.2所示。

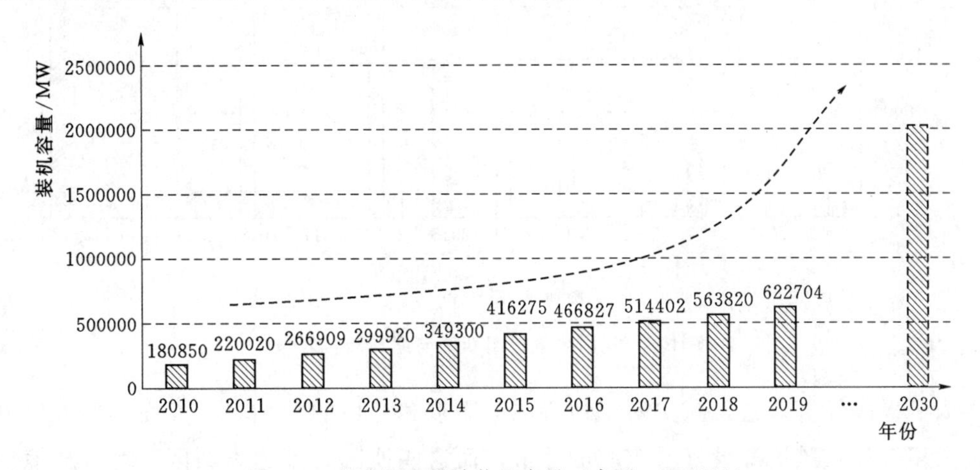

图1.1　全球风电累计装机容量（来源：IRENA）

在全球风电行业快速发展的潮流下，我国的风电行业同样发展迅速，2011年以

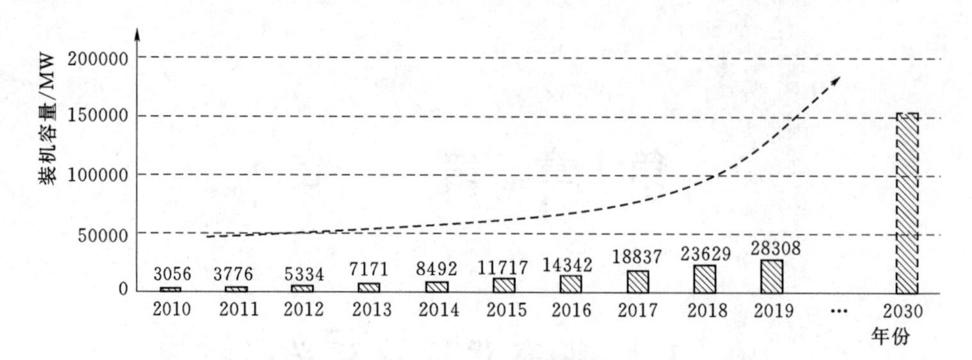

图 1.2　全球海上风电装机容量（来源：IRENA）

来，我国一直是世界累计装机容量最大的国家。其中：2019 年全年新增并网风电装机容量为 25740MW，其中陆上风电新增并网风电装机容量为 23760MW；截至 2019 年，风电累计装机容量达到 21000 万 kW，占国内全部发电装机容量的 10.4%；根据国家的相关规划，该比例还将快速提高，而总装机容量还将不断升高，到 2030 年，国内风电总装机容量将超过 45000 万 kW。我国风电机组新增与累计装机容量如图 1.3 所示。

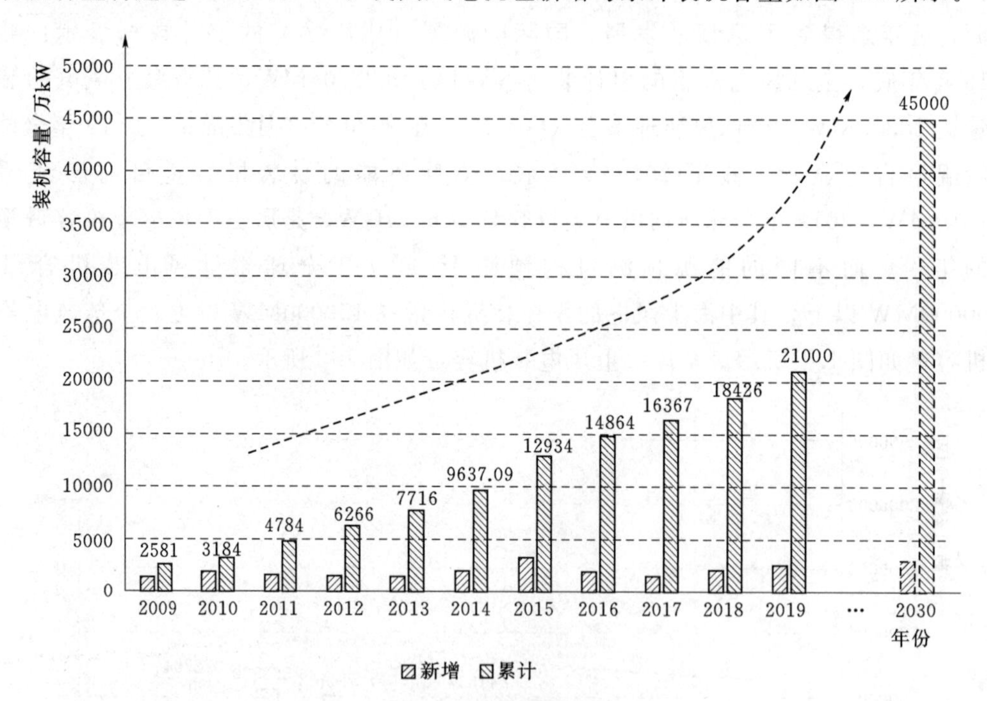

图 1.3　我国风电机组新增与累计装机容量

为了提高经济效益，减少对土地资源的需求和环境的影响，一方面，陆上风电场场址大多选择在风资源较好且空旷的地带，而这些地区大多远离城区，运行环境较为恶劣，且电网对风电机组的运行提出了新的要求，极大增加了故障概率；另一方面，近年来高歌猛进的海上风电，风电机组的运行环境多处于潮间带高空且逐步向近海纵深发展，其运行环境相比陆上更加恶劣，也使得风电机组的故障率逐年增加。因此，尽快对风电机组的运行状态进行有效的监控管理，及时发现故障并进行排查，保证机组能够安全高效运行对其经济效益至关重要。风电机组的部件发生故障或失效而未能及时发现并采取相应措施，会加重机组部件的运行负担，影响风电机组的正常使用，也容易导致其他部件连锁失效，严重的情况下可能导致风电机组结构损坏、报废等永久性损伤，并影响风电并网，降低电力系统的稳定性，从而影响风电场的经济效益。风电机组相关故障如图 1.4～图 1.6 所示。

图 1.4　风电机组机舱内故障引起起火

图 1.5　风电机组叶片冻结故障

图 1.6　风电机组叶片断裂故障

国家发展和改革委员会近年发布的相关文件表明陆上风电的上网电价与传统能源发电的上网价格近期需要保持在同一水平，而海上风电也需要逐步达到平价上网的要求。随着各省相继出台相关政策，以及风电技术的快速发展，更大容量的风电机组得到广泛运用，风电行业将逐步实现全面平价上网。在这样的背景下，快速降低风电行业的成本，合理、准确、有效地对风电场的盈利能力进行评估，对提高风电场的实际运行水平与经济效益至关重要。

影响风电场盈利水平的因素主要有前期风资源的评估、风电机组选型和选址水平，以及运行过程中的运维水平。项目前期对于风资源的评估水平以及实际的风资源水平是风电场取得较好效益的前提，而风电机组的选型、微观选址等的设计水平是风电场取得良好经济效益的保障。风电场的运维水平是风电场取得良好效益的关键因素，即对风电机组进行有效、准确的状态评价，减少风电机组因产生故障而导致发电量降低、机组停机、部件损坏等一系列负面影响，最大程度减少运维和故障造成的经济损失。风电场的后评估是在风电机组投产后，对风电场的各项投资、场址的勘测与规划、运维管理工作等进行整理、总结和分析，对风电场的技术水平及管理水平进行改进，关注风电机组的发电性能以及实际运行过程中风电机组的运行状态，反馈并修正、优化风电机组的运行状态，从而提高风电场投资的经济效益。

1.2 研究现状

1.2.1 风电场工程后评估技术研究现状

20世纪30年代，美国开始进行项目后评估工作。20世纪60年代，项目的后评估开始被许多国家和世界银行、亚洲银行等双边或多边援助组织广泛应用于世界范围内资助项目的评估中。此后，项目后评估逐渐发展到对项目全生命周期的评估。

目前，针对项目的后评估，常用的方法有层次分析法、模糊评估法等。其中，美国运筹学家T.L.Satty于1980年首次提出了层次分析法（AHP），并在1997年将其应用于项目的后评估中。同时期，Hwang C.L.和Yoon K.L提出了基于理想点原理的TOPSIS法。Gregory A.J和Jackson M.C.在项目后评估研究中运用了数据包络方法。Eldukair Z.A.和Wang M.J.等则将模糊评估方法运用到项目的评估中。Hiroshi Maeda等将模糊数学与层次分析法相结合，构建了多层次模糊综合评估的项目后评估体系。

近年来，对于风电场后评估，国外已经有学者进行了相关研究，并将各种评估模型应用到风电场工程中。2004年，Salles C.N.使用蒙特卡罗模型进行实践序列分析，对风电场建设项目进行了财务后评估。2007年，Castro和Ferreira针对风能转换系统的容量可信度问题，提出了一种时序评估方法。2009年，Sergio和Felipe提出利用蒙特卡罗模拟方法对风资源进行评估，并评价风力发电项目的投资价值。同时期，Tai Lu和Yang Guo等采用价值分析方法对风电场运行的经济效益进行综合评估。2011年，Ahmed R.提出了一种概率方法来评估风力发电系统对整个系统可靠性的贡献。Grass和Strauss等提出了将随机风速的风险纳入盈利能力计算的统计模拟方法。2012年，Ajayi提出了一种评估风电场社会影响的方法。2013年，Kim和Oh等通过经济评估，开展了海上风电场选址研究。2015年，Latinopoulos和Kechagia提出了一个

综合评估框架，将技术、经济、社会和环境标准纳入评估体系，用于评估风电场开发项目的合适选址。2018年，Bridget和Martin等提出对项目一级指标的不确定性进行累计评估的方法。

我国的项目后评估开始于20世纪80年代初，当时的国家计划委员会开始对建设项目进行项目后评估，以总结和评估国家重大建设项目的工作经验。1988年11月，随着我国《关于委托进行利用国外贷款项目后评价工作的通知》（计外资〔1988〕933号）等相关文件的颁布，我国的项目后评估工作体制基本形成。到1995年，国家开发银行、中国国际工程咨询公司和中国建设银行分别成立了后评估机构。我国大多数后评估机构与世界银行的模式相似，具有相对独立性。此后，国家重点项目和政策性贷款项目的后评估走向了正确的方向，国家级的后评估管理机构和组织也进入了萌芽阶段。然而，直到20世纪末，我国大部分后评估工作仍然是传统的经济分析。这些后评估工作主要针对投资项目的决策和工程、技术、财务效益的评估，其中经济效益率等经济参数仍然是评估项目成败的主要指标，技术评估、社会评估的体系有待完善。

目前我国涉及风电场后评估的管理办法和参考依据主要有：国务院国有资产监督管理委员会颁布的《中央企业固定资产投资项目后评价工作指南》（国资发规划〔2005〕92号），国家能源局颁布的《风电场工程竣工验收管理暂行办法》和《风电场项目后评价管理暂行办法》（国能新能〔2012〕310号），以及《中国国电集团公司投资项目后评价工作指南》等。

近年来，随着风电场工程项目在我国的快速发展，竞价上网、平价上网的政策也对风电场设计等方面提出了更高的要求。然而现在对于风电场项目后评估的研究尚没有统一的标准。虽然有很多学者对此进行研究，但是其研究的领域也只局限于风资源及发电量后评估或者经济效益及管理水平后评估，没有将三者进行融合，对于后评估指标体系的建立以及评估方法的研究还不够全面和深入。Yunna Wu和Yang Li等在总结国内外有关风电场评估研究的基础上，建立了一个风电场规划后评估专家框架，该框架由功能设计、风险预测、投资评估以及管理水平4个指标构成，并扩展了10个子指标。沈又幸、范艳霞等首先选取了172个三级评估指标，通过实地调研，与专家沟通探讨，筛选出32个三级评估指标作为风电场建设过程、效益及影响等3个方面的后评估指标，选择模糊层次分析法对风电场进行成功度评判。李晟、蒋维等提出基于网络分析法的模糊综合评判法对风电场的过程、效益、影响及持续性进行了后评估。李金颖、徐一楠等将风电场可持续性作为后评估工作的重要环节，并应用基于整体差异的组合评估方法对上述指标进行后评估。

从国内外关于风电场项目后评估的研究现状可以看出，目前我国风电场项目后评估工作存在以下问题：没有全面完善的风电场后评估体系及框架，无法兼顾评估发电量、设备状态及经济效益等多个方面；当前的后评估方法并不能满足工程需要，且没有形成可应用的风电场后评估工具或平台。因此有必要对风电场后评估的理论和应用展开系统研究，并开发相应的软件平台系统。

1.2.2 风电机组状态监测及评价技术研究现状

近年来，振动与噪声理论、测试技术、信号分析与数据处理技术、计算机技术及其他相关基础学科的发展，为设备状态监测技术打下了良好的基础。而工业生产逐渐向大型化、高速化、自动化、流程化方向发展，为设备状态监测技术开辟了广阔的应用前景。可以预见，这项源于生产实践，又与近代科学技术发展密切相关的新兴学科在实际生产中必将发挥越来越大的作用。

传统的旋转机械状态监测技术主要基于阈值监测的方法，这种方法简单易推行，但在有效性及全面性上略有欠缺。作为常规的监测手段，阈值监测主要包括时域分析法、频域分析法、统计分析法以及信息理论分析法。时域分析法应用时间序列模型及有关的特性函数来监测，主要包括信号的时域统计分析、同步时间平均分析、包络分析等方法；频域分析法根据频谱特征变化判别机器的运行状态，主要包括快速傅里叶变换、功率谱分析、倒频谱分析等方法；统计分析法应用概率统计模型来分析；信息理论分析法应用信息理论建立的某些特征函数，如库尔伯克信息数、J散度等在机器运行过程中的变化进行工况状态分析。

由于旋转机械运行时参数的复杂性、随机性和耦合性，传统的监测方法已不能满足现代旋转设备的状态监测技术要求，甚至会造成重大的损失。目前，对于时变频率信号等非平稳信号的分析方法主要有短时傅里叶变换（short - time Fourier transform，STFT）、小波变换（wavelet transform，WT）、Wigner - Ville变换、时变自回归滑动平均模型、希尔伯特-黄变换（Hilbert - Huang transform，HHT）、局部平均分解、经验小波变换等。此外，随着计算机技术的不断发展，工业大数据分析逐渐成为可能。大数据背景下的数据挖掘技术，数据驱动的人工智能监测与诊断方法开始大量应用于旋转机械状态监测及故障诊断领域，人工智能算法利用计算机来模拟人类的智能活动，多种算法结构可以满足不同领域、不同类型数据的分析处理，可以对数据特征与数据间的隐含联系进行有效的挖掘提取，帮助人们获取海量高维数据的内在相关信息。近几年，智能监测与诊断方法已成为研究热点，是一种具有十分广泛应用前景的新方法。

风电机组属于旋转机械设备，状态监测主要针对主传动链上的主轴、齿轮箱、发电机等重点部件以及其他辅助系统，由于其运行工况交变，机组的参数预测面临着较大的难度；作为柔性大型旋转机械，风电机组具有结构复杂、工作环境恶劣等特点，其异常状态辨识技术也成为关键问题中亟待攻克的难点之一；此外，机组的状态评价

技术能为机组的运行维护提供理论支撑，与异常辨识技术相辅相成。下面主要从三个方面介绍国内外的研究进展及发展趋势。

1.2.2.1 参数预测技术研究现状

风电机组的参数预测技术主要分为两个方面。

一是对机组的出力相关数据，如对风速、功率、发电量等进行预测，有助于和电网的友好交互。Li 等提出了一种基于极限学习机和误差修正的组合方法实现了在短时间尺度上的风电功率预测。Tascikaraoglu 等介绍了多种风功率预测方法，并构造了一种组合模型对原始方法进行改进。张颖超等通过改进的人工鱼群算法对 BP 神经网络进行优化，提高其收敛速度和泛化能力，弥补了其后期搜索盲目性大、收敛速度慢、搜索精度低的缺陷。杨茂等构建了灰色缓冲算子，并借助于卡尔曼滤波器对神经网络模型进行修正，通过实际结果验证了模型预测精度的提升。

二是对机组自身运行性能参数，如关键部件的温度、转速等进行预测，有助于实现对风电机组健康状态的描述，保证其安全可靠运行。相关参数预测的数据来源主要是借助于风电场的 SCADA 系统。当其发出报警时，表示风电机组已经产生了一些不可逆的问题，因此需要对参数进行连续监测以发现其缘由；然而，相关问题不能从区间上简单做出判断，需要对数据进行深层次的挖掘研究。Yang 等利用新的数据处理方法对 SCADA 系统内数据进行拟合，并基于此提出一种机组运行标准和风电场内运维策略设计思路，但是其只考虑了单个参数的影响，缺乏普适性。Li 等基于风速的波动变化性，建立了 SCADA 系统参数与风速的拟合关系，提高了对 SCADA 系统数据处理的准确度和效率，但是忽略了温度的影响。Schlechtingen 等根据自适应模糊神经网络提出了一种新的 SCADA 系统数据处理方法，可以适用于不同的 SCADA 系统参数并进行了验证。

参数预测基本流程如图 1.7 所示，通过大量 SCADA 系统历史数据挖掘，选取合适的模型进行参数预测，可以削弱复杂工况对参数的影响。Kusaik 等通过分析历史风电机组数据，基于神经网络算法建立了轴承正常行为预测模型，并在不同风电机组上验证了模型的可靠性。Schlechtingen 等介绍了 3 种参数预测模型，并验证了非线性神经网络模型在轴承以及发电机定子温度预测的优秀表现。Yan 等分析风速累积概率分布及输出功率与风速的关系，确定 SCADA 系统数据集，然后基于反向传播神经网络实现了对 SCADA 系统中状态参数的自动选择。安学利等着眼于时间序列的非线性动力学建模，应用相空间重构理论和加权一阶局域预测方法对状态参数进行了混沌预测研究。李辉等利用平均弱化缓冲算子，引入关联度建立了灰色非等间隔预测模型，并对机组运行转速采用实例验证了模型的高精度。王爽心等利用混沌映射初始节点集和

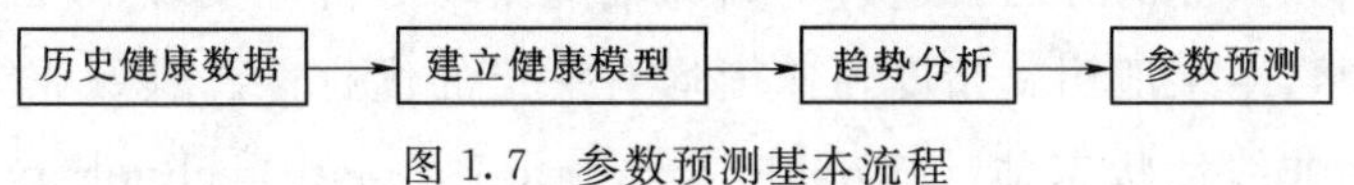

图 1.7 参数预测基本流程

构造算子，建立了一种混沌小世界优化算法应用于机组转速的预测，并与控制系统结合实现了控制器的超前动作。

从以上参数预测的研究成果中可以总结得出：目前研究建立的风电模型预测大部分对输入变量没有一个明确的结论，另外，预测模型往往是一种预测模型，输入量的缺失会导致预测性能较差，不能适用于机组的所有参数类型；组合式预测模型改善了单一预测模型结果不够精确的弊端，充分发挥了各模型的优点，提高了预测的可靠性，但降低了预测效率。由于机组以及配套SCADA系统的差异性，进行参数预测时需要结合目标参数类型合理选择预测模型。

1.2.2.2　异常辨识技术研究现状

风电机组内部结构复杂、外部运行工况多变，同时受到天气、电网、负荷等多种因素的影响，使得其内部状态参数的异常识别难度巨大，如何在现场运行的SCADA数据中对异常部分进行准确辨识定位十分具有挑战性。风电机组的异常辨识是建立在参数预测的基础之上的，只有参数预测模型可靠性满足要求，才能准确定位到异常数据区域。异常辨识方法可以分为统计方法、人工智能方法、大数据方法3种，见表1.1。

表1.1　异常辨识方法分类

类别	统计方法	人工智能方法	大数据方法
定义	基于数学统计原理进行分析	需要对正常数据进行训练学习	相关数据挖掘技术
举例	简单函数	BP神经网络	k - means聚类分析
要求	需要知道其分布特征	需要大量历史健康运行数据进行学习	需要海量数据分析
结果适应性	较低	较好	中等

基于统计方法的异常辨识技术一般应用于规律明显、产生故障时趋势易于发现的参数。Yang等通过统计海量历史数据形成了风电机组性能曲线，对机组输出功率、转速以及桨距角随风速变化的异常状态进行监测并辨识，结果表明：统计方法对于输出功率等分布特征明显的参数有很强的适用性，缺点在于其对温度、压力、振动等参数的辨识能力有限。然而，由于统计方法对数据规律的整理能力极强，因此被广泛应用于数据的分析处理中。

大数据方法起源于数据挖掘技术，对已经长期运行的风电场内的异常参数辨识有着明显效果。孙鹏基于k - means聚类算法计算目标参数特征量，并结合核密度估计建立了异常程度判断指标，提高了异常辨识的可靠性。Zaher等基于向量机回归的方法，实现了对风电机组发电机系统的劣化监测和故障诊断。Yu等基于最小二乘支持向量机法以及回归预测的方法，通过对高速轴的振动分析，实现了机组发电机的故障预测与异常辨识，结果证明其精度与速度均有一定的优越性。姚万业等针对变桨系统故障问题，利用非线性状态估计（nonlinear state estimate technology，NSET）方法

计算每一个特征对于结果偏差的影响来定位故障类型，旨在为现场运维节约大量时间。从历史研究来看，大数据方法对于参数异常辨识的有效性已经在机组内多个参数上得到验证，但多数方法中对象比较单一，缺乏高维数据的适应性，因此在普适性上稍逊于人工智能方法。

随着许多大型风电场的运营年份增加，大量的SCADA系统运行历史数据可作为样本，人工智能方法开始应用于机组的异常辨识技术，其中最具代表性的是人工神经网络技术。相对于大数据方法，人工智能方法能够处理好高维数据的复杂边界问题，适用于风电机组内部交错的参数体系，得到许多相关研究工作者的偏爱。Kusiak等分析了叶片的桨距角故障、叶片安装角度不对中、安装角错误3种叶片故障，采用5种算法对故障进行了异常辨识研究，结果表明：遗传规划算法的精度最高，且能在多时间尺度、多种工况下应用，具备较强的叶片状态异常辨识能力。Schlechtingen等研究了自适应模糊神经网络在异常辨识技术上的应用，结合模糊推理根据预测残差对监测组件进行故障识别，并根据相关实例验证了可靠性。Garcia等提出，过于复杂的构件可以采用多种算法选择模型的输入参数，并以风电机组的齿轮箱为例进行了研究分析。Ebrahimi等采用三层神经网络模型实现了对永磁同步电机的静态、动态、混合3种偏心故障的异常辨识，并通过模拟和实验结果证明了该方法的有效性。

在国内，除了单一算法的应用，也有许多学者提出了组合算法并加以验证。赵洪山等首先根据正常状态下的振动数据建立了齿轮箱的随机状态空间模型并计算参数的参考特征值，然后将实际计算得到的特征值与其比较，利用统计过程控制定义下的均方根误差阈值对齿轮箱异常进行辨识。臧红岩基于数据分析平台对数据库内故障数据集进行分析处理以减少神经网络的输入节点，提高了网络的计算速度。颜永龙等融合了反向传播神经网络算法和最小二乘法原理进行加权形成了新的组合预测模型，并基于信息熵方法处理残差数据，实现了风电机组状态参数的异常辨识，并以发电机轴承温度为例验证了方法的可靠性。孙鹏等采用3种不同样本作为训练数据建立了状态参数的神经网络预测模型，基于模糊综合评价方法对不同模型产生的异常辨识结果进行融合，并通过两个实例分析表明：这种组合的异常辨识方法相比传统方法具有更好的准确性。总的来说，组合算法能够形成优势互补，比单一算法更具有普适性和全面性，能够全面反映状态参数的变化趋势和状况，其异常辨识能力的准确度和速度均有很大提高。

1.2.2.3 状态评价技术研究现状

针对风电机组的运行健康状态分析，目前研究采用的方法是：在机组各关键位置安装传感器形成状态监测系统，再对传感器采集到的振动等信息进行分析，以此来实现机组关键部件，如叶片、齿轮箱、发电机等的故障诊断以及预警。大多也形成了完整的系统，但缺少针对风电机组整体状态的评估研究。目前相关物元分析方法、模糊

方法、灰色关联方法、投影寻踪理论等已经逐步应用在其他发电系统、大型变压器以及电能质量的综合评价中。

关于风电机组的状态评价，国内外研究主要从两个方面入手。

一方面是通过实际运行风电机组的风速—功率关系曲线，对比预期的功率曲线，对风电机组的运行表现进行评价，其主要思路如图 1.8 所示。Gill 等根据运行数据计算机组功率曲线的概率分布函数，再利用 Copula 函数对实际运行点的偏离程度进行分析评价，并对叶片等部件的故障进行早期识别。Herp 等基于贝叶斯分类方法和多元高阶矩阵构建了一种新的功率曲线数据驱动模型用于风电机组的性能监测，提出了一种新的孤立点检测标准，并使用一组风电机组正常和异常状态下的运行数据成功对模型进行了验证。Kusiak 等采用数据驱动的方法对风电机组的性能进行评价，基于最小二乘法、极大似然估计法、非参数邻近分类算法建立了 3 种功率曲线模型并采取进化策略求解，结果证明极大似然估计法和非参数邻近分类算法的计算效果更优。梁涛等应用粒子群算法对建立的最小二乘支持向量机功率曲线模型进行寻优，并对峰度和偏度进行计算，实现了对风电机组运行状态的监测评价。

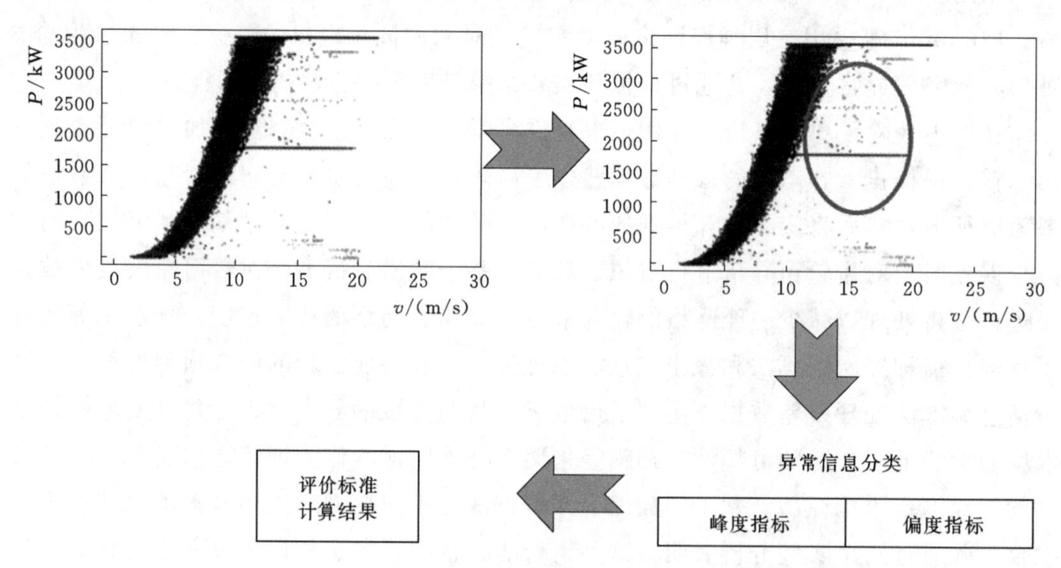

图 1.8 功率曲线法评价思路

另一方面是收集现场运行 SCADA 系统数据，对风电机组的各部件运行状态进行识别分析，最终对机组的健康状态产生一个总体评价结果。各个研究采用的方法与评价条件存在差异，但其思路基本相同，如图 1.9 所示。Dai 等将风电机组评价的重点总结为输出功率、功率系数、机舱振动、关键部件温度 4 个方面的标准，并借助这 4 个标准开发了一种信息融合的风电机组评价方法，对实际风电场运行数据进行分析并成功进行了验证。Zaher 等侧重于对复杂风电场内 SCADA 系统数据类型的简化，设计了一种解释方法自动对参数数据进行处理，并将可能出现的所有结果和原因提供给

现场工作人员，供其判断以采取下一步措施。

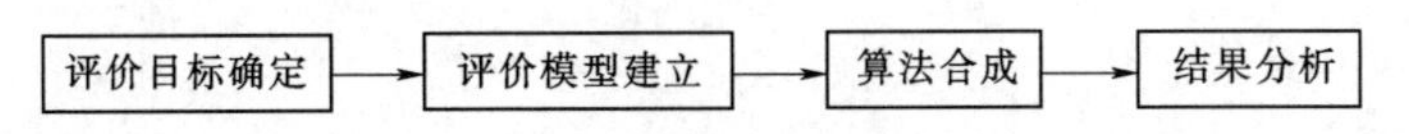

图 1.9 机组的健康状态评价思路

国内相关研究人员则将重点放在评价算法的研究上，以保证评价结果的可靠性、稳定性和评价速度的高效性。吴晖致力于遗传算法和 BP 神经网络的有机结合，并结合灰色关联分析得到权重，成功对风电机组进行了整体评价。颜永龙考虑了风电机组运行工况的多变性，基于马尔可夫理论实现了风电机组的短期可靠性评价。黄丽丽综合考虑了故障模式、影响和危害性分析，结合 Dempster - Shafer 证据理论确定权重，对风电机组状态进行变权综合评价。黄必清等采用相关系数法确定指标权重，基于多层次模糊综合评判方法，自下而上逐级对风电机组各个子系统的运行状态进行评价。

劣化度、隶属度函数以及权重的确定是风电机组状态评价技术中的三个主要难点。目前的研究中普遍存在两个问题：一是劣化度按照参数运行区间进行线性函数计算，缺乏对变化趋势的考虑，导致结果不够精确；二是隶属度函数以及权重的确定主观性过大，这种情况的改善需要现场长期应用、不断反馈，并据此对隶属度函数的待定参数和权重进行修正，以达到更精确的结果。

第2章　风电场后评估资料收集和数据预处理

在风电场后评估时，需要对风电场内相关资料和数据进行收集和处理。其中，最主要的数据来源有三类：第一类是风电场规划设计的资料，如地形图、测风阶段测量数据、风电机组设计参数等；第二类是风电场的运行数据，如测风塔测量数据、SCADA系统运行数据等；第三类是需要对风电场设计阶段至运营期内的各类相关报表文件进行整理与分析，此类文件大多以风电场内工作人员统计填写的报表文件为主，主要包括运营期财务报表、机组故障台账与备件消耗记录等。这些资料和参数常常因为传感器设备故障、现场记录、保存等原因，产生数据缺失、异常等情况。在进行风电场的风资源计算、功率曲线计算前，还需对这些异常数据进行筛选和替换，以保证计算结果的可靠性。

2.1　测　风　数　据

风资源的开发利用过程中，风资源的测量与评估处于十分重要的位置。对风资源进行测量和评估，不但关系到风电场的效益，还可以影响风电场内的运营管理水平，是风电场建设成功与否的关键，测风数据的采集与分析准确与否也是投资收益的重要影响因素。

1. 测风塔

前期开发过程中，测风塔主要用于风电场的风资源评估和微观选址。风电场投运后，测风塔主要用于风电场的气象信息实时监视和发电能力预测。

测风塔架主要有桁架式拉线塔架和圆筒式塔架等两种结构型式。目前，国内大多数采用桁架式拉线塔架结构型式。测风塔的安装地理位置可选择在拟建风电场的中央或风电场的外围2～3km处。用于风资源开发利用的测风塔架上搭载的设备主要是气象要素实时监测系统，包括多种气象要素测量传感器、数据采集模块、通信模块等，具备分层梯度测量和采集风电场微气象环境场内的风向、温度、湿度、气压等气象信息的功能。

一般来说，测风塔应布置不少于3层的风速观测，是否需要布置风向、温度、气压、湿度等气象信息观测应以满足今后风电场风资源评估和设计的有关要求为原则。

风电场的基本（主）测风塔一般除布置风速观测设备外，还布置 2～3 层风向观测，若风电场还有其他气象信息需进行观测，设备一般也布置在基本（主）测风塔上。

2. 测风数据的收集

风电场内测风数据的收集由测风系统完成。一般来说，测风系统主要由 5 部分组成，包括传感器、主机、数据存储装置、电源、安全与保护装置。其中，传感器分为风速传感器、风向传感器、温度传感器、气压传感器等，输出信号为频率（数字）或模拟信号；主机利用微处理器对传感器发送的信号进行采集、计算和存储，由数据记录装置、数据读取装置、微处理器、就地显示装置组成；数据存储装置（数据存储盒）应有足够的存储容量，而且为了野外操作方便，采用可插接形式，系统工作一定时间后，将已存有数据的存储盒从主机上替换下来，进行风资源数据分析处理；测风系统电源一般采用电池供电，为提高系统工作可靠性，应配备一套或两套备用电源，主电源和备用电源互为备用；安全保护装置一般设置于传感器输入信号与主机之间，此外，还需对测风设备进行严格密封保护，防止沙尘进入。

在后评估阶段，测风参数可以通过业主单位或者设计单位收集，收集完整的测风塔数量、测风塔布置、传感器布置信息，而测风时间要求和设计阶段相同，一般的数据格式是 10min 时间间隔，个别也有更短的时间间隔格式。

2.2 SCADA 系 统 参 数

为了确保风电机组安全、稳定地运行，需要实时监测风电机组的运行状态，必要时进行安全保护动作。在风电机组技术的发展过程中，其监测和安全预测预警是关键。风电机组发展的初期，运行状态参量的主要通过现场实地检测，但是由于风电机组大多运行在一些环境条件极其恶劣的地区，如高原地区、沙漠、海上等，运行中对风电机组进行实地检测从而获取运行状态参量变得越来越不方便，越来越困难。随着科学技术的不断发展，人们开始利用实时状态监测和集成技术实现对风电机组运行状态参量的在线监控。当前，常见的风电机组可以实现对风速、风向、风电机组润滑油液、风电机组振动信号、风电机组叶片的应变、风电机组发电机等状态参量的实时监测。

常规风电机组出厂时均带有 SCADA 系统，系统参数的种类会随厂家以及机组的型号不同而有差异，但是主要参数差别不大；而部分风电机组会带有状态监测系统（condition monitor system，CMS），用于监测重要部件的振动量和温度等。目前大部分风电场运营着数十台甚至上百台的风电机组，而单个风电机组的 CMS 系统就需要大量的硬件设施支撑，加上巨大的安装和后期服务费用，对于风电场来说是一个巨大的经济投入；应用于风电机组的 CMS 系统多数始于其他大型旋转机械，未考虑到风电机组特殊的环境多变和柔性结构特性，诊断准确率较低且远程专家服务周期长导致现场不能及时处理等情况。

综合来看，投运的机组后期安装CMS系统，结合风电机组的SCADA系统参数和大量的历史运行数据，能够满足数据分析时需要考虑的机组个体差异，提高机组监测水平，提前识别部件异常，保证机组的安全可靠运行。在风电场中使用的SCADA系统，一般需要具备以下功能：

（1）实时状态监测功能。SCADA系统可以满足对风电场每一台风电机组运行参数的实时监测，例如风电机组运行时的实时风速、实时转速、有功功率、无功功率等。

（2）故障报警功能。SCADA系统可以实现在风电机组发生故障时自动发出报警，以便对风电机组故障进行及时处理，保证风电机组安全可靠的运行。

（3）下载历史数据功能。SCADA系统监测获得的实时监测数据被保存在数据服务器中，用户可以从数据服务器中下载历史数据。

（4）数据库功能。SCADA系统最初的监测数据是存储在控制器中的，但是由于控制器存储能力有限，并且风电机组的运行周期长，运行数据非常庞大，因此SCADA系统必须有功能很强的数据库，以便于数据的存储、下载以及统计分析。

（5）登录功能。SCADA系统具备登录功能，用户可以通过登录功能，远程操控风电机组的控制设备，实现远程风电机组的启动、关机、停机等操作，并且可以实现风电机组中控制器软件的远程自动升级。

风电机组SCADA系统主要由上位机、下位机、远程监控中心、通信设备等部分组成，通过分布于风电机组各处的传感器，将运行过程中的参数信号采集起来。下面以某1.5 MW陆上风电机组的SCADA系统为例进行详细介绍，其主要监测参数传感器位置如图2.1所示。

SCADA系统的监测主要针对风轮、机舱、齿轮箱、发电机、变流器、机组出力质量、自然环境等单元，其主要实时监测量共计37个参数，并以10 min为数据间隔存储机组运行过程中各个监测量的数据。表2.1列举了各个机组单元所包含的监测参数，并给出了对应于图2.1的编号。

表2.1　风电机组各单元的状态参数表

机组单元	状态参数	编号	备　注
风轮	桨距角	1，2，3	每个叶片一个，共三个
	轮毂温度	32	
机舱	机舱方向	9	
	舱内温度	21	
	机舱振动	33，34	X向、Y向，共两个
	液压泵压力	37	

续表

机组单元	状态参数	编号	备注
齿轮箱	低速轴转速	4	
	低速轴转矩	6	
	齿轮油温度	24	
	齿轮箱入口温度	25	
	低速轴轴承温度	28	
	高速轴轴承温度	26，27	前轴承、后轴承，共两个
	齿轮箱入口压力	35	
	齿轮箱油泵压力	36	
发电机	发电机转速	5	
	发电机轴承温度	29，30	前轴承、后轴承，共两个
	发电机定子绕组温度	31	
变流器	控制器负荷	22	
	变流器温度	23	
出力质量	有功功率	10	
	无功功率	11	
	功率因数	12	
	线电压	13，14，15	三相之间的线电压，共三个
	相电流	16，17，18	三相的相电流，共三个
	频率	19	
自然环境	风速	7	
	风向	8	
	环境温度	20	

在SCADA系统中，可以通过运行日志浏览器功能对监测数据进行浏览与导出，运行日志根据用户需求分为不同类型，包括平均值日志、高分辨率日志、触发日志等。所有控制器数据所示操作日志表可以查看和保存为Excel（.xls）等格式文件，如图2.2所示。

SCADA系统平均值日志（图2.3）分为标准日志与详细日志两种，标准日志显示10min数据，详细日志显示1min数据，两种日志数据类型的不同点在于数据计算的聚合周期不同。

SCADA高分辨率日志包含长时间的秒级在线数据，默认的数据采样频率为1次/s，如有需要，采样频率可以增加。高分辨率日志对查看和分析高频率变化值的物理参数非常有用，如振动信号、风速、有功/无功等，因此在对风电机组故障分析时，通常选择导出高分辨率数据进行分析研究。以图 2.4 为例，图中曲线为某风电场内风电机组因出现较大的功率、转速、变桨速率波动，报出过速问题导致故障停机前的相关参数记录。

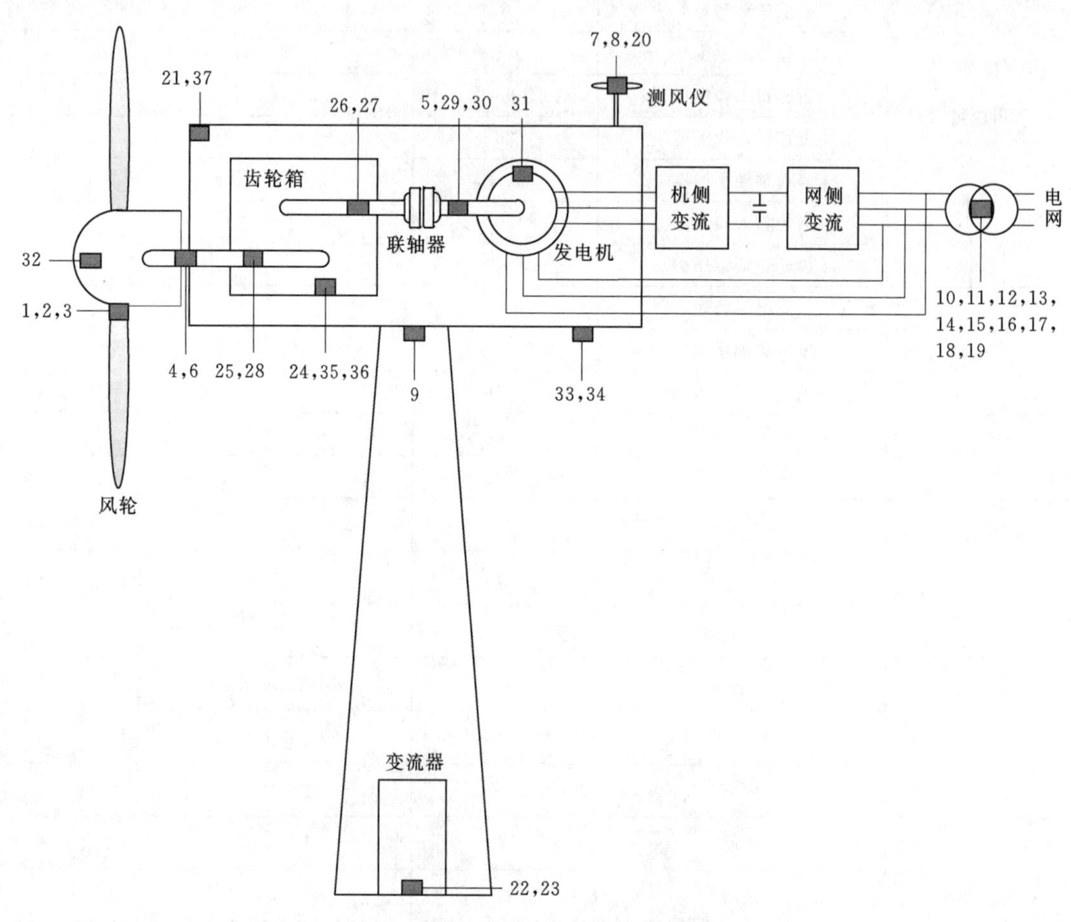

图 2.1　SCADA 系统监测参数位置示意图

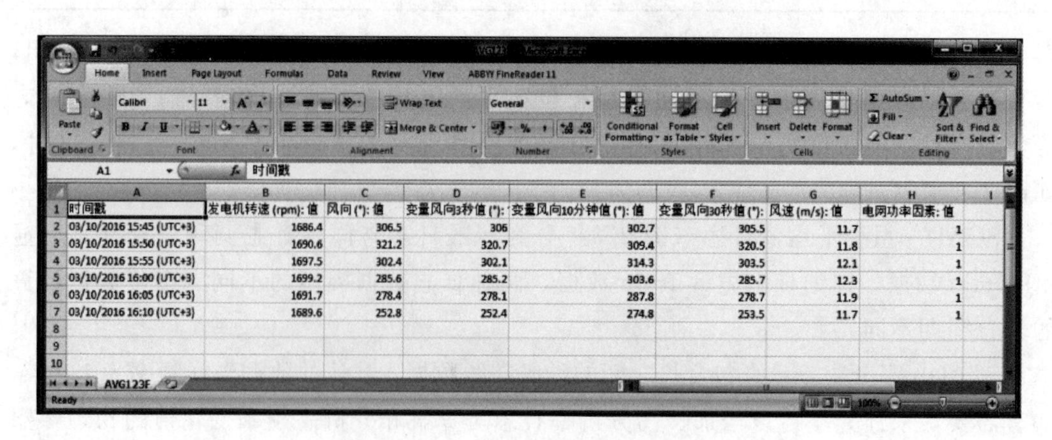

	A	B	C	D	E	F	G	H
1	时间戳	发电机转速 (rpm): 值	风向 (°): 值	变量风向3秒值 (°):	变量风向10分钟值 (°): 值	变量风向30秒值 (°):	风速 (m/s): 值	电网功率因素: 值
2	03/10/2016 15:45 (UTC+3)	1686.4	306.5	306	302.7	305.5	11.7	1
3	03/10/2016 15:50 (UTC+3)	1690.6	321.2	320.7	309.4	320.5	11.8	1
4	03/10/2016 15:55 (UTC+3)	1697.5	302.4	302.1	314.3	303.5	12.1	1
5	03/10/2016 16:00 (UTC+3)	1699.2	285.6	285.2	303.6	285.7	12.3	1
6	03/10/2016 16:05 (UTC+3)	1691.7	278.4	278.1	287.8	278.7	11.9	1
7	03/10/2016 16:10 (UTC+3)	1689.6	252.8	252.4	274.8	253.5	11.7	1

图 2.2　SCADA 系统数据导出

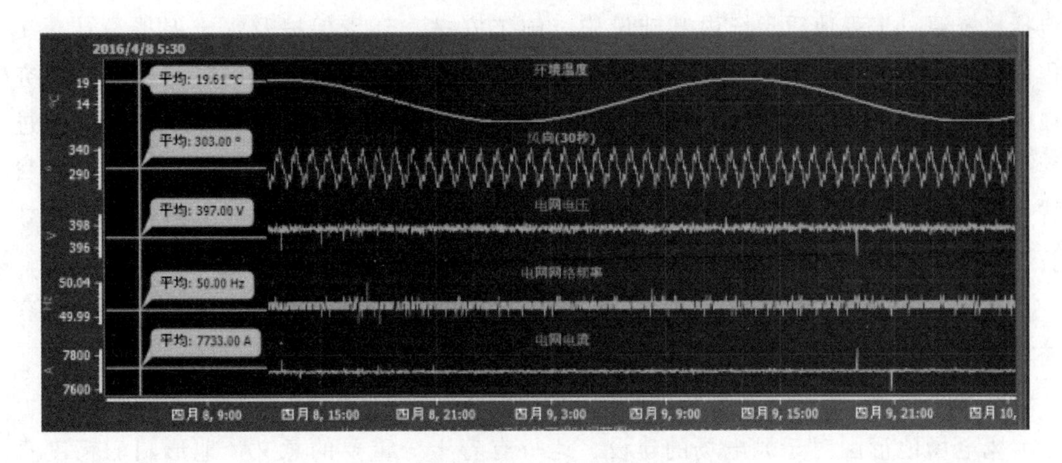

图 2.3　SCADA 系统平均值日志显示窗口

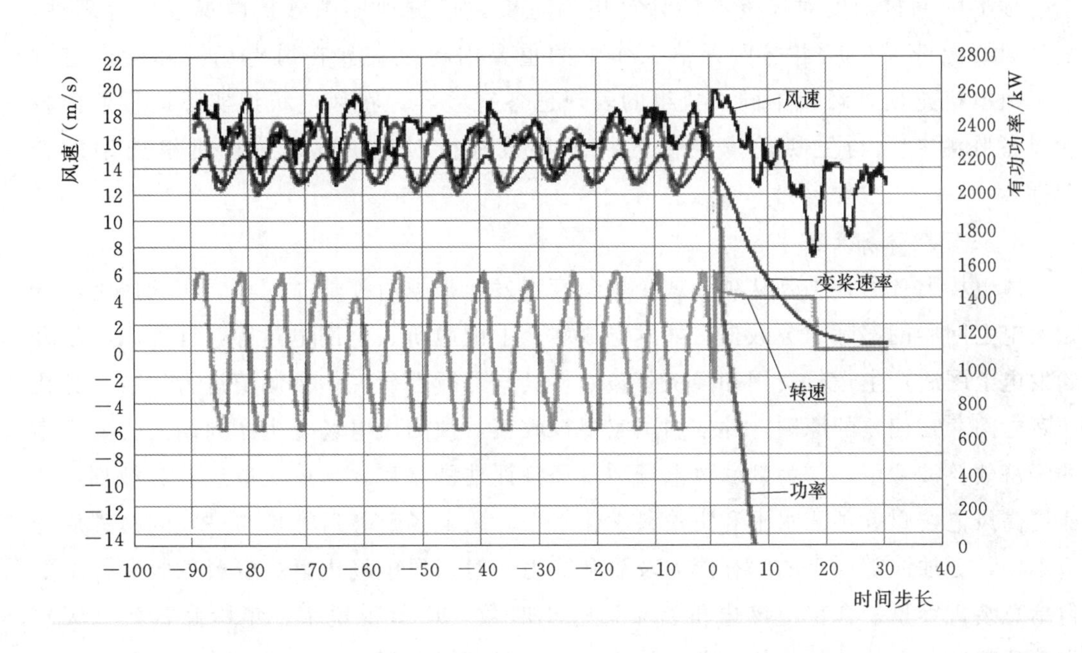

图 2.4　风速、转速、功率、变桨速率之间的关系曲线图

2.3 其他资料

1. 可行性研究报告

可行性研究报告内容是以全面、系统的分析为主要方法，以经济效益为核心，围绕影响项目的各种因素，运用大量的数据资料论证拟建项目是否可行。可行性研究报告对整个可行性研究提出综合分析评估，指出优缺点和建议。为了结论的需要，通常

包括风资源、工程地质、场内基础设施、施工安排、环境保护及水土保持设计、工程设计概算等内容，以增强可行性研究报告的说服力。编制风电场项目可行性研究报告是确定建设项目前具有决定性意义的工作，是在投资决策之前，对拟建项目进行全面技术经济分析论证的科学方法。在投资管理中，可行性研究是指对拟建项目有关的自然、社会、经济、技术等进行调研、分析比较以及对建成后的社会经济效益预测。

在风电场工程后评估过程中，需要将评估结果与风电场可研及初设报告中的内容进行对比，通过比较分析，判断实际运营期项目的各方面指标是否达标。

2. 风电场地形图以及风电机组参数等设计文件

风电场地形图对于风电场的建设、运行有着十分重要的意义，地形图的精度直接影响前期评估的准确性，反映场址的地形特点，对于处在复杂地形条件的风电场，地形图的精确度对风资源的计算更为重要。依据地形图分析微观选址合理性，复核风资源情况是风电场后评估工作中的重要内容之一。在风电场实际生产过程中，风电机组所处环境不同，机组的表现也各有差异，将风电机组实际运行期内各项设备监测参数与主机厂家提供的技术参数进行对比，可以分析机组选型的合理性。

3. 运营期财务报表

风电场财务后评估是从项目或企业角度出发，根据后评估时间点之前的风电场开始发电上网后的实际财务数据，如发电成本、上网电价、上网电量等，计算风电场开始发电上网后产生运行费用和经济效益，将其与可行性研究中预测值进行比较，分析两者之间存在偏差的原因，并依据国家现行政策，预测风电场全生命周期内将要产生的经济效益和费用，作为判断风电场项目经济评估的基础，从中吸取经验和教训，从而提高风电场财务预测水平和决策科学化水平。风电场财务后评价与一般的财务后分析不同，更加注重项目的生存能力及盈利能力。对于风电场内财务资料的收集，主要包括总装机容量、含税上网电价、年运行小时数、增值税税率、年检修日数（天）、借款还款期、电站定员、年发电日数、年人均工资等方面。

4. 风电机组故障台账与备件消耗记录

进行风电场工程后评估时，实际发电量与预测发电量偏差的一个重要影响因素就是风电场内风电机组故障及风电场设计缺陷。此时需要对风电场内的风电机组故障、消缺以及机组出力情况进行统计与评估。同时对风电机组的状态评价也可以确定风电机组各部件当前的运行情况，从而提前判断是否会出现更大的故障，减少损失。故障情况统计主要对每台机组全年的故障时间、维护时间、风电场各系统故障时间、非被考核对象责任导致的停机小时数、等效满发小时数进行统计，还应收集风电机组故障台账与备件消耗记录等文件材料。

2.4 风电场数据预处理方法

2.4.1 数据的清洗和预处理

风电场的历史运行数据保存在SCADA系统中，其中风速和发电功率数据对电力系统的运行调度和风电场的运行管理具有重要意义。在实际运行中，由于气候因素、设备故障、人为操作、弃风限电等原因，风电场的SCADA系统数据中会存在大量风速和功率关系异常的数据。若直接使用这些数据，会降低风电场相关计算的精度，给风电场的运行管理和电力系统的运行调度带来困难。为了减少异常数据对风电功率等模型计算精度的影响，需要对原始数据进行处理，剔除异常数据，并对缺测数据进行填补等操作。

按照IEC标准的要求，应该按照以下原则剔除测风仪异常情况、停机、故障时间段内及测量扇区之外的数据，其具体需要剔除的数据类型有：①风电机组故障引起风电机组停机；②在测试或在运行维护中人工停机；③测风仪器故障；④干扰扇区的数据；⑤弃风限电以及自身限电期间数据。

常见的异常值检测方法包括基于统计的异常值检测方法，如极差法、均差法和四分位法等；基于距离的异常点检测算法，将数据集中与大多数点之间距离大于某个阈值的点视为异常点，主要使用的距离度量方法有曼哈顿距离、欧氏距离和马氏距离等；基于偏差检测的方法，如聚类和最近邻等方法；基于密度的异常点检测算法，如局部异常因子（LOF）算法。

常见的数据包括连续型、离散型、时间型、文本型等类型，针对风力发电过程中产生的数据，主要对连续型和离散型数据进行处理分析。对于连续型数据的处理，主要包括归一化和离散化方法。对多维样本数据来说，不同特征的数据物理意义不同，没有可比性，进行数据的归一化处理后，可以使特征之间具有可比性。在多数学习网络的训练过程中，归一化样本数据可以使网络寻找最优解的速度加快，同时还能够提升模型的精度。数据预处理主要方法包括线性归一化、非线性归一化、标准化和离散化。

1. 线性归一化

$$x'=\frac{x-\min(x)}{\max(x)-\min(x)} \tag{2.1}$$

式中　$\max(x)$、$\min(x)$ ——样本数据中每一个特征 x 的最大值与最小值。

将原始的数据值通过式（2.1）映射到一个标准化区间［0，1］内的过程称为线性归一化，又称为最大最小值归一化。这种方法在数值集中的情况下较为适用，而在实际使用中，往往加入经验常量来代替 $\max(x)$ 和 $\min(x)$，这是因为当 $\max(x)$ 和

$\min(x)$ 不稳定时，容易使归一化效果变差，影响后续模型的训练结果。

2. 非线性归一化

当数据集中数值大小分化很大，线性归一无法满足归一化要求时，就需要加入一些数学函数来对原始数据进行计算，将结果映射到较小的区间，也就是非线性归一化。常用的函数有正切函数、对数函数等，不同的函数适用于不同的样本数据分布，因此需结合实际情况进行选择。

对数函数映射公式为

$$x'=\frac{\lg x}{\lg[\max(x)]} \tag{2.2}$$

反正切函数映射公式为

$$x'=\frac{\arctan(x)\cdot 2}{\pi} \tag{2.3}$$

3. 标准化

z－score 标准化（zero－mean normalization）公式为

$$x'=\frac{x-\mu}{\sigma} \tag{2.4}$$

式中　μ——所有样本数据的均值；

　　　σ——所有样本数据的标准差。

作为应用最广泛的标准化方法之一，z－score 标准化要求原始数据的分布近似为高斯分布，数据在经过 z－score 标准化处理之后，符合标准差为 1、均值为 0 的标准正态分布。这种方法在数据集中存在明显的离群数据时有更好的效果，此外，在无法明确数据属性 x 的最大值、最小值时，z－score 标准化方法更为适用。

4. 离散化

离散化是将连续特征值转化为离散特征值的处理方法，通过离散化处理后的数据，可以将特征值转化为离散的特征向量。目标值与原始特征的线性关系变为目标值与特征向量中每个元素的线性关系，引入了权重与非线性因素，令模型的性能得到提升。常见的离散化处理方法包括等频、等距离散等。

对于离散型数据，由于其表征的意义更多为类别属性，所以通常会使用独热（one－hot）编码来处理特征，对于不同特征，独热编码中只有一个被激活，例如对于三种分类的数据样本，对应的编码分别为 100、010 和 001。独热编码的好处是使每两种不同类别的数据间有着相同的差距，使数据稀疏性更强，间接起到了特征扩充的作用。

2.4.2　数据聚合模型

1. 四分位法

对于一组由小到大排列的数据，能将数据分成 4 个等量部分的 3 个点被称为四分

位数，每个部分的数据量占整体总数据量的25%。假设 $X=[x_1, x_2, \cdots, x_n]$ 为一组由小到大排列的样本数据，则可以计算该组数据的四分位数。首先计算第二个四分位数 Q_2，即将 X 平均分为两个部分的中位数

$$Q_2=\begin{cases} x_{\frac{n+1}{2}} & n=2k+1;k=0,1,2,\cdots \\ \dfrac{x_{\frac{n}{2}}+x_{\frac{n+2}{2}}}{2} & n=2k;k=1,2,\cdots \end{cases} \tag{2.5}$$

根据计算得到的 Q_2 再计算第一个四分位数 Q_1 和第三个四分位数 Q_3，若 X 为偶数序列，则 Q_1 和 Q_3 为新分成的两个部分的中位数，计算方法按式（2.5）中 $n=2k$ 时的公式计算得到。若 X 为奇数序列，可以分为两种情况来计算 Q_1 和 Q_3。

对于 $n=4k+3(k=0, 1, 2, \cdots)$ 时，Q_1 和 Q_3 计算为

$$\begin{cases} Q_1=0.25x_{k+1}+0.75x_{k+2} \\ Q_3=0.75x_{3k+2}+0.25x_{3k+3} \end{cases} \tag{2.6}$$

对于 $n=4k+1(k=0, 1, 2, \cdots)$ 时，Q_1 和 Q_3 计算为

$$\begin{cases} Q_1=0.25x_k+0.75x_{k+1} \\ Q_3=0.75x_{3k+1}+0.25x_{3k+2} \end{cases} \tag{2.7}$$

四分位距为第三个四分位点 Q_3 与第一个四分位点 Q_1 间的距离，其计算式为

$$I_{QR}=Q_3-Q_1 \tag{2.8}$$

根据四分位距 I_{QR} 确定正常数据所属的范围为

$$[F_1,F_u]=[Q_1-1.5I_{QR},Q_3+1.5I_{QR}] \tag{2.9}$$

若样本数据处于 $[F_1, F_u]$ 范围内，则为正常数据，反之则为异常数据，需要进行剔除。

2. 聚类方法

聚类分析是一种统计分析方法，它主要将相似度高的数据归为同一类，不同类之间数据有较大的差别。本章介绍的是聚类分析中的 k - means 算法，k - means 算法是以数据间的距离来划分不同的类。该算法具有高效、简洁、运行速度快的特点，适合数据量大的样本的聚类分析。设 $X=[x_1, x_2, \cdots, x_n]$ 为 n 个样本数据，k 是 k - means 算法最终输出聚类的数量，则 k - means 算法中任意两个数据点间的欧氏距离为

$$d_{ij}=|x_i-x_j| \tag{2.10}$$

聚类的目标函数为

$$E=\sum_{j=1}^{k}\sum_{x_i\in C_j}|x_i-w_j|^2 \tag{2.11}$$

式中　C_j——第 j 个聚类；

w_j——第 j 个聚类的聚类中心；

x_i——C_j 包含的数据对象。

对于某一个聚类 j 包含 m 个数据，所有数据的平均值构成该类的聚类中心，即

$$w_j = \frac{1}{m}\sum_{i=1}^{m} x_i \tag{2.12}$$

图 2.5 为 k - means 算法的聚类过程。一般很难凭经验给定 k 值，往往需要根据实际需要或多次测试来确定最终的 k 值，使最终的聚类结果达到最佳。

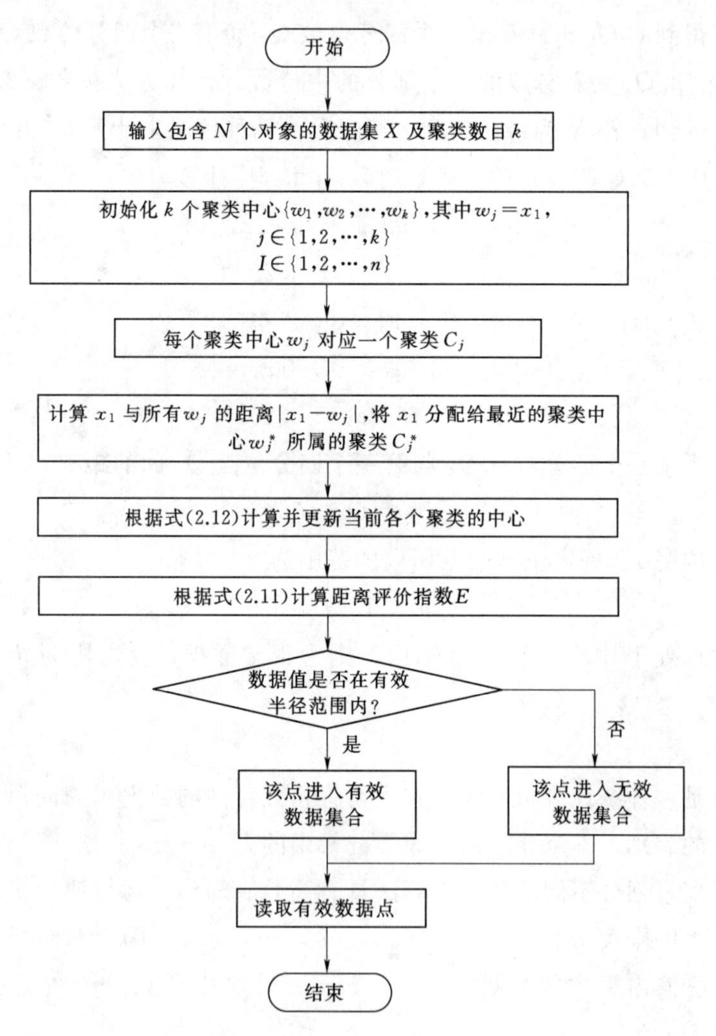

图 2.5　k - means 算法的聚类过程

2.5　案　例　分　析

案例所采用的数据为某风电场测风塔测风数据和风电机组的实际运行数据。测风塔的数据采集时间为 2015 年 8 月 27 日至 2016 年 9 月 6 日，数据时间步长为 10min，

数据类型有风速、风向、气温及气压等。风电场装有25台2MW风电机组，装机容量共50MW，风电机组SCADA系统数据记录有2015年9月1日至2016年8月31日整一年的运行数据，数据类型为风速、风向及功率，数据时间步长为10min。

本书选取2015年9月1日至2016年8月31日一年间的风电场实际运行数据，数据资料时间步长为10min。

1. 测风数据处理

目前，主要根据GB/T 18710—2002《风电场风能资源评估方法》标准来对测风数据进行检验。将处理测风数据分为：第一步数据验证，检验数据的完整性、连贯性和合理性；第二步缺测数据订正。

（1）数据验证。数据验证的内容有：测风数据是否有缺测数据；测风数据记录的时间与实际计划的时间是否相符，且测风时间是否连续；测风数据是否正常合理。

对2015年9月1日至2016年8月31日一年的测风塔数据的完整性检验结果见表2.2。

表2.2 完整性检验结果

结果	数据量	采集开始时刻	采集结束时刻	过程是否连续
期望结果	52560	2015-9-1 00：00：00	2016-8-31 23：55：00	是
统计结果	51856	2015-9-1 00：00：00	2016-8-31 23：55：00	是

由表2.2可知，统计得到的数据量有51856个，数据完整率为98.66%，符合标准规定的95%及以上的要求。

（2）缺测数据订正。分析处理测风数据，对于测风数据缺测的时间段采取以下原则进行插补：同塔不同层的观测数据采用风切变系数订正插补、前后同期数据插补、上下相邻数据插补以及参考同期中尺度气象数据插补的原则，将缺测数据补全；对于错误的测风数据根据上下相邻数据进行修正。

2. 风电机组数据初步处理

理论上，风电机组运行数据中的风速v与功率P遵循功率曲线的变化规律，但实际运行中因为存在各种不可控因素，如湍流、控制动作、限电、故障停机、检修等，使某些时刻风电机组的输出功率曲线变化较大，风电机组运行数据绘制的$v-P$数据散点图中会出现异常数据。为了减少异常数据对风电机组实际功率曲线校验的影响，需要对风电机组的历史运行数据进行处理。首先将2015年9月1日至2016年8月31日的25台风电机组的原始数据绘制成$v-P$数据散点图。选取了部分风电机组进行展示，如图2.6所示。

从图2.6可以看出，各台风电机组的原始$v-P$数据散点图中，纵轴底部存在大量因故障、停机、检修等原因导致的风速不为零时功率却为零的点，且有分散的异常

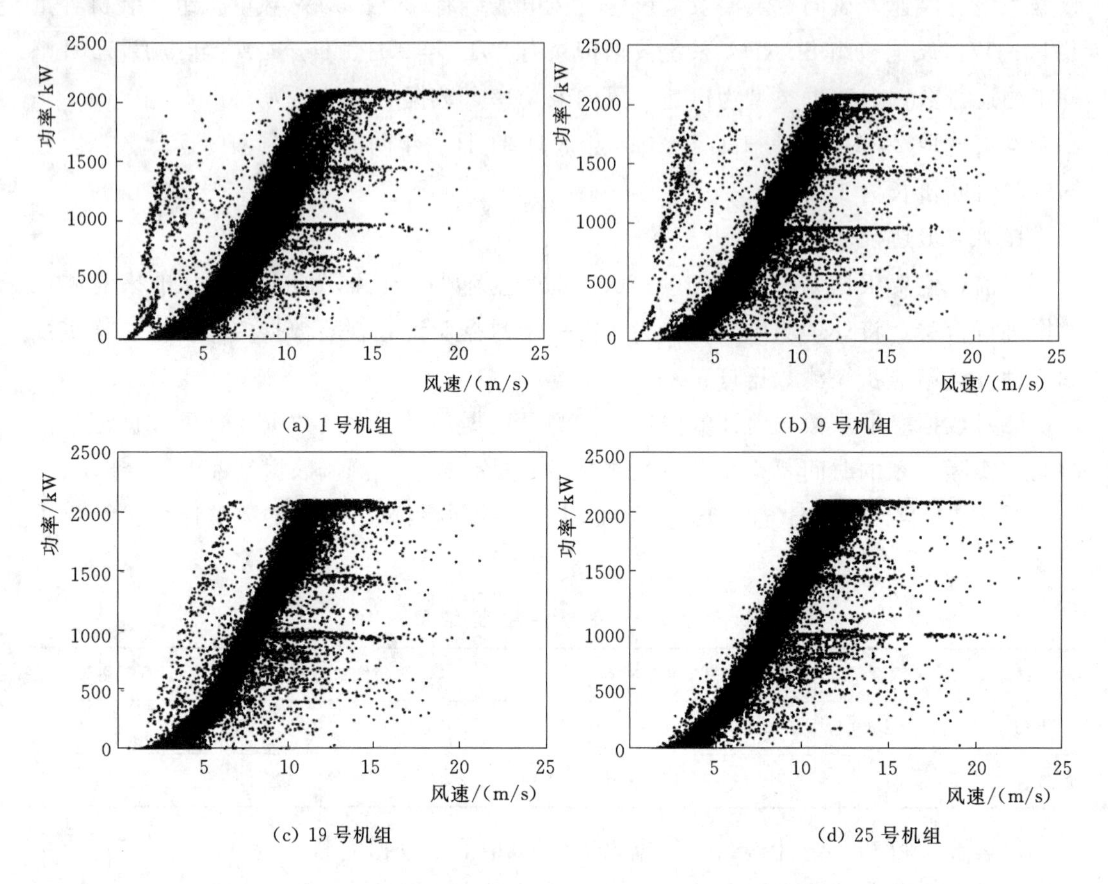

图2.6　某风电场部分机组原始 $v-P$ 数据散点图

数据。同时风电机组沿着横轴都存在大量堆积的异常数据，这部分异常数据由电力调度部门限电或者机组检修等原因导致，因为限电会要求对正常运行的风电机组进行出力限制，导致这些时刻的出力与正常情况下的出力形成明显的间隔，小于理论输出功率，而检修会使机组停机。其中，大部分机组沿纵轴分布了大量的异常数据，这些数据可能是传感器等原因引起的。

本风电场中的风电机组的切入风速 $v_i=3$m/s，额定风速 $v_r=12$m/s，切出风速 $v_o=25$m/s，额定功率 $P_r=2$MW。理论上风速低于切入风速 v_i 或高于切出风速 v_o 时，风电机组的输出功率为零，对于这部分数据可直接删除，不用考虑该时间点上的输出功率。同时在风速为3～25m/s时风电机组输出功率为零的情况也应删除。

根据上述原则，利于基于四分位数原理的数学模型对测风数据及SCADA系统运行数据中的异常值进行识别与剔除，得到如图2.7所示的预处理后的 $v-P$ 数据散点图。具体操作过程如下：

(1) 当风速低于切入风速 v_i 时，风电机组的额定功率为零。因此剔除风速在［0，

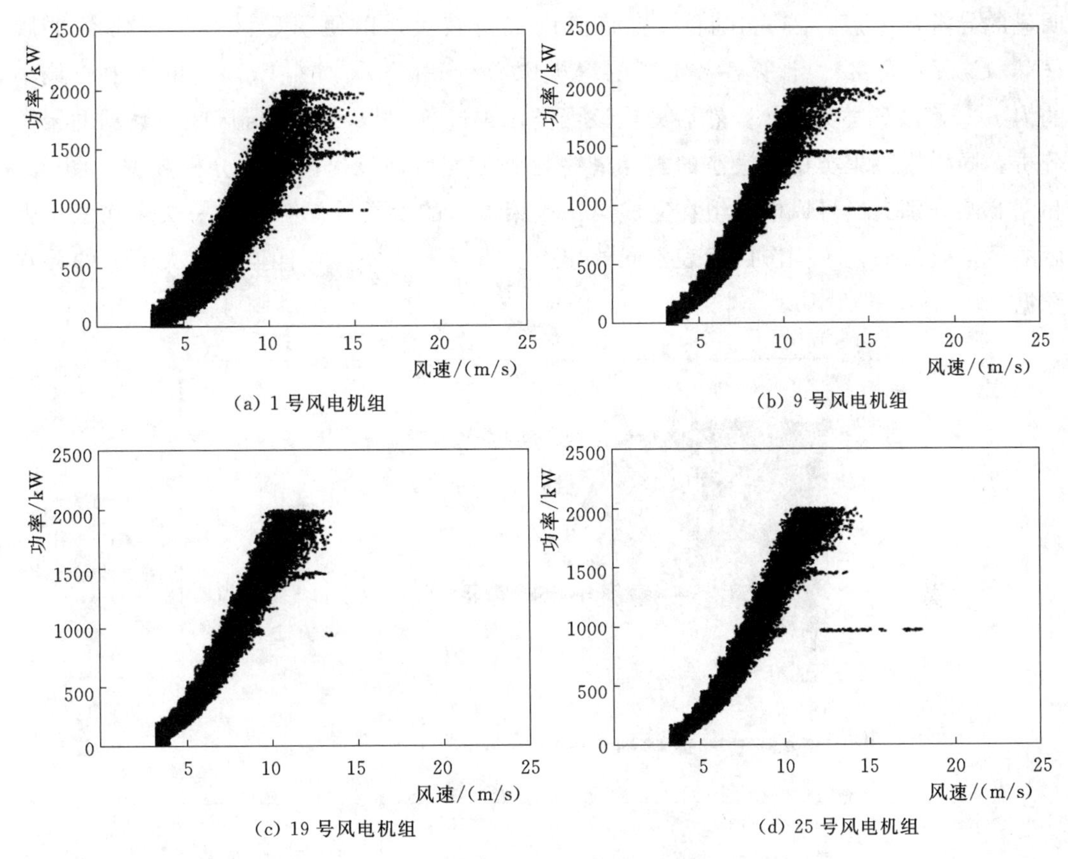

图 2.7 风电机组四分位法处理后的 $v-P$ 数据散点图

v_i] 区间的功率值点。

(2) 当风速大于切出风速 v_o 时，风电机组的额定功率为零。因此应剔除风速在 [v_o，∞) 区间的功率值点。

(3) 当风速处于 [v_i，v_o] 区间内时，剔除功率为零的数据。

(4) 应用横向四分位法，剔除沿横向分布的异常数据。把 $v-P$ 数据按功率升序排列，将 0～2000kW 范围内的功率每 20kW 间隔划分一个数据组，共划分 100 组，将每个数据组风速位于合理范围外的数据点删除。

(5) 应用纵向四分位法，剔除沿纵向分布的异常数据。把 $v-P$ 数据按风速升序排列，将 0～25m/s 范围内的风速每 0.5m/s 间隔划分一个数据组，共划分 50 组，将每个数据组内功率位于合理范围外的数据点删除。

四分位法处理后的 $v-P$ 数据散点图如图 2.7 所示，发现经过上述数据处理，部分风电机组仍有部分异常数据。为进一步剔除这些异常数据，采用聚类分析方法进行处理。

例如，针对 1 号风电机组 $v-P$ 数据散点图中风速位于 11～18m/s 区间内还存在明显的异常数据簇。首先，将 k 初始值设置得较大，以便明显区分出异常数据簇 $\{C_1, C_2, \cdots, C_k\}$，计算各数据簇的聚类中心 $\{w_1, w_2, \cdots, w_k\}$，聚类中心最小的为 $w_{\min}$，该聚类为 $C_{\min}$。然后剔除该聚类，再进行 12.5～18m/s 区间内数据的聚类分析，同样剔除聚类中心最小的类。最终得到处理后该风速段内的分析数据。图 2.8 和图 2.9 分别为 1 号风电机组在完成第一次聚类后的聚类效果图和第一次剔除最小类后的聚类效果图，不同图例代表不同的聚类。重复上述操作，直至剔除大部分的异常数据。

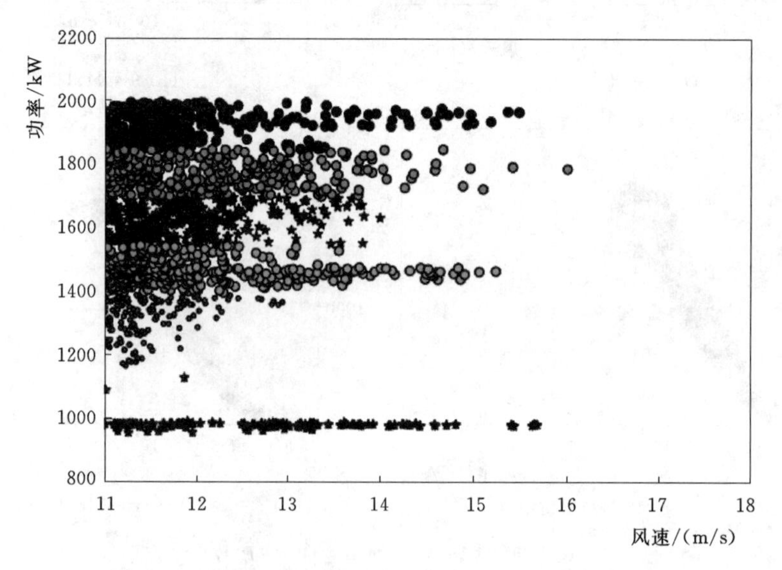

图 2.8　1 号风电机组第一次聚类后的 $v-P$ 数据散点图

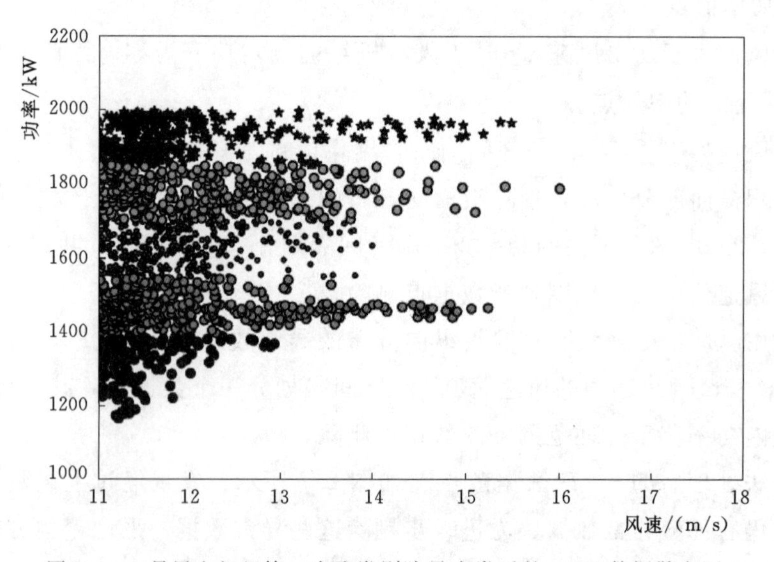

图 2.9　1 号风电机组第一次聚类剔除最小类后的 $v-P$ 数据散点图

图 2.10 为 1 号风电机组经聚类分析处理，剔除异常值之后的 $v-P$ 数据散点图。可以看出，经过上述异常数据处理后，风电机组的异常数据基本被剔除，虽然散点图还有少部分分散的异常值，但从实际角度看，这些数据可以忽略不计。

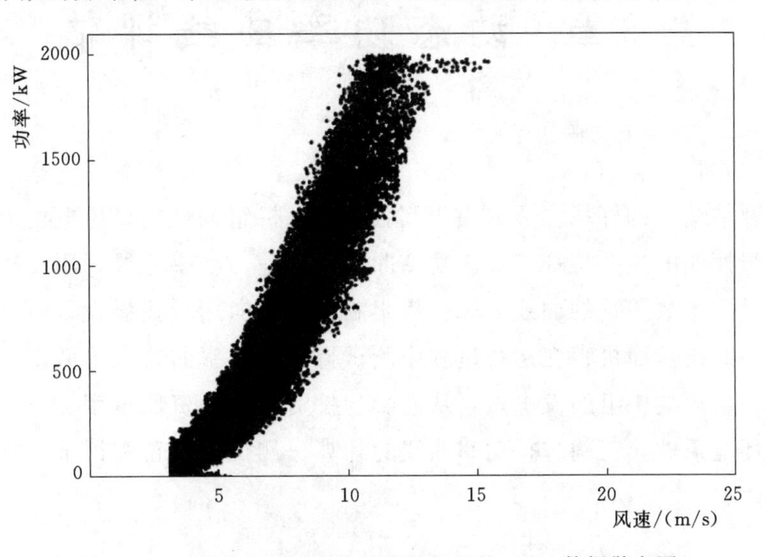

图 2.10　1 号风电机组剔除异常数据后的 $v-P$ 数据散点图

第3章　动态功率曲线评估

风电场评估结果的好坏主要取决于其各个风电机组的性能，风电机组的功率曲线正是表征机组性能的主要特征指标。功率曲线即风速—功率曲线，用于描述风电机组输出功率与风速函数关系的曲线。风电机组制造商在向用户提供设备时，需要提供机组的标准功率曲线，而机组在运行过程中测试得到的功率曲线如果低于制造商的标准功率曲线，将会影响机组的发电量，从而影响投资者的投资回报率。因此如何针对具体的风电场环境条件，正确进行功率曲线的计算、测试、修正和评价，是风电场项目的一项重要内容。

3.1　功率曲线的影响因素

目前国内陆上风电场前期选址的过程中，通常是通过建立测风塔来对风资源进行评估校正。在风电机组运行过程中，通过机舱上测风仪数据与风电机组来流风速的相关性，即所谓的风速传递函数，推导轮毂前端的风速。但是考虑到来流和风电机组尾流的复杂性，准确确定传递函数具有一定的难度。

1. 风速测量准确性对功率曲线的影响

早期机舱上安装的测风仪一般为机械式测风仪（如风杯式风速仪），这种测风仪结构简单，价格便宜，但是由于其为机械旋转，存在不可避免的弊端，比如机械磨损、寿命有限、测量风速偏高等。即使近些年来部分用户及风电机组制造商已经将机械式测风仪替换为超声波测风仪甚至激光式测风仪，但是因为全场地形地貌的差异性，也需要对超声波测风仪或者激光式测风仪进行校准，用以推导每个机位点相应的风速传递函数。而且随着风速仪使用时间的增加，也需要定期对其进行校准。

如果所测风速与实际风速相比测量值偏低，会导致整体功率曲线相对设计的理想功率曲线左移。若不对此风速进行修正，会带来功率曲线偏移，但是实际发电量达不到预期发电量的问题。如果所测风速与实际风速相比测量值偏高，会导致整体功率曲线相对设计的理想功率曲线右移。若不对此风速进行修正，从表象上看风电机组性能不如设计性能，达不到年发电量的预期要求，但是实际发电量却符合预期要求。

2. 环境条件对功率曲线的影响

在风电机组生产厂商提供的标准功率曲线中，一般均标明了相应的环境条件：温度为15℃，标准大气压强为1013.3hPa，空气密度为1.225kg/m^3。风电场实际环境条件与标准功率曲线测定的环境条件之间存在差异，尤其是在我国北方海拔高、气候干燥地区，由于环境条件的影响造成的功率曲线性能下降是不可避免的。环境条件的影响主要指大气温度、大气压强的变化造成空气密度的变化。根据风能公式可知，风功率主要与空气密度、风速和风轮的扫风面积 S 这3个因素有关，根据风电场环境条件计算的实际空气密度为

$$\rho_{实际}=\rho_{标准}\times\frac{T_{标准}}{T_{风电场}}\times\frac{P_{风电场}}{P_{标准}} \tag{3.1}$$

式中 $T_{标准}$——标准绝对气温；

$T_{风电场}$——风电场绝对温度；

$P_{标准}$——标准大气压强；

$P_{风电场}$——风电场大气压强。

当空气密度降低时，将会在功率曲线纵坐标上使曲线的幅值降低，从理论上分析，在不计算失速调节的情况下，由于空气密度的下降，风电机组的功率曲线相对标准功率曲线右移，右移的数量与空气密度影响的功率变化幅值大小成正比。

3. 叶片污染对功率曲线的影响

叶片表面的污染物会使翼型偏离设计，影响气流的流动，一般会影响输出功率。叶片长时间在空气中旋转，空气中的污染物会吸附在叶片表面，形成一层薄的附着层，造成叶片表面的粗糙度增大，影响气动特性，特别是在前缘向后到20%～30%弦长处的上下表面对翼型气动特性影响尤为明显。从风电机组的运行实测数据变化上分析，叶片表面的污染可能会造成风电机组输出功率下降，污染层的形成往往只需要约6个月的时间，而污染物对风电机组输出功率的影响，当达到一定程度后，不再继续变化，保持一个稳定值，这与污染层的形成规律有关，由于叶片处于高速运行状态，污染层达到一定厚度后，受叶片运动过程中气流的冲刷，不再继续增加，叶片表面外形变化停止，粗糙度不再继续变化，风电机组功率输出随风速变化稳定。

3.2 功率曲线的建模方法

现阶段国内外学者采用的风电机组功率曲线建模方法主要有离散方法、参数方法、非参数方法等。

3.2.1 离散方法

连续过程可以由离散过程近似表示，风电机组 IEC 61400-12-1 标准和

IEC61400-12-2 标准的功率曲线建立基于风速离散，使用了 bin 方法来建立风电机组的功率曲线，bin 方法会将风速值以 0.5m/s 为划分为 bin 区间，这样风速就被离散化处理到 0.5m/s 的 bin 区间中。在功率曲线评估中，输入为轮毂高度处的风速和空气密度，输出为风电机组的功率。

3.2.2　参数方法

参数方法以求解数学模型为基础。实际的风电机组的输出功率 P 可表示为

$$P(v)=\begin{cases}0 & v<v_c, v>v_s \\ p(v) & v_c\leqslant v<v_r \\ p_r & v_r\leqslant v\leqslant v_s\end{cases} \tag{3.2}$$

式中　v——风速；

v_c——切入风速；

v_r——额定风速；

v_s——切出风速；

$p(v)$——切入风速和额定风速间的可变功率；

p_r——额定功率。

参数方法包括分段线性法、多项式法、动态参数法、概率模型法、理想功率曲线法、四参数逻辑函数法和五参数逻辑函数法等。

1. 分段线性法

分段线性模型如图 3.1 所示，是一个比较简单的分段线性模型，其中风速—功率曲线的分段近似可用线性方程进行拟合，即

$$P=mv+c' \tag{3.3}$$

式中　m——该段的斜率；

c'——常数。

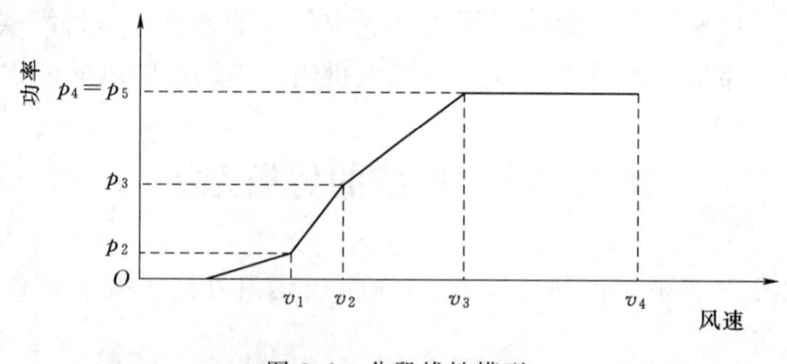

图 3.1　分段线性模型

使用最小二乘法，通过最小化残差平方和来估计分段线性模型的系数。第 i 个数据点 r_i 的残差被定义为实际输出功率 $p_a(i)$ 与拟合输出功率 $p_e(i)$ 之间的差值，也

为数据相关性误差。残差的平方和 S 为

$$S=\sum_{i=1}^{N}r_i^2=\sum_{i=1}^{N}[P_a(i)-P_e(i)]^2 \tag{3.4}$$

式中　N——数据的总数。

最小二乘法往往不能达到总体误差最小，但可以使用总体最小二乘法（TLS）来替代。另外，分段线性模型较为简单，所以模型精度较差。

2. *多项式法*

在不同的文献中，按照不同的要求，存在多种风速—功率特性曲线模型，常用的有二次多项式功率曲线、三次方功率曲线和近似三次方功率曲线等。

二次多项式功率曲线为

$$P(v)=c_1+c_2u+c_3u^2 \tag{3.5}$$

其中，c_1、c_2 和 c_3 可以通过 u_c、u_s 和 p_r 确定，再根据最小二乘法得到风速—功率特性曲线模型，同时可以通过多种不同的二次表达式来建立模型，以提高精度，即

$$P(v)=\begin{cases}c_{11}v^2+c_{12}v+c_{13} & v_c\leqslant v<v_1\\ c_{21}v^2+c_{22}v+c_{23} & v_1\leqslant v<v_2\\ c_{31}v^2+c_{32}v+c_{33} & v_2\leqslant v\leqslant v_s\end{cases} \tag{3.6}$$

式中　c_{11}、c_{12}、c_{13}、c_{21}、c_{22}、c_{23}、c_{31}、c_{32} 和 c_{33}——二次方程式的系数。

三次方功率曲线为

$$P(v)=\frac{1}{2}\rho A\,C_{p,eq}v^3 \tag{3.7}$$

式中　$C_{p,eq}$——一个恒定的功率系数。

功率系数受风速、风电机组风轮转速、攻角、俯仰角、机械传动效率等因素影响。

通过求取功率系数的最大值，可以得出一种近似三次方功率曲线模型，即

$$P(v)=\frac{1}{2}\rho AC_{p,max}v^3 \tag{3.8}$$

相比于分段线性模型，多项式功率曲线建模方法的精度有所提高，但对于不同的风电机组，其风速—功率特性曲线不同，多项式模型同样具有的缺点是不会有一组可用于所有类型风电机组的广义特征模型。

3. *动态参数法*

动态参数法主要将风电机组功率输出分成两个部分：确定部分和随机部分。确定部分对应于所述风电机组的实际情况，随机部分对应于其他外部因素，例如湍流、温度等。风电机组的功率输出被描述为一个随机过程，这个随机过程满足 Markovian 性质，可以表示为

$$P(t)=P_{stat}(v)+p(t) \tag{3.9}$$

式中　$P(t)$ ——时间序列功率；

$P_{stat}(v)$ ——依赖于风速 v 静止的功率值；

$p(t)$ ——对应于周围湍流波动引起的功率变化值。

相比于IEC功率曲线和Rauh的最大值原理方法等，动态功率曲线建模被认为是相对准确的。动态参数法建模的优点是它可以更准确地提取风电机组的动态行为。

4. 概率模型法

风速—功率特性曲线概率模型为

$$P(v)=C_p v^3+\varepsilon \tag{3.10}$$

在这个模型中，风电机组的输出功率是一个随机数，其值由风速 v 和功率输出的随机变化值 ε 确定，随机变化值服从正态分布，且具有不同的均值和标准差。该模型考虑了风电机组出力的随机性，但不能给出完整的表征机组出力整体行为的风速—功率特性曲线。

5. 理想功率曲线法

理想功率曲线法描述了风电机组的固有性能，消除了现场湍流的隐蔽效果。理想功率曲线是在风力稳定，没有偏航误差及功率输出稳定等理想条件下得到的。理想功率曲线主要应用于风能的评估以及不同湍流程度下风电场功率曲线的简化。对理想功率曲线与IEC标准功率曲线进行比较，其误差在允许范围以内。

6. 四参数逻辑函数法

功率曲线的形状和四参数的逻辑函数是相似的，四参数风速—功率特性曲线模型为

$$P=h(1+me^{-v/\tau}+qe^{-v/\tau}) \tag{3.11}$$

该曲线的形状由逻辑函数的向量参数 $P=(h, m, q, \tau)$ 确定。逻辑函数的参数可由常规的最小二乘法、最大似然法或演化规划方法估计，也可以采用遗传算法（GA）、粒子群优化（PSO）算法或差分法（DE）优化获得。一般来说基于这些方法的功率曲线模型比非参数方法获得的模型精确度要高。

7. 五参数逻辑函数法

五参数的逻辑函数最初被应用于生物应用上，在风电机组的功率曲线模型上表示为

$$P=d+(a-d)/\left[1+\left(\frac{v}{c}\right)^b\right]^g \tag{3.12}$$

该曲线的形状由逻辑函数的向量参数 $P=(a, b, c, d, g)$ 确定，其中 $c>0$，$g>0$。参数可使用GA、PSO或DE等方法优化求出。

3.2.3 非参数方法

不同于参数方法在输入与输出数据之间建立数学表达式，非参数方法是在大量原始数据的基础上建立模型，更能体现风电机组的多影响因素的实际运行状态。非参数方法主要包括三次样条插值法、人工神经网络法、模糊算法等。Kusiak使用数据挖掘技术，例如前馈多层感知器、随机森林、提升树和K近邻算法（K-NN）去建立风速—功率特性曲线，得出K邻近算法的拟合精度最高的结论。Francis Pelletier等使用人工神经网络法进行风速—功率曲线建模，同时可输入影响功率曲线的多个参数，具有较高的拟合精度。

1. 三次样条插值法

插值和平滑样条是通过数据绘制一种简单且平滑的曲线，它是一种非参数拟合技术。不同种类的插值方式包括线性插值、邻近插值、三次样条以及分段三次Hermite插值等。

2. 人工神经网络法

人工神经网络（ANN）法是一种信息处理模型，模仿生物神经系统的运作状况。它具有从复杂的或不准确的数据中得出较为有效信息的能力，以及可以在模式提取和趋势的校验中发现规律的模型，这种趋势由于过于复杂难以被人类识别，所以有时被称为黑箱模型。神经网络模型，如径向基网络和广义回归网络等可以用于功率的输出。人工神经网络模型可以输入两个以上的参数，可以把对风电功率输出有影响的风速、空气密度、湍流强度、风切变、风向和航偏误差等均作为输入量，并通过数据的训练，得到风电机组的功率输出。

3. 模糊算法

模糊算法是在Takagi-Sugeno模型基础上建立的风力发电模型，其功率特性曲线模型包括模糊聚类中心法、模糊 c-means聚类法和减法聚类法。

（1）模糊聚类中心法。发电数据由集群和集群中心算法来确定，簇的次数越多，技术的准确性越高，其性能优于最小二乘法。

（2）模糊 c-means聚类法。风速—功率特性曲线使用模糊 c-means（FCM）聚类算法进行建模，不同于 k-means集群，以模糊方法为基础，进行隶属度矩阵和识别聚类中心的计算。

（3）减法聚类法。该算法和模糊聚类非常相似，但密度函数的计算方法仅在每一个数据点。对于减法聚类，由于数据点本身为群集中心，计算的次数显著降低。

模糊算法中提到的这3种建模方法中，减法聚类法计算速度最快，模糊聚类中心法可给出较好的风速—功率特性曲线模型。

3.3 功率曲线的测试

风电机组功率曲线测试即功率特性测试，是风电机组准入制度必不可少的环节。对风电机组进行功率特性测试，能够更直观地了解风电机组性能，进而得到待测机组的实测功率曲线以及年发电量等指标，通过对比实测功率曲线与设计功率曲线之间的差异，来评价风电机组的性能好坏。工程应用中，精确稳定的功率曲线测试方法，有助于提供一定的技术支撑用于风电机组性能评估及优化。

3.3.1 测试方法

随着风电机组大型化发展，叶片直径和风轮扫掠面积不断扩大，风剪切和湍流等对风速的影响愈加凸显，同一风轮不同高度处风速相差较大，使得仅在单一高度处测量的风速不能准确反映整个风轮的情况。于是国际电工委员会在2017年3月发布了IEC 61400－12－1：2017标准，明确规定须利用风轮等效风速进行风电机组功率曲线测试。本小节根据IEC 61400－12－1：2017标准，对功率曲线的具体测试程序、方法及相关计算理论进行介绍。

3.3.1.1 评估测试场地

测试场地的风切变和大气稳定特性可能会对风速测量和风电机组的实测功率特性产生重大影响。一般来说，大气稳定度存在一个昼夜循环，夜间为稳定大气特性，白天由于日照，增加湍流和边界层的混叠，形成不稳定大气。风切变、风转向和湍流都与大气稳定度相关，它们影响轮毂高度风速和风轮等效风速之间的关系，异常风廓线可能会影响风电机组的能量转化。此外，气流畸变可能会引起测量设备处风速和风电机组风速不同。测试场地的情况应描述清楚。

测试前，需要对测试场地可能引起的气流畸变因素进行评估，以便于选择测风设备的安装位置、确定合适的测量扇区、评定是否需要场地标定、评定气流畸变引起的不确定度，还应特别考虑地形变化和粗糙度、其他风电机组、障碍物（建筑物，树林等）等因素。

3.3.1.2 选取测风设备位置

应特别注意测风设备的安装位置。若距离风电机组太近，所测风速会受被测风电机组影响；若距离风电机组太远，所测风速和输出功率之间的相关性将减小。测风设备应安装于距被测风电机组2～4倍风轮直径D之间，推荐$2.5D$。

进行功率特性测试前，为有助于选择测风设备的位置，应考虑在所有扇区内排除测风设备或风电机组气流受干扰的测量扇区。多数情况下，测风设备的最佳位置位于风电机组的上风向，测试过程中大部分有效风来自这个方向。但有些情况下，将测风

设备安置在风电机组旁边更好，例如风电机组安装在山脊上的情形。

3.3.1.3 确定测量扇区

测量扇区应排除有明显障碍物和其他风电机组的方向，从被测风电机组和测风设备两者看过去都应如此。测风设备与被测风电机组距离分别为 $2D$、$2.5D$ 和 $4D$ 时，测风设备受到被测机组尾流影响而排除的扰动扇区如图 3.2 所示。减小测量扇区的原因可能是特殊的地形情况，或者在有复杂构造物的方向上获取了不合适的测量数据。减小测量扇区的所有原因都应有明确记录。

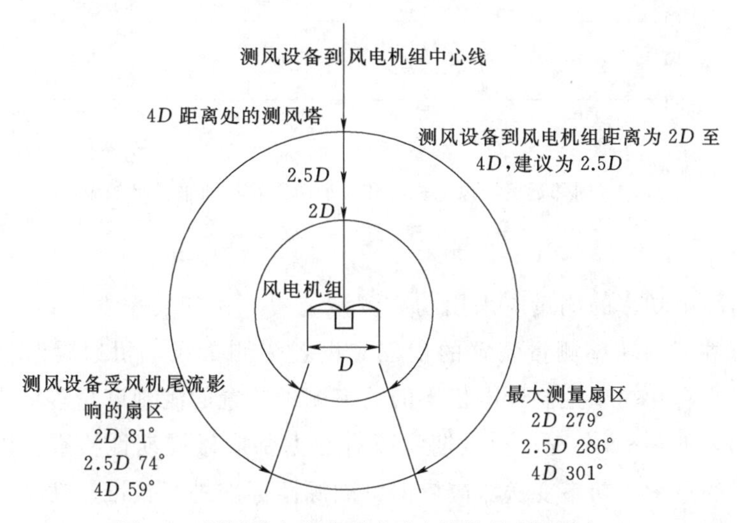

图 3.2 测风设备距离要求及允许的最大测量扇区

应根据图 3.3 评估邻近运行风电机组和大型障碍物尾流对被测风电机组及测风设备的影响。对于运行风电机组，需要考虑实际距离 L_n（被测风电机组中心到测风设备的距离）和引起尾流的风电机组风轮直径 D_n；对于障碍物，需要考虑实际水平距离 L_e（从被测风电机组的中心或从测风设备位置）和障碍物的等效风轮直径 D_e。停机的邻近风电机组可视为直径等于塔底直径、高度等于塔顶上部高度的圆柱体。障碍物的等效风轮直径定义为

$$D_e=\frac{2l_h l_w}{l_h+l_w} \tag{3.13}$$

式中 D_e——等效风轮直径；

l_h——障碍物高度；

l_w——从被测风电机组或测风设备看到的障碍物宽度。

3.3.1.4 准备测试设备

风电机组功率曲线测试设备主要包含风资源数据采集单元和风电功率数据采集单元两部分。

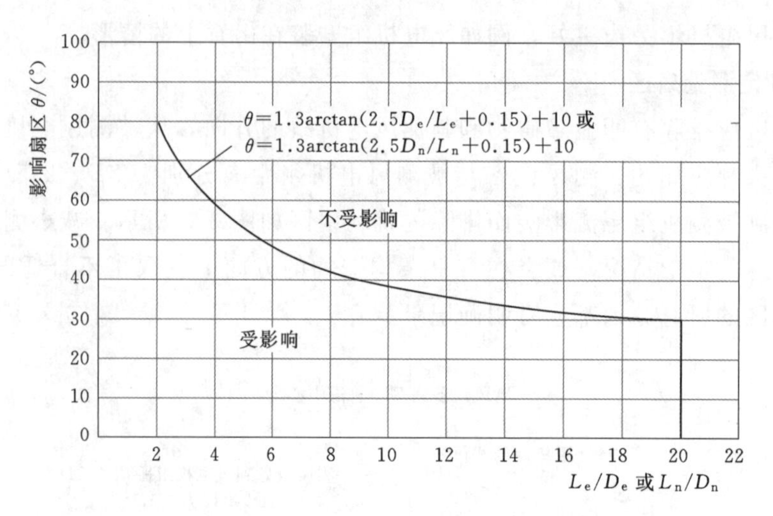

图 3.3 因邻近运行风电机组和大型障碍物尾流被排除的扇区

1. 风电功率

风电机组净电功率的测量应采用功率测量装置（例如功率变送器），并基于每相的电压和电流进行。功率测量装置的量程应设置为测量风电机组瞬时功率的正负峰值。建议兆瓦级有功功率控制风电机组的功率测试装置的满刻度量程应设置为风电机组额定功率的−25％～125％。测试期间所有数据都应做周期性检查，以确保不超过功率测量装置的量程。功率变送器应依据可溯源性标准进行校准。功率测量装置应安装在风电机组和电网连接点之间，以确保测量的仅是净有功功率。应说明测量是在变压器的风电机组侧还是电网侧进行。

2. 风速

轮毂高度处测量的风速是默认风速，相对于风轮等效风速（REWS）存在一定的局限性。然而由于缺少风廓线和风转向的测量，会产生额外的不确定度，推荐测量风轮下叶尖至轮毂中心的风切变作为轮毂高度风速测量的补充。为了进一步降低风速测量的不确定度，应将风轮等效风速作为功率曲线的风速输入变量。目前各种技术相对于不同地形存在限制，遥感设备应用前提是水平气流均匀通过扫描体，该技术限制了其只能应用于非复杂地形条件下的功率特性测试。

（1）测风塔风速计通用要求。用于功率特性测试的风速计的等级不低于 1.7A 或 1.7C。如果需要进行场地标定的地形，推荐使用等级不低于 2.5B、2.5D 或 1.7S 的风速计，其风速计分类参照 IEC 61400－12－1：2017 附录 I 的要求。风速计在测量前应进行校准，如有需要，应在测试完成后再次进行校准（即后校准）。必须进行检查和记录以保证在整个测试期间风速计校准的有效性。

在进行了后校准的情况下，在 4～12m/s 的风速区间内，测试前后校准回归线的偏差应在±0.1m/s 之间；如果测试前后校准回归线的最大偏差超出了±0.1m/s，则

风速计校准的标准不确定度需增加（至少是最大偏差，但不要超过±0.2m/s）。

（2）风切变测量。当风速测量涵盖多个测量高度时，应测量风切变，并用于风轮等效风速的计算或风切变幂指数的计算。风切变可以通过侧面安装风速计或遥感设备测量。风轮等效风速测量应包含测量轮毂高度以上的风速。为应用基于测量的风切变校正，至少需要风轮扫掠面范围内的三个高度的风速测量。当然为了尽量降低风速不确定度，建议尽可能多地测量不同高度的风速。测量高度应对称地分布在轮毂中心垂直方向两侧。测量高度至少应包含以下高度：①轮毂高度的±1%；②$H-R$ 到 $H-2/3R$ 之间；③$H+2/3R$ 到 $H+R$ 之间。其中，H 是风电机组轮毂中心高度，R 是风轮半径。

如果测风塔高度与轮毂中心高度相等或稍高一点，就无法测量高于轮毂高度处的风速，此时，风切变的测量高度至少包含以下高度：

1）在靠近轮毂高度安装一个与顶部安装风速计分离的侧面安装风速计。

2）在 $H-R$ 到 $H-2/3R$ 之间安装一个侧面安装风速计。

3. 风向

风向作为场地标定的一个输入量，用于剔除无效扇区和测定风转向。风向应由风向传感器（可为风向标、2D/3D 的超声波风速计、遥感设备）测得。若使用超声波风速计，需要同时使用传统风向标作为参考；若使用遥感设备，则需对遥感设备的风向进行验证。

平均风向应通过确定瞬时水平风向并进行10min平均计算得到。一种方法是，矢量平均（对瞬时风向的余弦分量和正弦分量进行平均，然后对平均值进行求反正切，然后调整到0°～360°）是一种获得平均风向的方法。另一种方法是，扩展风向的范围超过360°，进行10min平均，然后调整到0°～360°。通常在风向传感器本体的北向标识处存在数据测量盲区，而这个盲区通常又未定义（开路或短路），盲区内的数据应被剔除。风向测量的校准、运行、安装的合成不确定度应小于5°。

4. 空气密度

空气密度应通过测量气温、气压和空气相对湿度得到。如果未测量湿度，可以假定相对湿度为50%。温度传感器应安装在与轮毂高度差小于10m的范围内，以代表风轮中心的气温。气压传感器应安装在与轮毂高度差小于10m的范围内，以代表风轮中心的气压，气压的测量应依据ISO 2533校正至轮毂高度。湿度传感器应安装在与轮毂高度差小于10m的范围内，以代表风轮中心的湿度。

5. 风轮转速和桨距角

如有特殊需要，在整个测试中应测量转速和桨距角，例如进行与噪声测试相关的测量。

6. 叶片状况

叶片状况可能影响功率曲线，尤其对于失速控制的风电机组。监控影响叶片状况的因素有利于了解风电机组的特性，这些因素包括降雨、结冰和附着其他污垢等。

7. 风电机组控制系统

应识别、验证和监控足够多的状态信号以便于后期筛选数据。这些状态信号可以从风电机组控制系统得到。

8. 数据采集系统

数据采集系统用于收集测试数据并存储数据或统计数据组，每个通道的采样频率至少是1Hz。将已知可溯源的校准源的信号接入传感器终端并将这些数据的输入信号与记录数据进行比对，以验证数据采集系统通道（传输、信号调理、数据存储）的校准和精度。通常与传感器的不确定度相比，数据采集系统的不确定度可忽略不计。

3.3.1.5 测量程序

测量程序的目标是采集满足一系列明确定义要求的数据，测量程序应确保这些数据有足够的数量和质量，以精确确定风电机组的功率特性。测量程序应详细记录，使每个步骤和测试条件都可以重新查看，如有必要，可以重复测量。测量准确度须用标准不确定度表述。在测试周期中，数据应周期性检查以保证测试结果的高质量及可重复性。在功率特性测试期间，应把所有重要事件写入工作日志。

1. 风电机组运行

测试期间，风电机组应按照其运行手册的规定正常运行，同时其配置不能更改。整个测试期间，风电机组可以正常维护，但应记录在测试日志中。任何特殊维护，如为了保证良好的功率特性所进行的经常性叶片清洗都应特别注明。默认情况是不进行此类特殊维护的。

2. 数据采集

数据应以1Hz或更高的采样频率连续采集。如果测量气温、气压、湿度以及降雨量等，则可以采用较低的采样频率，但至少每分钟一次。数据采集系统应存储采样数据或数据组的统计值包括平均值、标准偏差、最大值、最小值。所选数据组应基于10min的连续测量数据。

3. 数据筛选

应确保只将在风电机组正常运行下采集的数据用于分析，且数据没有被破坏，以下数据组应剔除：

（1）风速以外的其他外部条件超出风电机组的运行范围。

（2）风电机组故障引起风电机组停机。

（3）风电机组手动停机、处于测试或维护模式。

（4）测量仪器故障或降级（例如，由结冰引起）。

（5）风向在规定的测量扇区之外。

（6）风向在场地标定有效扇区之外。

（7）场地标定期间筛选的任何特殊大气条件也应在功率曲线测试期间进行筛选。

其他任何筛选标准都应在报告中明确说明。测量期间特殊运行条件（如附着污垢、结冰或电网条件差异大）或大气条件（如降雨、风切变）下收集的子数据库可以被选定为特殊数据库。

4. 数据库

数据规格化之后，所选数据组采用区间法存储。一种选择为，风速范围应被分成以 0.5m/s 整数倍的风速中心，左右各 0.25m/s 的连续区间。所选数组应至少覆盖扩展的风速范围，即从切入风速以下 1m/s 到风电机组额定功率 85%对应风速的 1.5 倍。另一种选择为，风速范围应从切入风速以下 1m/s 到“AEP -测量值”大于或等于“AEP -外推值”95%时所对应的风速。其中，“AEP -测量值”和“AEP -外推值”是采用恰当的、一致的风速来定义的（如由轮毂高度的风速导出的功率曲线和风速分布以及由 REWS 导出的功率曲线和风速分布）。对于主动变桨控制的风电机组，当达到额定功率以上，有三个连续风速区间的平均功率变化不超过 0.5%或者 5kW，且无上升趋势时，也可以考虑测试完成。报告中应说明使用了以上哪种风速范围。

认为数据库是完整的条件：①每一个区间至少包含 30min 的采样数据；②数据库包含至少 180h 的采样数据。

如果某一区间不完整导致测试不完整，则可用两个完整的邻近区间的线性插值来估计其区间值。

3.3.1.6 导出结果

1. 数据标准化

数据标准化是通过具体公式对每一个变量进行标准化处理，其目的是提高结果的准确性。

（1）风轮等效风速。风轮等效风速是指通过测量风电机组风轮扫掠面高度范围内多个高度的风速大小，按照加权平均算法，得到更精确地反映风轮扫掠面动能的风速，风轮等效风速的计算至少需要测量 3 个不同高度处的风速。

1）垂直风速梯度下的风轮等效风速。计算风轮等效风速至少需要测量 3 个不同高度处的风速，当只考虑垂直风速梯度时，风轮等效风速的计算公式为

$$V_{\mathrm{eq}}=\left(\sum_{i=1}^{n_{\mathrm{h}}}V_i^3\frac{A_i}{A}\right)^{1/3} \tag{3.14}$$

式中 n_{h}——风速测量高度的个数；

V_i——第 i 个高度对应的风速；

A——风轮扫掠面积；

A_i——风轮扫掠面中第 i 个区域的面积，与 V_i 相对应。

风电机组轮毂高度记为 H，风轮直径为 D，半径为 $R=D/2$，n_{h} 个测风高度分别为 h_1，h_2，…，h_{nh}，第 i 个区域的下边界高度 z_i 和上边界高度 z_{i+1} 分别为

$$\begin{cases} z_1=H-R \\ z_i=\dfrac{h_{i-1}+h_i}{2}\ (i=2,3,\cdots,n_{\mathrm{h}}) \\ z_{n_{\mathrm{h}}+1}=H+R \end{cases} \tag{3.15}$$

对于区域面积 A_i，可采用定积分方法计算，积分得到高度 z 处的风轮扫掠面宽度为

$$c(z)=2\sqrt{R^2-(z-H)^2} \tag{3.16}$$

则 $c(z)$ 的原函数为

$$g(z)=(z-H)\sqrt{R^2-(z-H)^2}+R^2\arctan\frac{z-H}{\sqrt{R^2-(z-H)^2}} \tag{3.17}$$

计算得区域面积 A_i（$i=1$，2，3，…，n_{h}）为

$$A_i=\int_{z_i}^{z_{i+1}}c(z)\mathrm{d}z=g(z_{i+1})-g(z_i) \tag{3.18}$$

2）垂直风速和风向梯度下的风轮等效风速。当同时考虑垂直风速和垂直风向梯度时，风轮等效风速的计算公式为

$$V_{eq}=\sqrt[3]{\sum_{i=1}^{n_{\mathrm{h}}}[V_i\cos(\varphi_i)]^3\frac{A_i}{A}} \tag{3.19}$$

式中 φ_i——第 i 个高度测得的风向与轮毂高度测得的风向的角度差。

（2）空气密度标准化。空气密度应按照标准大气条件进行修正，空气密度可由气温、气压和湿度测量值得出，计算公式为

$$\rho_{10\mathrm{min}}=\frac{1}{T_{10\mathrm{min}}}\left[\frac{B_{10\mathrm{min}}}{R_0}-\varphi P_{\mathrm{w}}\left(\frac{1}{R_0}-\frac{1}{R_{\mathrm{w}}}\right)\right] \tag{3.20}$$

当湿度影响较小，或不考虑湿度对空气密度的影响时，空气密度则由气温、气压测量值得出，计算公式为

$$\rho_{10\mathrm{min}}=\frac{B_{10\mathrm{min}}}{R_0T_{10\mathrm{min}}} \tag{3.21}$$

式中 $\rho_{10\mathrm{min}}$——空气密度 10min 平均值；

$T_{10\mathrm{min}}$——测得的绝对气温 10min 平均值；

$B_{10\mathrm{min}}$——测得的气压 10min 平均值；

R_0——干燥空气的气体常数，287.05J/(kg·K)；

φ——相对湿度；

R_w——水蒸气气体常数，461.5J/(kg·K)；

P_w——水蒸气压力。

（3）湍流标准化。湍流强度会影响风电机组的功率曲线测试，主要原因是对测量输出功率和测量风速进行了10min平均处理。应将功率曲线数据规格化到参考湍流强度下，以消除该影响。参考湍流强度应在功率曲线测试之前定义，可定义为轮毂高度处风速的函数，如果未定义，则使用10%作为参考湍流强度。

2. 风剪切

利用不同高度处的风速，依指数风廓线公式拟合得到风剪切系数。

3. 测试功率曲线、功率系数以及年发电量的确定

利用bin区间法，计算各风速区间标准化后的平均风速和平均输出功率，得到机组测量功率曲线、功率系数以及年发电量，具体计算方法如下：

（1）bin区间法。bin区间法通过对标准化后的风速数据进行区间长度为0.5m/s的区间划分，再对每一个风速区间计算标准化后的风速平均值和输出功率平均值，从而得到测量功率曲线，计算公式为

$$v_i=\frac{1}{N_i}\sum_{j=1}^{N_i}v_{\mathrm{n},i,j} \tag{3.22}$$

$$P_i=\frac{1}{N_i}\sum_{j=1}^{N_i}P_{\mathrm{n},i,j} \tag{3.23}$$

式中 v_i——第i个bin区间标准化的平均风速；

$v_{\mathrm{n},i,j}$——第i个bin区间数组j标准化的平均风速；

P_i——第i个bin区间标准化的平均输出功率；

$P_{\mathrm{n},i,j}$——第i个bin区间数组j标准化的平均输出功率；

N_i——第i个bin区间内10min数组的数目。

（2）功率系数。风电机组的功率系数由测量功率曲线的平均风速值和平均输出功率值求出，计算公式为

$$C_{\mathrm{p},i}=\frac{P_i}{\frac{1}{2}\rho_0 A v_i^3} \tag{3.24}$$

式中 $C_{\mathrm{p},i}$——第i个bin区间的功率系数；

v_i——第i个bin区间标准化的平均风速；

P_i——第i个bin区间标准化的平均输出功率；

A——机组的扫掠面积；

ρ_0——标准空气密度。

（3）年发电量。年发电量（annual energy production，AEP）是利用测量功率曲线对不同的年平均风速频率分布模型计算得到的估计值。在对年发电量计算时，采用

与形状参数为2的威布尔分布一样的瑞利分布进行分析，计算公式为

$$F(v)=1-\exp\left[-\frac{\pi}{4}\left(\frac{v}{v_{\text{ave}}}\right)^2\right] \tag{3.25}$$

式中　$F(v)$——风速的瑞利累积概率分布函数；

v_{ave}——轮毂高度处的年平均风速；

v——风速。

当轮毂高度处的年平均风速分别为4m/s、5m/s、6m/s、7m/s、8m/s、9m/s、10m/s、11m/s时，可估算年发电量，即

$$AEP=N_{\text{h}}\sum_{i=1}^{N}\left[F(V_i)-F(V_{i-1})\right]\left(\frac{P_{i-1}+P_i}{2}\right) \tag{3.26}$$

式中　AEP——年发电量；

N_{h}——一年的小时数，约为8760h；

N——bin区间的个数；

V_i——第i个bin区间标准化的平均风速；

P_i——第i个bin区间标准化的平均输出功率。

3.3.2　测试案例分析

本算例以IEC 61400-12-1：2017标准为依据，参照3.3.1节的功率曲线测试方法，对某风电场的风电机组进行了功率曲线测试。

图3.4　测试风电场地形和风电机组排布图

测试风电场地形和风电机组的排布如图3.4所示。

结合机组排布资料及风资源条件，本次测试选取机位号为69的风电机组作为被测样机，测试机组与测风塔的地理位置坐标见表3.1。本次测试中被测风电机组轮毂高度为120m，风轮直径为121m，现场测风塔与被测风电机组之间的距离为328.3m，满足标准要求。

按照IEC 61400-12-1：2017的附录B对测试场地地形进行评估。L为被测风电机组与测风设备之间的距离，图3.5和图3.6分别以$2L$、$4L$、$8L$、$16L$为半径，绘制了被测风电机组和测风设备周围的地形图，图中的阿拉伯数字指

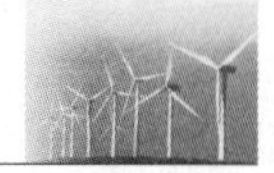

表 3.1 测试机组与测风塔位置坐标

	坐标（WGS84）	
测试机组	N 35°46′42.95″	E114°15′53.85″
Lider	N 35°46′33″	E114°15′49.20″

海拔。被测风电机组和测风设备周围的地形评估结果分别见表 3.2 和表 3.3，可见被测风电机组和测风设备周围的坡度和地形偏差都在允许范围之内。

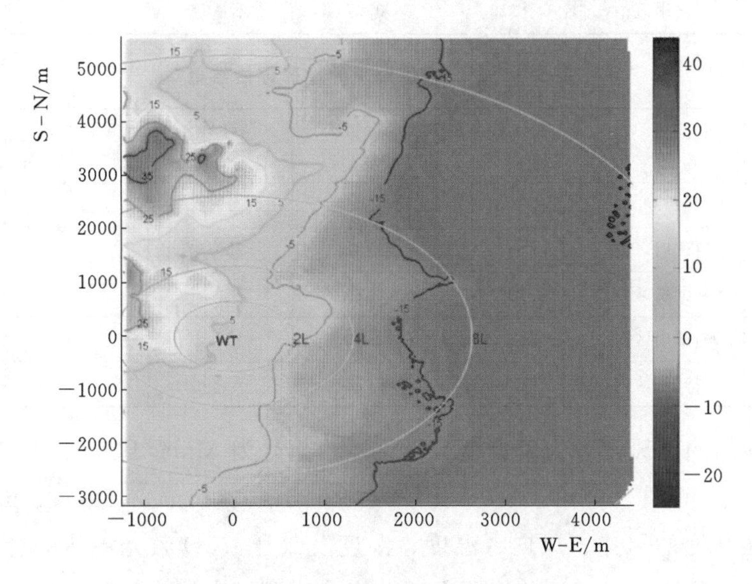

图 3.5 被测风电机组周围地形图

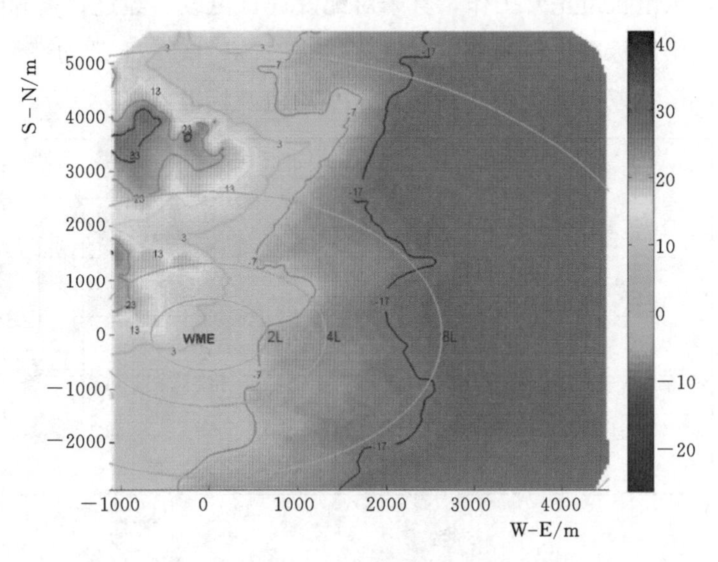

图 3.6 测风设备周围地形图

表 3.2　被测风电机组周围的地形评估结果

距离	扇区	允许最大坡度/%	实际测试坡度/%	允许最大地形偏差/m	实际测试地形偏差/m	评估结果
<2L	0°～360°	<3	2.11	<19.83	5.67	通过
≥2L，<4L	测试扇区内	<5	0.64	<39.67	12.11	通过
≥2L，<4L	测试扇区外	<10	2.71	不适用	—	通过
≥4L，<8L	测试扇区内	<10	0.75	<59.50	4.92	通过
≥8L，<16L	测试扇区内	<10	0.67	不适用	—	通过

表 3.3　测风设备周围的地形评估结果

距离	扇区	允许最大坡度/%	实际测试坡度/%	允许最大地形偏差/m	实际测试地形偏差/m	评估结果
<2L	0°～360°	<3	1.66	<19.83	7.44	通过
≥2L，<4L	测试扇区内	<5	0.82	<39.67	6.20	通过
≥2L，<4L	测试扇区外	<10	2.75	不适用	—	通过
≥4L，<8L	测试扇区内	<10	0.83	<59.50	4.51	通过
≥8L，<16L	测试扇区内	<10	0.74	不适用	—	通过

本案例使用的测风设备为垂直型激光雷达，型号为 Molas B300，该雷达同时测得了 60m、75m、90m、105m、115m、120m、125m、135m、150m、165m、180m、195m 共 12 层高度的风速、风向、温度、湿度及气压。3D 激光雷达的合成风速作为被测机组的参考风速。扇区评估按照上述功率曲线测试方法中的第 3 点进行。

测试期间，风电机组正常工作，且未对配置进行更改。经过数据筛选及标准化处理后，得到空气密度标准化到参考空气密度（1.225kg/m^3）下的功率散点，如图 3.7 所示，包括 10min 内功率最大值、最小值、平均值及标准差。

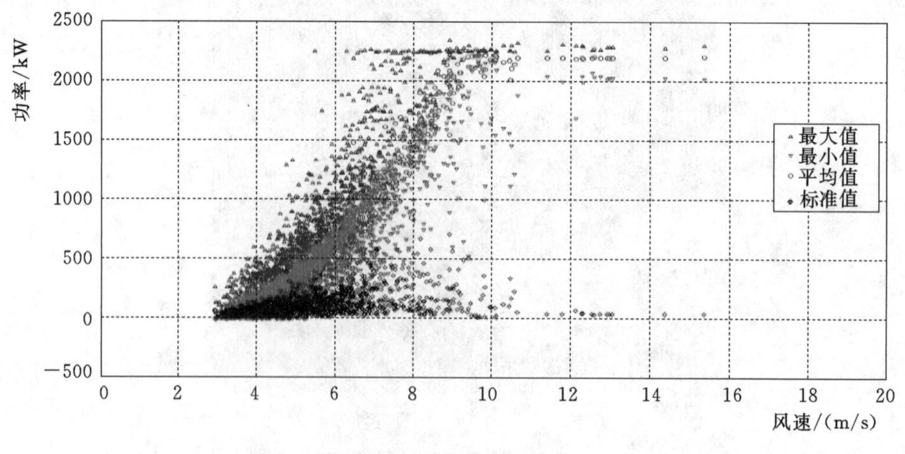

图 3.7　功率散点图

功率曲线的考核方法为

考核值 K=(实测推算年发电量/保证推算年发电量)×100%

风电机组的实测功率曲线与担保功率曲线对比如图 3.8 所示。经分析，在测试时间段内未达到切出风速，且实测功率曲线值较担保功率曲线值略低。通过计算得出 69 号机组的实测推算年发电量为 6874.04MW·h，担保功率曲线的推算年发电量为 7481.86MW·h，计算得 K 值为 0.919。

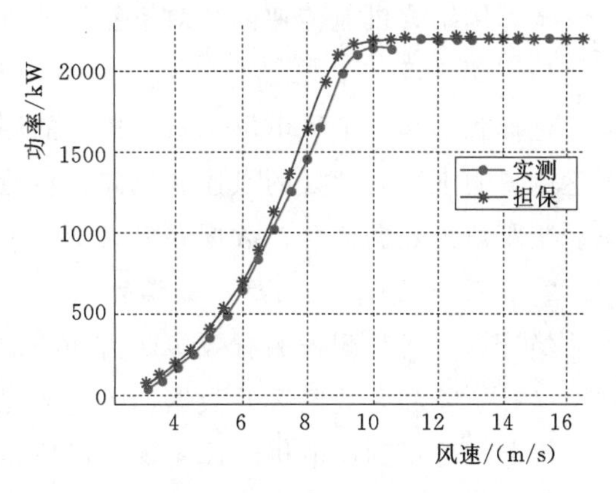

图 3.8 实测功率曲线与担保功率曲线对比

3.3.3 机舱传递函数方法

当利用机舱风速计测量的风速进行机组功率曲线测试时，由于机舱风速计安装在机舱顶部或者前部，此处容易受到风电机组风轮和机舱的影响，会使来流风速产生气流畸变，使得机舱风速并不是真实的机舱处自由流风速，因此需要利用机舱传递函数，把机舱风速修正为机舱处自由流风速。

机舱传递函数指机舱风速和风电机组风轮前自由流风速间的函数关系，可表征风电机组风轮对机舱风速的影响。该函数主要依据 IEC 61400－12－2：2013 标准建立，结果主要是以表格形式或者所有测试风速和气流修正因数的拟合函数的形式来描述。参考 IEC 61400－12－2：2013 标准，利用 bin 方法，计算出各个 bin 区间机舱风速平均值和风轮等效风速平均值。计算公式为

$$V_{\text{nacelle},i}=\frac{1}{N_i}\sum_{j=1}^{N_i}V_{\text{nacelle},i,j} \tag{3.27}$$

$$V_{\text{free},i}=\frac{1}{N_i}\sum_{j=1}^{N_i}V_{\text{free},i,j} \tag{3.28}$$

式中 $V_{\text{nacelle},i,j}$、$V_{\text{free},i,j}$——第 i 个 bin 区间数组 j 的机舱风速和风轮等效风速；

$V_{\text{nacelle},i}$、$V_{\text{free},i}$——第 i 个 bin 区间的机舱风速平均值和风轮等效风速平均值；

N_i——第 i 个 bin 区间内 10min 数组的个数。

利用线性插值法，可以得到修正后的机舱自由流风速 V_{free}，计算公式为

$$V_{\text{free}}=\frac{V_{\text{free},i+1}-V_{\text{free},i}}{V_{\text{nacelle},i+1}-V_{\text{nacelle},i}}(V_{\text{nacelle}}-V_{\text{nacelle},i})+V_{\text{free},i} \tag{3.29}$$

式中 $V_{\text{nacelle},i}$、$V_{\text{nacelle},i+1}$——区间 i 和 $i+1$ 中的机舱风速平均值；

$V_{\text{free},i}$、$V_{\text{free},i+1}$——区间 i 和 $i+1$ 中的风轮等效风速平均值；

V_{nacelle}——机舱风速仪的实测值。

3.3.4 机舱传递函数方法案例分析

本算例结合机舱传递函数对机舱风速进行修正后，对其功率曲线进行了测试。

1. 数据来源

选择我国南方某风电场中被测机组的测试数据进行算例分析。数据主要包括激光雷达测得的不同高度处的风速和风向，机舱风速计风速和风向、气温、气压、机组功率、桨距角等数据信息，数据间隔为10min。

2. 分区间段的机舱传递函数模型

经计算分析，测得的有效扇区为36°～170°和227°～316°，通过数据清洗，剔除未并网、有故障和有效扇区外数据，得到清洗后的机舱风速计风速风向数据，并在前文的基础上，可得到风电机组风轮等效风速相关数据。在工程实践中，机舱风速与测风塔风速之间呈现一定的函数关系，可以用该函数关系来对机舱风速进行校正。由于风轮等效风速是由测风塔不同高度处风速按照加权平均算法计算得到的，所以机舱风速和风轮等效风速之间也有一定的函数关系。为了进一步验证机舱风速和风轮等效风速之间的相关性，对该测试机组风轮等效风速和对应的机舱风速关系进行分析，图3.9为风轮等效风速和机舱风速关系图。

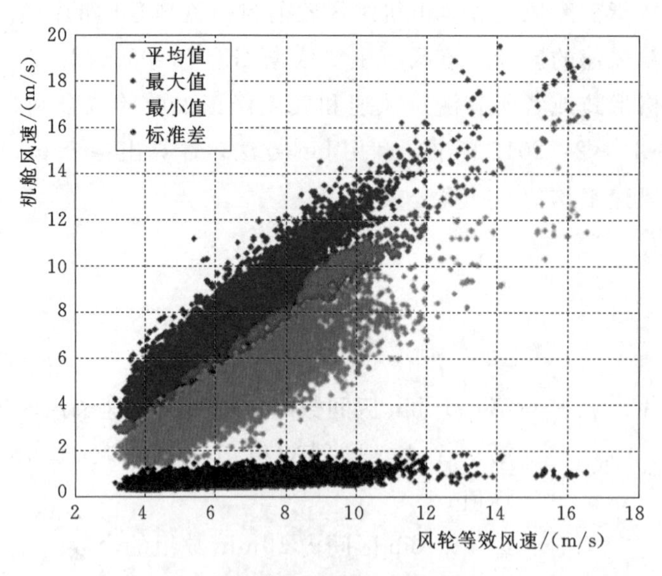

图3.9 风轮等效风速和机舱风速关系图

由图3.9可知，风轮等效风速和机舱风速之间的平均值、最大值、最小值、标准差均呈现一定的函数关系，具有较强的相关性。利用此函数关系，可以对机舱风速进行修正，将受气流畸变影响的机舱风速修正为机舱处自由流风速，一般称此函数关系为机舱传递函数。

然后利用Bin方法，将机舱风速按0.5m/s间隔进行区间划分，计算出每个bin区间的机舱风速平均值和相应的风轮等效风速平均值。利用各bin区间数据，按照不同风速区间拟合机舱传递函数，得到机舱风速和风轮等效风速两者之间分区间段的机舱传递函数模型，如图3.10加粗散点所示，该模型能准确拟合机舱风速和风轮等效风速两者之间实测散点的关系情况，拟合效果较好。图3.10为机舱风速和风轮等效风速散点图，图3.11为分区间段的机舱传递函数关系图。

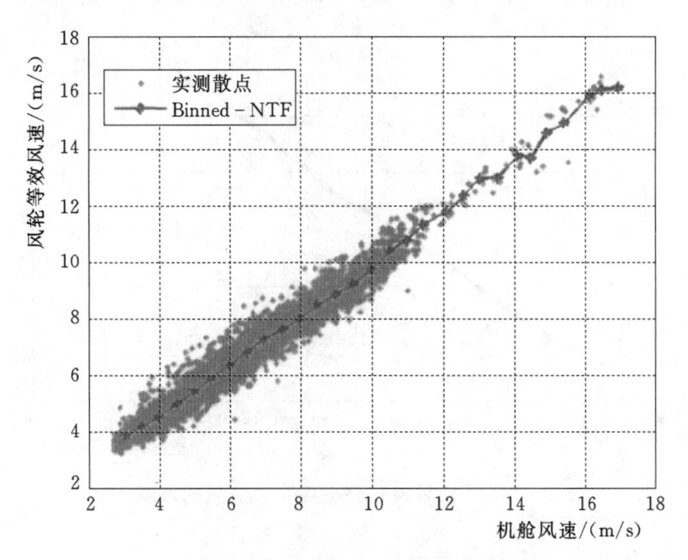

图3.10　机舱风速和风轮等效风速散点图

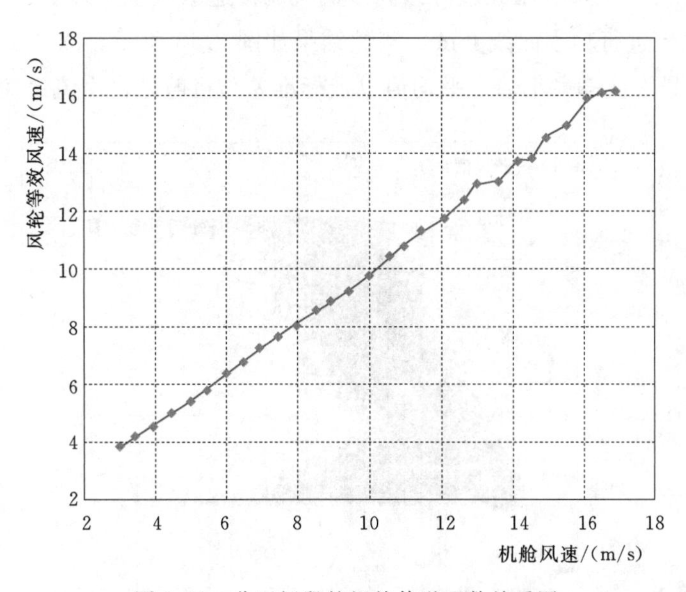

图3.11　分区间段的机舱传递函数关系图

最后利用所建基于机舱风速和风轮等效风速的分区间段的机舱传递函数模型，对机舱风速进行校准修正，得到经过分区间段的机舱传递函数模型修正后的机舱处自由流风速。图 3.12 为机舱风速和修正后的自由流风速散点图，对比图 3.11 分区间段的机舱传递函数关系图，可以发现机舱风速和修正后机舱处自由流风速散点图与分区间段的机舱传递函数关系图相似，整体趋势一致。

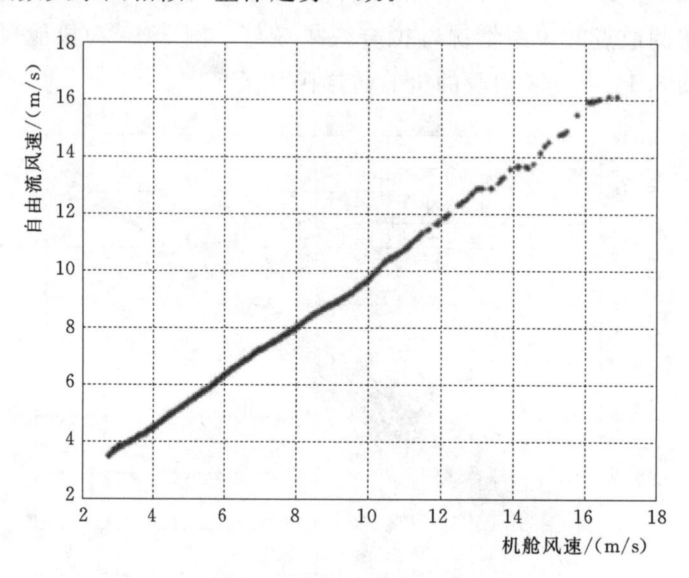

图 3.12 机舱风速和修正后自由流风速散点图

3. 基于机舱处自由流风速的功率曲线测试

按照 IEC 标准要求，利用经过分区间段的机舱传递函数模型修正后的机舱处自由流风速，对被测机组进行功率曲线测试，测试结果如图 3.15 所示。图 3.13 为测量得到的 10min 内的功率最大值、最小值、平均值以及标准差与机舱处自由流风速之间的关系。

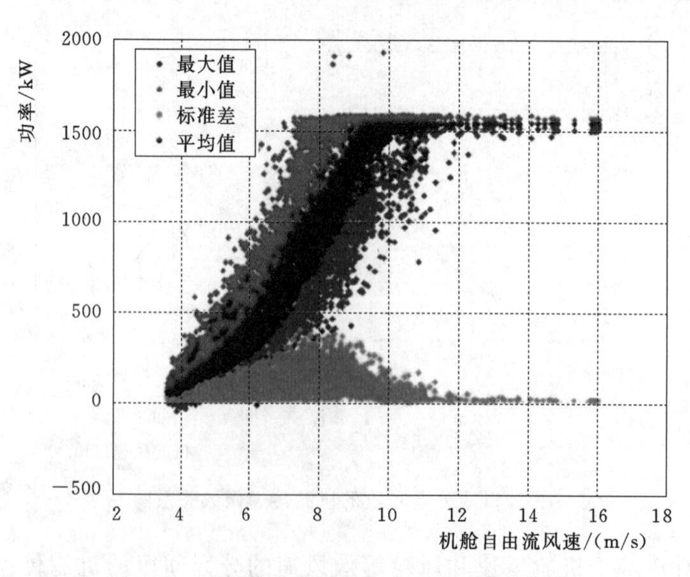

图 3.13 机舱自由流风速——功率曲线散点图

图 3.14 为功率曲线与保证功率曲线对比图，已将测量功率曲线折算到标准空气密度下。经分析，在测试时间段内未达到切出风速，在该配置下的机组发电性能表现良好，实测功率曲线与保证功率曲线吻合度较好，实测功率曲线在 3.5～8.5m/s 风速段略低于保证功率曲线，在 9～16m/s 风速段高于保证功率曲线。

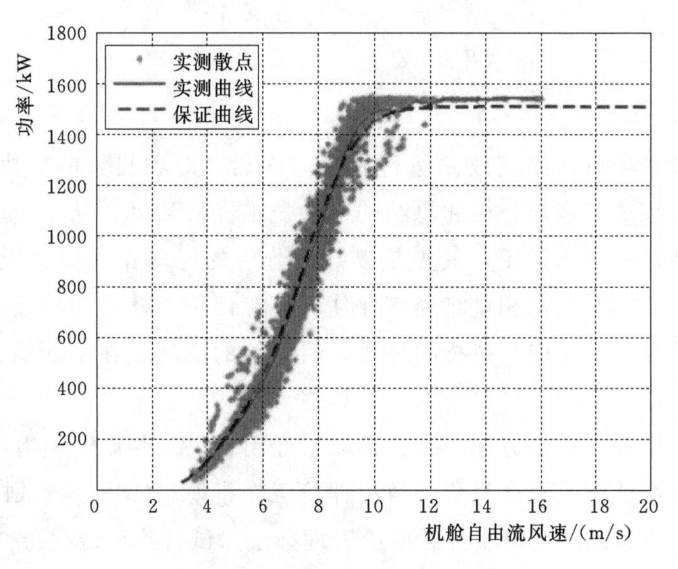

图 3.14 功率曲线对比图

图 3.15 为机舱处自由流风速和风能利用系数图，经分析，在 3.5～8.5m/s 风速段低于保证风能利用系数，在风速为 7.5m/s 时达到最大风能利用系数 0.467，在 9～16m/s 风速段略高于保证风能利用系数。

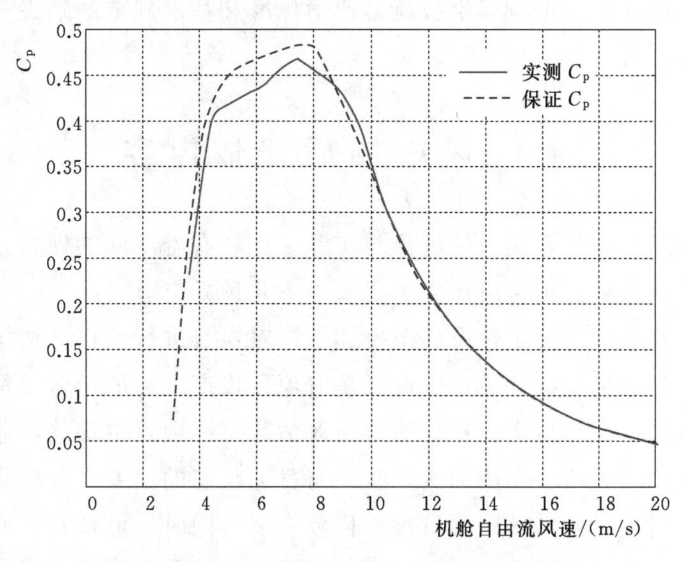

图 3.15 机舱自由流风速——风能利用系数图

第4章 风电场工程后评估内容和指标体系

后评估是指在项目已经完成并运行一段时间后，对项目目的、执行过程、效益、作用和影响进行系统、客观分析和总结的一种技术经济活动。从20世纪60年代以前美国提出后评估这一概念开始，最先是以财务分析的好坏作为项目成败的主要指标，而后在经过几十年的发展，相继将经济评估、环境评估、社会影响评估等纳入到后评估体系中，随着社会的发展，科技的进步，后评估的范畴也在不断的扩展，所囊括的内容也是越加广泛。

在风电工程中的后评估方面，相关部门曾经出台过一些规定和指导办法，如2005年发布的《中央企业固定资产投资项目后评价工作指南》（国资发规划〔2005〕92号）、2008年发布的《中央政府投资项目后评价管理办法（试行）》（发改投资〔2008〕2959号）、2011年发布的《风电开发建设管理暂行办法》（国能新能〔2011〕285号）、2018年发布的《风电场项目后评价规程》（NB/T 10109—2018）和在2016年发布《海上风电开发建设管理办法》（国能新能〔2016〕394号）中，对后评估项目均有一些指导办法。虽然有这些相关的政策性文件、管理办法，但是大多数还只是在政策上面，后评估工作面临的一个重要挑战就是评估标准和技术规范的缺失，这导致再后评估实操环节难以标准化。

4.1 风电场后评估内容

关于建设项目后评估，国内外理论与实践工作者有着不同的理解。针对投资项目的实施、运行阶段来看，项目后评估主要有以下几种界定形式：

(1) 项目完成核准并开工建设甚至投运后，对项目进行的再评估。再评估内容可以是对项目实施过程的监控评估，也可以是对项目投产之后的运营评估，或者是上述两者的结合。其中，在项目实施过程的监控评估，又称项目中评估，通称为项目追踪评估，其目的在于检测项目实施的实际状态与目标状态的偏差，分析其原因并及时反馈，以改进项目管理，使其按照项目预期目标发展。同时，可针对性地对项目实施过程中的重要时间节点或阶段进行评估，称之为项目重要节点评估或项目实施阶段性评估。而项目运营状态的评估称之为效果评估或结果评估，其主要目的是衡量项目运营

阶段的成果，检测实际效果与预期效果的偏差，总结经验，为今后的项目投资和决策提供依据。

(2) 项目竣工投产时，对项目准备、决策、实施及项目所产生的实际经济效益的再评估，其目的在于总结评估项目竣工投产以前各个阶段项目管理的经验教训，检验各阶段的实际经济效益情况，分析其与设计阶段的偏差和原因。评估内容主要包括对项目前期工作的评估、项目实施的评估和项目投产时的影响评估。

(3) 在项目建设投产一段时间（一般 2～3 年）后，此时项目应已达到设计生产能力，对项目准备、决策、设计、实施、试生产直至达产后全过程进行后评估。其后评估内容包括项目前期工作评估、项目实施过程的评估、项目试生产情况的评估和项目达产后的影响评估。其目的是根据战略规划、行业规划、地区规划、运用系统工程的理论，采用宏观和微观结合，经济和技术结合的方法，通过对项目投产全过程的实际情况与设计情况进行比较，分析其偏差及产生原因，总结项目管理经验，为今后改进项目管理和指定科学合理的投资计划提供参考。

(4) 项目达到设计生产能力后，项目实际运行状态的影响评估。主要分析项目实际运行情况与设计阶段的偏差及原因，并针对实际运行状态中存在的问题提出改进措施，从而提高项目运行效率。

(5) 项目达到设计生产能力后，对项目进行经济效益后评估。评估内容分为财务后评估和国民经济后评估。其目的在于衡量项目产生的实际经济效益和预计经济效益的偏差，并分析其原因，为今后项目投资决策反馈信息。

(6) 项目建成投产后的工作总结。其目的是检查、验证项目预期目标的达成情况，总结经验教训，为项目投资主体和项目管理部门今后的工作提供意见。

(7) 项目达到生产能力后实际效果与预期效果的分析评估。与项目建设前期进行的可行性研究相对应，侧重于对预期效果与实际效果加以客观的比较，通过计算各种经济指标的趋进度，各要素预测的准确度，对可行性研究的评估水平、预测水平、敏感性分析三个方面进行考核，是对可行性研究工作的评估，并将取得的经验反馈到今后的项目可行性研究中。

针对风电工程项目来说，其后评估一般应在风电场建成投产满 1 年后，对项目进行全面总结性的投资经营活动分析，将风电工程项目决策初期预计效果与项目实施后的实际效果进行全面对比考核。评估考核的指标内容包括项目过程后评估、效益后评估、风资源后评估、微观选址后评估、主要设备运行及质量后评估、影响后评估、项目持续性后评估等方面。其中应将风资源后评估、微观选址后评估、效益后评估、主要设备运行及质量后评估作为考核重点。

根据上述风电场后评估的定义可以看出，风电场后评估的开展可以提高风电项目决策能力、建设水平、投资收益及风资源利用率等优点。主要表现在：

（1）提高风电场决策水平。项目的可行性研究是项目投资决策的依据，但其可行性研究的准确性需要通过项目的后评估进行校验。通过建立完善的风电场后评估体系，一方面可以发现在风电场的规划设计过程中可能出现的问题，如在进行发电量估算时，折减系数选择的合理性；风电机组功率曲线与出厂设计的一致性等。另一方面可以通过风电场后评估结果，判断当前的决策是否合理，并为以后的项目提供参考。

（2）总结项目管理的经验教训，提高项目管理水平。风电场的建设管理涉及很多部门，是一个庞大的体系。在进行风电场后评估时，对已投产运营的风电场进行运营管理的评估，可以总结相关经验，指导未来风电场的管理活动，以提高风电工程项目的管理水平。

（3）对风电场技术及运维改进的重要意义。分析和研究风电工程项目投产初期和达产时期的实际情况，分析风电投资回收期和发电量是否满足预期，比较实际与可行性研究时的偏差，探究其原因。后评估工作完成之后，可以对上述问题提出切实可行的改进措施，对风电场进行技术改进，以提高风电场运行效率及发电量，从而达到提高经济效益的目的。

4.2　风电场后评估指标体系

结合建设项目后评估内容要求及风电工程项目特性，建立以下风电场后评估指标体系：

（1）风电场项目过程后评估。将风电场可行性研究阶段的情况和实际施工过程进行比较和分析。主要内容包括前期工作评估、建设实施评估、项目投资评估、项目生产运营评估以及管理水平评估。

（2）风电场风资源及微观选址后评估。对可行性研究报告中的风资源、微观选址、上网电量及功率曲线进行后评估。找出差别和原因，从而对风电场的后续运营进行预测。

（3）风电场主要部件运行状态及质量评价。对风电场的运行故障情况进行统计分析，对风电机组主要部件运行状态进行评价。

（4）风电场效益后评估。利用实际发电量、上网电价等运行数据及实际财务数据，测算财务后评估指标，将其与可行性研究时的指标进行对比，找出差别和原因，并与行业基准收益率对比，用以评估风电场的整体效益。

（5）项目影响及持续性后评估。风电场项目的影响主要包括经济、社会、环境三方面。经济影响后评估着重于风电场对场区周边县市经济发展的意义；社会影响后评估主要为风电场的装机容量对国家及地区发展目标的贡献；环境影响后评估主要为风电场上网电量相对于火力发电燃煤减少的氮氧化物、硫化物、灰尘及温室气体排放

量。项目的持续性后评估主要为内持续性和外持续性。内持续性包括：技术、设备的先进性、可靠性和适用性；风资源竞争力；市场变化适应能力；环境管理程度；体制和管理水平；人员结构合理性、人力资源开发和利用合理性。外持续性包括项目运输设施和方式的制约性；国家政策及政策的影响。

（6）风电场综合后评估。在风电场后评估各级指标评估结果的基础上，利用合适的评估方法对风电场进行综合后评估。

4.3 风电场工程过程后评估

4.3.1 前期工作后评估

风电工程项目前期工作亦称项目准备工作，包括从编制项目建议书到项目正式开工过程中的各项工作内容。项目前期工作的费用支出不大，但所需时间较长，且前期工作的质量对项目投资效益影响较大，甚至可以从根本上决定项目的成败。不少工程项目实际投资效益较差，甚至项目投资完全失败，造成了巨大财力、物力和人力的浪费，其中少数是由于没有搞好前期工作项目所致。项目前期工作后评估的任务是评估项目前期工作的实绩，分析和总结项目前期工作的经验教训。

（1）立项条件。审核风电工程项目立项的条件和设计单位是否招标选定，可行性研究的编制程序和内容是否符合可行性研究报告内容深度规定的要求，审核其合理性和客观性，特别是多方案的比较评估质量是否满足立项要求，可行性研究报告的批复审核时尤其应注意那些不同意见和建议。项目批复的合规性是指从编制风电项目建议书到风电项目立项审批过程中的各项工作是否符合规范。

（2）勘察设计。评估勘察设计工作的质量，包括项目的工程地质、风速条件、风电机组选型和布置等设计的依据和对国家现行技术政策、规程规范、规定的执行原则和技术方案的比选论证优化等，也包括审查和咨询的意见。

（3）开工准备。评估是否具备开工条件，包括应已依法设立项目法人开工许可，项目资本金和其他建设资金应已落实，承诺手续应完备，施工组织设计大纲应已经审定，主体工程的施工单位应已招标选定，施工合同应已签订，主体工程的施工图至少应满足连续三个月施工需要，并进行图纸会审和设计交底，项目法人与项目设计单位已确定施工交付计划并签订交付协议，施工监理单位已通过招标确定，监理合同已签订，项目已征地、拆迁和施工场地，移民工作应已完成，有关外部配套、生产条件应已签订协议。项目主体工程应具备连续施工条件，主要设备和材料应已经招标选定，运输条件应已落实，并应备好连续 3 个月的工程材料。应已取得上网协议的确认文件。开工报告已批复。涉外项目还包括对外谈判及结果。

（4）决策程序和水平。评估决策程序是否符合规定，项目的目的和目标是否达到，包括规划容量、建设规模、布置方案、格局方案、工艺系统方案、建构筑物方案、建设及投产年限等，还包括设计、施工等有关工作。评估设计是否招投标及其效果，长期工作的决策水平，提出提高宏观决策，优化和调整资源配置的建议。

4.3.2　实施阶段后评估

风电工程项目建设实施，即项目正式开工后，就意味着项目建设工作从前期工作转入实施阶段。这一阶段包括从项目开工起到竣工验收、投运交付为止的全过程，包括项目开工、施工、生产准备、竣工验收等重要环节。项目实施阶段是项目财力、物力集中投放和耗用的过程，也是固定资产逐步形成的时期，它对项目能否发挥投资效益有着十分重要的意义。风电工程项目建设实施后评估主要针对项目的建设工期及施工质量两个方面进行评估。

（1）进度控制评估。查看工程进度与投产时间表，以评估施工进度计划编制是否合理；评估施工进度控制方法的科学性及其成效；将实际施工进度与计划表进行比较，分析施工进度产生差异的原因等。具体包括：

1）验证各子工程的实际启动和完成日期，确定实际启动和完成日期产生偏差的原因。

2）计算实际施工期的变化量，评估已完工项目的定额指标。

3）计算建设（安装）单位的施工工期，分析建设工期的实际偏差和原因。

（2）质量控制评估。

1）考察设备质量，评估设备及其安装工程质量是否可以保证投产后的正常生产。

2）发生重大质量事故时，分析事故的原因并评估其经济损失，包括计算其导致的施工期延误损失，以及不可恢复质量事故对投产后正常收益的影响。

3）工程安全，是否发生重大安全事故，分析其原因及其所带来的影响。

4.3.3　项目投资后评估

评估实际单位生产能力投资，实际单位生产能力投资是项目后评估的一个综合指标，它反映项目建设所取得的实际投资效果。它是竣工验收项目全部投资使用额与竣工验收项目形成的综合生产能力之间的比率。将它与设计概预算的单位生产能力造价比较，可以衡量项目建设成果的计划完成情况，综合反映项目建设的工作质量和投资使用的节约水平；与同行业、同规模的竣工项目比较，在消除不同建设条件因素后可以反映项目建设的管理水平，实际单位生产能力投资的评估可通过计算单位生产能力投资变化率来进行，以此来衡量项目实际单位生产能力投资与预计的或其他同类项目实际的单位生产能力投资的偏离程度，并具体分析产生偏差的原因。实际单位生产能

力投资的计算为

$$实际单位生产能力投资=\frac{竣工验收项目(或单项工程)实际投资总额}{竣工验收项目(或单项工程)实际形成的生产能力} \tag{4.1}$$

4.3.4 生产运营后评估

项目运营阶段是指项目交付使用、投入生产后，直至项目报废为止的整个过程。项目运营阶段是实现和发挥项目投资收益的过程，也是项目准备、决策、设计、实施阶段投资效益的集中体现时期，在项目运行整个过程中占有十分重要地位。如果说项目前期工作和项目实施阶段是财力、物力的投入和消耗的过程，那么项目运营是项目为社会创造新的物质财富的产出过程。项目运营后评估是建设项目投产后的实际运营情况和投资效益的再评估，是项目后评估的一项重要内容。

项目运营后评估的目的是通过项目投产后有关实际数据、资料或重新预测的数据，衡量项目的实际经营情况和实际投资效益，分析和衡量项目实际经营状况和投资效益与预测情况或其他同类项目的经营状况和投资效益的偏离程度及其原因，以系统地总结项目投资的经验教训，并为进一步提高项目投资效益提出切实可行的建议。

(1) 生产运营状况的后评估。项目运营评估是根据项目的实际运营情况，对照预期的目标，找出差距并分析原因，评估项目外部和内部条件如市场变化、政策变化、管理制度、管理水平、技术水平等的变化，预测未来项目的发展。项目运营状况的后评估包括的内容有：①运营管理状况评估；②经营管理机构设置和调整情况评估；③经营管理战略评估；④管理规章制度评估；⑤经营管理经验教训分析总结。

(2) 项目技术指标完成情况后评估。采用生产经营实际完成的生产技术指标与设计值进行对比（如实际人数、年生产能力和设备利用率等）分析其变化原因。

(3) 项目达产年限后评估。项目达产年限后评估的内容如下：

1) 将项目实际的达产年限与预期的达产年限进行比较评估，分析实际达产年限与预期年限偏差的原因。

2) 评估项目的实际成本变化对项目投资收益的影响程度。

(4) 项目产品生产成本后评估。对项目实际产品生产成本及构成与预期指标进行比较评估，并分析产生偏差的原因。评估项目实际成本变化对项目投资效益影响程度。

4.4 风电场风况及微观选址后评估

4.4.1 风况后评估

对可研报告中的风能资源及设计发电量进行后评估，需要评估设计风况的代表性和准确度。按照国标 GB/T 18710—2002 的规定，对设计和运行两阶段数据进行处理，并将处理好的风况参数绘制成图表，这样不但能够更直观地看出风电场的风速、风向和风能的差别，更能将前后各参数趋势进行对比，以检验设计阶段选择数据的代表性。

1. 年风况对比

年风况参数对比的图标包括全年风速日变化曲线图、全年风功率日变化曲线图、风速年变化曲线图、风功率的年变化曲线图、全年的风速和风能频率分布直方图、全年的风向玫瑰图、全年的风能玫瑰图等。这些图形是两阶段风况对比研究的基础。

（1）年平均风速。年平均风速是根据小时风速分别求得两阶段风况的年平均风速，风速取同一高度，求其偏差与偏差率。

（2）全年风速日变化。全年风速日变化是按式（4.2）将全年每日各时段的风速筛选平均后，得到 24h 的日变化规律，即

$$V_i = \frac{1}{n}\sum_{j=1}^{n} v_{ij} \tag{4.2}$$

式中　V_i——全年每日第 i 时间段的平均风速，m/s，$i=0\sim23$；

n——全年第 i 时间段的风速次数（一般为 365）；

v_{ij}——全年中第 i 时间段所有风速中第 j 个风速，m/s。

对比两阶段对应时段风速，得到最大偏差、最小偏差、平均偏差以及变化规律等。

（3）全年风功率密度日变化。全年风功率密度日变化将全年每日某时段的风功率密度筛选平均后，得到 24h 的日变化规律。设定时段平均风功率密度为

$$D_i = \frac{1}{2n}\sum_{j=1}^{n} \rho v_{ij}^3 \tag{4.3}$$

式中　D_i——全年每日第 i 时间段的平均风功率密度，W/m^2，$i=0\sim23$；

n——全年第 i 时段的风速次数（一般为 365）；

ρ——空气密度，kg/m^2；

v_{ij}——全年第 i 时段所有风速中第 j 个风速，m/s。

平均风功率密度应是设定时段内逐小时风功率密度的平均值。空气密度 ρ 是当地年空气密度的平均值。为了对比前后风况，密度应取设计阶段对多年气象站数据等进行平均后得到的平均空气密度值。

（4）风速年变化。风速年变化是按月统计全年风速数据的平均值，并将其绘制成折线图。对比两个阶段的风速在一年中的总体变化趋势。

（5）风功率密度年变化。风功率密度年变化是按月计算全年风功率密度的平均值，并将其绘制成折线图。用来对比两个测风时期，风电场区域内风功率密度在一年

当中总体的变化趋势。

（6）全年风速和风能分布频率。全年风速和风能分布频率是以 1m/s 为一个风速区间，统计每个风速区间内风速和风能出现的频率，统计两阶段轮毂高度处风速频率及风能频率。第 i 个风速区间段的风能密度为

$$D_i=\frac{1}{2}\sum_{j=1}^{m}\rho v_{ij}^3 t_{ij} \tag{4.4}$$

式中 D_i——第 i 个风速区间的平均风能密度，W/m²，$i=0\sim23$；

m——第 i 个风速区间内风速数据个数；

ρ——空气密度，kg/m²；

v_{ij}^3——第 i 个风速区间内风速序列第 j 个风速的立方，(v/s)³。

t_{ij}——第 i 个风速区间内风速序列第 j 个风速发生的时间，h。

（7）全年有效风速小时数。全年有效风速小时数是统计一年内风速在切入风速与切出风速之间的小时数。侧面对比分析两阶段风资源质量。

（8）威布尔分布。在进行风电场风资源计算时，常选择描述风速分布的是威布尔分布模型。两参数威布尔分布的风速概率密度函数为

$$f(v)=\frac{k}{c}\left(\frac{v}{c}\right)^{k-1}\exp\left[-\left(\frac{v}{c}\right)^{k}\right] \tag{4.5}$$

式中 k——威布尔分布的形状参数，即形状因子；

c——威布尔分布的尺度参数，即比例因子。

根据《全国风能资源评价技术规定》（发改能源〔2004〕865 号），威布尔分布的这两个参数被建议采用平均风速和标准差估计法进行估算。具体公式为

$$\left(\frac{\sigma}{\overline{v}}\right)^2=\{\Gamma(1+2/k)/[\Gamma(1+1/k)]^2\}-1 \tag{4.6}$$

可见$\frac{\sigma}{\overline{v}}$是 k 的函数，当知道了分布的均值和方差，便可求解 k。

由于直接用$\frac{\sigma}{\overline{v}}$求解 k 比较困难，通常可用近似关系式求解 k，即

$$k=\left(\frac{\sigma}{\overline{v}}\right)^{-1.086} \tag{4.7}$$

从而有

$$c=\frac{\overline{v}}{\Gamma(1+1/k)} \tag{4.8}$$

其中$\overline{v}$和 σ 的估计值为

$$\overline{v}=\frac{1}{N}\sum v_i \tag{4.9}$$

$$\sigma=\sqrt{\frac{1}{N}\sum(v_i-\overline{v})^2} \tag{4.10}$$

式中　v_i——计算时段中每次的风速观测值，m/s；

N——观测总次数。

由式（4.7）和式（4.8）便可求得 k 和 c 的估计值。在各个等级风速区间（如0m/s、1m/s、2m/s、…）的频数已知的情况，$\overline{v}$和σ又可近似的计算方法为

$$\overline{v}=\frac{1}{N}\sum n_j v_j \tag{4.11}$$

$$\sigma=\sqrt{\frac{1}{N}\sum n_j v_j^3-\left(\frac{1}{N}\sum n_j v_j\right)^2} \tag{4.12}$$

式中　v_j——各风速间隔的值（以该间隔中值代表该间隔平均值），m/s；

n_j——各间隔的出现频数。

（9）全年风向玫瑰图。全年风向玫瑰图是对比两个阶段全年风向玫瑰图，判断两个阶段的主风向差异。

（10）全年风能玫瑰图。按风向区域统计计算各扇区风能，并分别与总风能之比得到各扇区的风能频率，制作风能玫瑰图，分析比较两个阶段风能分布差异。

2. 月风况对比

由于风速受大气稳定度及粗糙度等影响，因此一年中各月都有相应的特点。统计每个月每天同时段风速及风功率密度，对比两阶段各月风速及风功率密度日变化曲线图，分析其中的差异。

4.4.2　微观选址后评估

风电场的微观选址是其规划设计中的重要环节，其工作涉及风能资源分布、风电机组和集电系统布局、交通道路规划设计、占地规模、生态环境等诸多方面，对于风电场的投资、建设、设备安全可靠性运行维护均有着重要影响。微观选址的合理性将直接影响风电场的发电量以及风电机组的使用寿命。而在风电场实际施工过程中，会出现一些设计阶段没有考虑到的限制区域或者影响因素，造成机位的临时改动。

国内外风电工程的多次实践均表明，因风电场微观选址的偏差失误导致发电量减少以及运维费用成本增加，远大于前期对风电场场址进行详细勘察和科学设计的费用。因而微观选址的重要性不言而喻，而微观选址的后评估则有助于分析与纠正前期微观选址的失误，保证风电场的经济效益。

风电场微观选址后评估主要针对风电机组机位在设计阶段与实际实施中的变化，从不同机位点风资源、发电量以及机组运行状态等方面，对微观选址的合理性和效果进行评估。对于风电机组机位点而言，其周围的环境、地形地貌、风电机组之间相互

影响等，均会影响风电机组的实际运行状态，可能会导致风电场中各个机组运行状态差别很大，因此在评估过程中需要考虑多种因素。需要复核发电量以及安全载荷，确保风电机组能够合理利用风资源，减少各个机位相互影响，在安全运行条件下，提高其经济性。此外还需要结合场址实际，对场址的征用、环境保护、居民点、行政边界、文物矿物资源等约束因素进行评估，同时审核确认风电机组的交通运输、道路、集电线路等方案的合理性。

4.4.3 功率曲线后评估

根据国务院国有资产监督管理委员会颁布的《中央企业固定资产投资项目后评价工作指南》(国资发规划〔2005〕92号）指出，对比法是后评估的主要方法。选择对比法对两个阶段发电量开展评估，也就是比较风电场实际发电量与风电场设计计算的理论发电量，评估设计阶段预测发电量的准确性，并预测风电场未来的发电能力。

通常规划设计预测的发电量是采用商用软件计算的，如 WAsP、WindSim、WT 等。前期在估算上网电量时，需要估算折减系数，对理论发电量进行修正，折减因素除尾流外，还主要包括空气密度修正、控制和湍流折减、叶片污染折减、风电机组可利用率、风电机组功率曲线保证率折减、风电场损耗、气候影响折减、软件计算误差折减、电网频率波动与限电等方面的折减。风电场某一时间段内（一般为完整运行的一年）的实际发电量与规划设计报告中计算的理论发电量之间不存在明显的可比性，主要体现在风资源两个阶段的差别、折减系数等方面。

因此选取功率曲线对风电场的发电量进行评估。根据运行的风电机组 SCADA 数据，结合场区内测风塔同时期测风数据进行功率曲线拟合计算，进而推至整个风电场的发电能力。对功率曲线的分析主要考虑以下几个方面：①不同扇区的功率曲线对比；②不同月份的功率曲线对比；③以测风塔测风数据为基准进行对比；④以每台风电机组测量的机头风速进行对比。

4.4.4 发电量复核

利用实际运行期的功率曲线和设计阶段的风资源数据，计算运行期功率曲线下的设计阶段发电量。发电量计算方法为

$$E_i = 8766 \sum_{i=1}^{n_D} \sum_{j=1}^{n_U} \sum_{k=1}^{n_T} F_{ijk} P_{ijk} \tag{4.13}$$

式中 n_D——风向扇区个数；

n_U——风速区间段个数；

n_T——风电机组台数；

F_{ijk}——风电机组 k 处在风向扇区 i 风速位于区间 j 的概率；

P_{ijk}——在相应功率曲线下，风电机组在风向扇区 i 风速区间 j 的发电功率，kW。

年发电小时数 8766h，即考虑闰年情况下 4 年的平均年小时数，这个发电量总和就是一年的平均发电量，kW·h。

在得到每台风电机组在设计年的理论上网电量 E_i 后，将其与理论发电量进行对比，可以得到每台机组位置处的综合折减系数 δ_i。计算方法为

$$\delta_i = 1 - \frac{E_i}{EO_i} \tag{4.14}$$

式中　EO_i——第 i 台风电机组在设计阶段的理论发电量。

利用此方法可以对风电场的设计发电量进行复核，针对各风电机组位置处的折减系数，分析产生差异的原因，并为今后的风电场发电量计算提供参考。

4.5　风电场主要部件运行状态评价

伴随着风电机组容量的增加，风电机组的组成也变得越来越复杂。即使风资源质量良好，风电机组在长时间运行后，仍然会可能发生故障。况且风电机组大多运行在工作环境恶劣，风电机组受到随时间呈现周期性变化载荷作用，会产生机械故障，这些故障会严重影响风电机组的性能，导致发电量降低。

风电场经常因为弃风限电、风电机组故障或风电场设计缺陷等原因，出现实际发电量比设计发电量要低的现象。此时需要对风电场及风电机组进行后评价，以找到问题所在。同时对风电机组的状态评价也可以确定风电机组各部件当前的运行情况，从而基于运行状态进行维修。

4.5.1　风电机组运行故障情况评价

对风电机组设备运行故障情况进行评价，需要对风电场内风电机组故障以及机组出力进行统计与分析，其中故障统计通过对每台机组全年的故障时间、维护时间、风电场各系统故障时间进行统计，并绘制成图，这样不仅可以方便对不同机组故障情况进行判断和对比，并且对于风电场内不同系统的故障率及严重程度有直观的表现。参照国标《风力发电机组　安全要求》（GB 18451.1—2001）规定，对统计数据进行处理，定义合适评价指标，使其能较好地反映风电机组的实际运行水平。选择机组容量系数和风电机组可利用率应作为该部分的主要评价指标。

4.5.1.1　风电机组故障统计

故障统计指标中包括风电机组全年的故障时间、维护时间、故障损失电量，风电机组各系统故障时间。其中全年的故障时间、维护时间和故障损失电量指标用于综合

评价，各系统故障时间用于针对风电场内不同系统的故障情况分析。

(1) 各台机组故障时间对比。统计 SCADA 系统参数中每台机组每月故障时间，并按月求和得到全年机组故障总时间，通过柱状图对比不同机位风电机组全年故障时间。

(2) 各台机组维护时间对比。统计 SCADA 系统参数中每台机组每月维护时间，并按月求和得到全年机组维护总时间，通过柱状图对比不同机位风电机组全年维护时间。

4.5.1.2 风电机组出力状况分析

风电机组出力状况分析指标主要包括机组容量系数和风电机组可利用率，所有指标用于综合评价。

(1) 风电机组容量系数的计算为

$$\text{容量系数}=\frac{\text{全年等效满发小时数}}{8760} \tag{4.15}$$

(2) 风电机组可利用率。

1) 基于时间的可利用率计算方法为

$$\text{风电机组可利用率}=\left(1-\frac{A-B}{8760}\right)\times 100\% \tag{4.16}$$

式中 A——故障停机小时数；

B——非被考核对象责任导致的停机小时数，包括：电网故障时间；不可抗力造成的停机时间；业主主动停机时间；因安全原因无法进入现场的时间；制造商工作人员办理工作票或其他出入风电场证件的时间；接受外部传感器或由第三方提供的外部系统信号和指令导致的停机时间；非计划性维护且由于非被考核对象原因导致需更换的备件到达现场时间超过 24h 等。当上述情况同时出现时，选择较长的时间进行计算。

2) 基于发电量的可利用率计算方法为

$$\text{风电机组可利用率}=\left(1-\frac{P_L}{P_L+P_A}\right)\times 100\% \tag{4.17}$$

式中 P_A——统计周期内的实际发电量；

P_L——统计周期内的损失发电量。

本书采用第一种基于时间的可利用率计算方法进行计算。

4.5.2 风电机组运行状态评价

大型风电机组由气动、机械、电机等诸多子系统构成，仅对某一子系统进行评价往往难以表征机组整体的运行状况，因此，在对风电机组设备进行后评价时，要选择合理且具有代表性的指标。FMECA (failure mode, effects and criticality analysis),

即故障模式、后果和严重度分析，依照故障严重程度，可划分5个等级。选用基于FMECA的方法分析，选定齿轮箱油温、塔架与传动链振动信息、三相不平衡情况、叶片故障情况和变桨电机温度作为风电机组设备后评价的指标进行介绍。

4.5.2.1　风电机组运行状态评价内容

1. 齿轮箱油温

风电机组的齿轮箱是其重要的大部件，维修过程复杂，维修成本高，尤其是海上风电机组，维护过程需要特殊设备和条件，如船舶、起重机和合适的天气，因此风电机组的齿轮箱一旦发生故障，停机时间和维护费将是各种故障中最高的。在设备后评价时，应将齿轮箱作为重点内容。

在齿轮箱中，由于润滑导致故障较为常见。齿轮箱润滑油可以有效保证齿轮之间的啮合，防止干性摩擦导致的齿面胶合、磨损等问题的产生，使齿轮箱稳定发挥能量传递的作用。正常情况下需要保证润滑油的温度和黏度适中，否则会影响其润滑作用的效果。风电机组运行条件恶劣，当外界气温较高，齿轮箱中部件的高转速也会产生热量，在高温情况下润滑油的黏度降低，会导致对齿轮工作面的润滑不良，而且由于热胀冷缩作用，传动齿轮发生了小幅度的外形膨胀，齿厚增大，小齿轮工作面将会发生位移，会导致齿轮的工作状态发生变化，也会使齿轮的健康运行存在隐患。较大风速将会导致齿轮箱转速过高，齿轮的工作强度增大，此时若存在润滑不良的问题，则将会导致齿面胶合、点蚀等故障。同时，如果齿轮箱的转矩过高，将会增大齿轮的振动冲击，齿面疲劳加大，将影响齿轮寿命。而在冬季时，外界气温较低，润滑油的黏度会降低甚至凝固，特别是部分采取飞溅方式润滑的部位，部件无法受到足够的润滑作用，导致齿轮或轴承产生问题，而且部件材料的机械特性在低温下会变化，容易在正常振动下产生裂纹而使工作特性遭到破坏，应加热机油，确保润滑。

除外界温度的变化外，润滑油液自身质量的不足会使颗粒杂物进入齿轮啮合面使齿轮工作面产生损伤，油泵压力不足、齿轮油外泄、管路异常等结构缺陷也会使齿轮箱润滑产生问题从而导致各部件的故障发生。一般情况下，可以通过对油液温度的监测来了解机组运行状态，因此将齿轮箱油温作为对齿轮箱运行状态评价指标之一。齿轮箱油温过高的主要原因包括：

（1）齿轮箱中缺少润滑油会阻碍齿轮箱充分润滑和冷却，从而使其升温。

（2）温度控制阀故障使得部分流量直接返回齿轮箱而不经过散热器，冷却不足。

（3）散热器漏油或渗油，灰尘会很快附着在散热器上，阻塞散热器，削弱散热器的散热能力。

（4）当周围空气中有较大的尘粒、杨树和柳树时，容易堵塞，导致通风和冷却效率降低。

（5）齿轮箱散热器的排气罩破损或脱落，使热气流无法顺利排出机舱外。

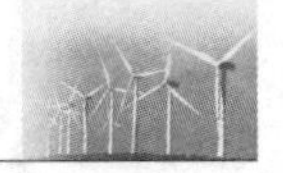

2. 塔架及传动链振动

风电机组是一种刚性和柔性组合的多体系统，随着风电机组容量增大，风电机组的塔高和直径均已超过100m，叶片的刚度逐渐变小，柔性逐渐变大。当风电机组在自然风条件下运行时，作用在风电机组上的湍流风会产生交变载荷，导致系统发生变形或振动，从而影响风电机组的正常运行，严重时会导致风电机组的损坏。因此，风电机组的稳定性和外载下的动态响应是评价风电机组设计与运行状态的重要指标，尤其是对于风电机组的振动稳定性，以及在变工况条件和交变载荷冲击下的动力响应。具体衡量指标如下：

（1）风电机组在变工况下的稳定性与响应。

（2）风电机组传动链的振动稳定性与响应。

（3）风电机组在偏航和变桨时，风电机组系统的稳定性和响应。

叶片气弹、传动链扭曲振动、偏航和变桨动作引起的机组振动，风轮周期性旋转导致的风轮—塔架耦合振动等是风电机组的振动源。目前兆瓦级变桨变速控制的风电机组通常运行在两个风速区：切入风速与额定风速之间，额定风速与切出之间。这两种工况下的塔架振动进行分析如下：额定风速以下，波动风速对风电机组产生交变载荷冲击，沿机舱方向的轴向振动载荷与风速正相关，也是风电机组塔架振动的主要影响因素。此运行区间内，风电机组功率的升高会使风电机组传动链振幅升高，传动链的轴承、齿轮箱、轴承座振动都会影响塔架振动；额定风速以上，桨距角的变化是引起塔架振动的主要因素。

风电机组传动链主要由传动轴及支撑轴承、增速齿轮箱等旋转部件组成，是机、电、液耦合的复杂结构，从故障激励源到振动监测点经过不同传递途径的混合作用，监测到的振动信号往往是不同激励源及传递途径的复杂卷积和混合作用，具有背景声干扰大、非平稳、非线性的特点。风电机组传动链有其自身的旋转件和扭转弹性件，通常主传动链两端的外部影响都可以激励传动系统振动。一方面风轮除了由湍流引起的随机波动外，还作为激励源产生周期性的转矩变化；另一方面，在主传动链另一端连接的发电机也引起振动。

风电机组的传动链典型故障有齿轮箱故障、齿轮故障和轴承故障。多采用《故障模式、影响及危害性分析指南》（GJB/Z 1391—2006）对风电机组的齿轮箱状态进行分析，对齿轮故障主要考虑交变载荷引起的疲劳损伤、过载引起的损伤和维护不当引起的故障；轴承故障是传动链中故障概率较高的部件，其损伤原因主要为疲劳损伤和其他形式的损伤等，具体如点蚀引起的轴承失效，超载引起的局部塑形变形和压痕，润滑不足造成的轴承烧伤和胶合，装配不当造成的轴承卡死等。

3. 叶片

风电机组的叶片是机组中最基础和最关键的部分，其良好的设计、可靠的质量和优越的性能是保证机组正常稳定运行的决定因素。叶片由复合材料制成的薄壳结构，一般由根部、主梁、外壳蒙皮三部分组成。叶片长期运行在自然环境下，外界气候对叶片运行会造成很大影响，尤其是台风、雷雨、冰雪、沙尘等恶劣气候随时都可能对叶片造成危害甚至导致风力发电机组倒塌事故。

叶片损伤的原因可分成两类：人为因素造成的损伤和自然原因造成的损伤。人为因素主要包括设计不完善、安装过程中造成损伤、运行不当、检查维护缺失等；自然因素主要包括雷击、低温与结冰、盐雾、极端风况、沙尘和空气中的化学物质及紫外线照射等。目前叶片的故障诊断方法包括无损检测、基于振动的模态分析损伤识别和基于智能结构的损伤识别方法，具体是声发射技术、热成像技术、超声技术和X射线技术；模态分析法是比较通用的损伤识别方法，通过环境激励、外部振动激励等多种方式进行激励，通过内嵌应变片、压电片、加速度传感器等各种传感器监测内部结构的动态响应；智能结构指具有自感知、自适应、自修复等功能的结构，通常通过植入传感器网络和使用智能材料等方法实现结构智能化，通常采用光纤监测、压阻监测和形应变忆合金法。

4. 三相不平衡

三相电流不平衡度是衡量电网电能质量的一个重要指标。对于风电场来说，电流不平衡对风电机组有很大影响，严重情况下会导致风电机组停机。

三相电流不平衡的主要特征有：

（1）增加线路的电能损耗。三相不平衡会造成相电流过大，超载过多。假设电流增为3倍，则发热量将相应地增为9倍，这将造成该相的导线温度直线上升，严重时可能烧断线路以及开关设备甚至对整机带来严重影响。

（2）当变压器处于三相不平衡状态运行时，内部会产生零序电流，零序电流会使变压器中产生零序磁通，从而在内部的其他金属构件中形成回路，引起磁滞损耗与涡流损耗。构件的发热导致变压器内局部温升异常，当温度升高严重时甚至导致运行事故。

（3）三相电流不平衡会使得高压线路的跳闸次数变多，导致线路开关设备使用寿命降低。高压某相电流过大导致高压线路过流跳闸，不仅影响线路以及变电站的开关设备使用寿命，还可能导致大范围停电事故，引起巨大经济损失。

5. 变桨电机温度

一般来说，风电机组的三个叶片各自拥有一套变桨装置，其中包含了变桨电机、控制箱、减速器等零部件。变桨调节依靠主控制器和三套装置中的轴控箱相连，传递变桨动作信息。变桨电机是变桨驱动装置的核心部件，其控制原理为当风电机组需要变桨时，控制系统通过电磁控制的方式使制动轮与刹车制动盘分离，变桨电机开始运转，同时变桨电机的冷却风扇也得电运行，对变桨电机进行风冷散热。当风电机组需

要停止变桨时，控制系统作用下，制动轮与刹车制动盘压紧，变桨电机抱闸。

在变桨电机的运行过程中，出现较多的故障形式包括温度过高和电流过大两种。造成电机温度过高的原因有很多，例如减速器异物入侵，导致部件卡涩，散热冷却系统缺陷以及电机内部短路和外部荷载过大等。电机的过流故障一般是因为外部荷载过大造成的电机电流过大，也有可能是因为一些机械故障导致的变桨电机卡死或者转动不畅。

4.5.2.2　风电机组运行状态评价方法

1. 齿轮箱油温评价

一般来说，风电机组齿轮箱散热系统的运行方式为：在风电机组开始运行时，齿轮箱低速油泵首先工作，高速油泵在齿轮油温达到 40℃时投入运行；在温度高于 55℃时，随着齿轮箱温控阀的关闭，散热器自动开始工作，此时润滑油会先经过散热器冷却而后进入齿轮箱；在齿轮油温恢复至 45℃以下时，散热器停止工作，这时润滑油无须经过散热器，而是直接经过温控阀，进入齿轮箱强制润滑；当齿轮油温异常，即温度高于 75℃时，风电机组会进入限负荷运行状态，油温高于 80℃，则风电机组自动保护停机。

润滑油温度评价时，首先应提取 SCADA 系统数据中油温的有效数据，依据风电机组运行状态统计出油温超过 75℃时的数据量 n，再与系统中有效数据总量 N 作比较。选择油温超温的比率作为该因素的评价指标，将油温超温比率设为 η，则 $\eta=\frac{n}{N}$；评价过程中，依据 η 值的大小对齿轮箱油温运行状态进行评估和分级，齿轮箱油温评价见表 4.1。

表 4.1　齿轮箱油温评价

η	0～0.5%	0.5%～1%	1%～2%	2%以上
评价等级	好	较好	较差	差

设最终分数为 γ，则

$$\gamma=1-\frac{\eta}{2\%}\times 0.3 \tag{4.18}$$

即当 η 达到 2%时，评分仅为 0.7 分。

2. 塔架及传动链振动评价

对风电机组不同时期的机组振动进行对比与评价，通常为运行不同阶段开展对比评价。通常随着风电机组运行时间的增长，其振动状态会发生改变。不同时期机组振动对比可以作为衡量风电机组健康状态的指标之一，具体步骤如下：

（1）数据预处理。

1）当 SCADA 系统发生故障时，这些数据是不会保存在 SCADA 系统中的，默认这部分数据已经被清除。

2）当风速大于切入风速且风电机组停机，此时风轮空转或静止。但是，SCADA系统仍然有数据输出，此时看风电机组的有功功率是否为零的数据，如果有则去除。

3）当风速高于额定风速时，风电机组通过调节桨距角的角度，从而减少输入的能量，而使发电机组的输出功率稳定在额定功率。当风速太大，风电机组为保证安全使发电机组停机，此时桨距角为 90°，把这部分数据去除。

（2）数据准备。依据不同风向、风速下塔架 x 向、y 向振动，传动链 x 向、y 向振动建立 Z_k 数组，即

$$Z_k=[v_k, v_{dk}, a_{1xk}, a_{1yk}, a_{2xk}, a_{2yk}] \tag{4.19}$$

式中　v_k——第 k 组数据风速，$k=1$，2，…，N；

v_{dk}——第 k 组数据风向；

a_{1xk}——第 k 组数据塔架 x 向振动；

a_{1yk}——第 k 组数据塔架 y 向振动；

a_{2xk}——第 k 组数据传动链 x 向振动；

a_{2yk}——第 k 组数据传动链 y 向振动。

（3）评价计算为

$$a_k=\sqrt{\delta_1(a_{1xk}^2+a_{1yk}^2)+\delta_2(a_{2xk}^2+a_{2yk}^2)} \tag{4.20}$$

式中　δ_1、δ_2——权系数。

得到 $a=\{a_1, a_2, \cdots, a_N\}$。

应用 KDE（核密度估计）方法进一步计算。密度估计为

$$\hat{f}_h(x)=\frac{1}{Nh}\sum_{i=1}^{N}K\left(\frac{x-X_i}{h}\right) \tag{4.21}$$

其中，$K(\cdot)\geqslant 0$ 为核函数（核函数选为标准正态概率密度函数），它满足 $\int_{-\infty}^{+\infty}K(x)\mathrm{d}x=1$。这里 X_i 为 a_i，h 为步长。

选定早期共计有 M 组数据，得到一组塔架振动数据 $Z=\{Z_1, Z_2, \cdots, Z_M\}$。最后得到塔架及传动链振动评价指标为

$$\delta_a=1-\left|1-\frac{\overline{Z}}{Z_B}\right| \tag{4.22}$$

式中　δ_a——振动评价结果；

$\overline{Z}$——$Z=\{Z_1, Z_2, \cdots, Z_M\}$ 经 KDE 处理后的值；

Z_B——该风电机组塔架早期振动经 KDE 处理后的值。

3. 叶片状态评价

风电机组叶片在使用过程中主要考虑疲劳破坏和结构损伤。其中陆上风电机组主

要考虑长期运行过程中所受循环应力产生的机械疲劳，由于海上风电机组面临海水的较强腐蚀性，要考虑风力机零部件的腐蚀疲劳问题，一般通过叶片的稳定性和应力分析对叶片疲劳情况进行分析；也可以根据叶片具体的材料特性、结构、工作环境等特点有针对性地选择适用于风电机组叶片的检测技术，以无损检测和智能检测为主；也可以采用基于振动的模态分析损伤识别方法，通过频率、振型、阻尼和传递函数等模态参数进行识别判断叶片故障情况。本书将叶片的状态评价依据损伤情况划分为如下类型：

（1）无损伤。机组叶片正常运行，无结构损伤。

（2）普通缺陷。叶片长周期运转后存在表面腐蚀、局部砂眼、轻微裂纹时认定存在普通缺陷，发生部位一般存在于叶片前缘、后缘或叶尖部位。这类故障主要通过定期检查维护发现。

（3）严重损伤。由累计损坏、前缘开裂、蒙皮剥离或后缘开裂等原因造成的叶片损伤通常比较严重，认为其为严重损伤状态，此时应视情况进行修补或更换。

（4）破坏性损伤。由于普通缺陷、严重损伤如未及时发现并且处理，仍然运转引起的无法修复的损伤或突发性严重结构损伤称为破坏性损伤，致叶片无法修复，视为严重事故。

4. 三相不平衡评价

三相电流不平衡，也称为三相不平衡度或三相不平衡率，通常用β表示，按照惯用的《架空配电线路及设备运行规程》（SD 292—1988）中的规定，计算方法为

$$\beta=\frac{I_{max}-I_{min}}{I_{max}}\times 100\% \tag{4.23}$$

式中　I_{max}、I_{min}——三相电流中的最大、最小值，A。

在风电机组中，通常衡量三相电流不平衡度的标准为异步发电机任意一相的电流与三相电流平均值之差应小于等于平均值的10%，因此，对式（4.23）进行修正，得

$$\beta=\frac{I_{max}-I_{min}}{I_{avg}}\times 100\%\leqslant 10\% \tag{4.24}$$

式中　I_{avg}——三相电流的平均值。

5. 变桨电机温度

一般来说，变桨电机温度由温度传感器测量，远传给控制系统。以某1.5MW风电机组为例，变桨控制系统采用一套PT（金属铂）100温度传感器用于测量电机温度，通过4通道模拟量输入模块（KL3204）采集温度信号，提供给控制系统。PT 100为铂热电阻，是一种以金属铂制作成的电阻式温度检测器，其在0℃时的电阻值为100Ω，随温度的升高增大，因此称为PT 100。变桨电机过温故障的主要原因如下：

（1）温度传感器有损坏，造成温度上升与实际不符。

(2) 变桨电机冷却风扇被异物卡住或损坏，不能正常转动，导致电机运行产生的热量不能有效发散而过热。

(3) 没有定期检查变桨减速器的油位或有漏油现象，导致变桨减速器缺油，运行不畅，从而使变桨电机因过负荷而温度升高。

(4) 变桨电机在满发临界处频繁变桨，造成电机过热。

运行过程中，变桨电机温度信号报警标准为：温度信号传入主控系统后，当变桨电机温度超过150℃，持续3s时，报出“变桨电机温度高”故障，执行正常停机，允许自动复位，当温度低于100℃时故障自动解除。

4.6　风电场效益后评估

经济效益是评估一个工程成败与否的重要指标，根据《风电场项目经济评价规范》(NB/T 31085—2016)，风电场经济评估包括财务评估和国民经济评估。应遵循“有无对比”的原则，将定量分析与定性分析相结合，并且优先进行定量分析。一般来说，对于经济效益计算比较简单，建设期和运营期比较短，不涉及进出口平衡的一般项目，如果财务评估的结论能够满足投资决策需要，可不进行国民经济评估。一般在进行风电场评估研究时，只进行风电场的财务评估，选择财务评估的相关指标作为风电场的经济效益后评估的主要指标。

风电场财务后评估是从项目或企业角度出发，根据后评估时间点之前的风电场开始发电上网后的实际财务数据，如发电成本、上网电价、上网电量等，计算风电场开始发电并网后产生的费用和经济效益，将其与规划设计研究中预测值进行比较，分析两者之间存在偏差的原因，并依据国家现行政策，预测风电场全生命周期内将要产生的经济效益和费用，作为判断风电项目成败的基础，从中吸取教训，从而提高风电场财务预测水平和决策科学化水平。风电场财务后分析与一般的财务后分析不同，更加注重项目的生存能力及盈利能力。以下分别使用财务内部收益率、财务净现值及投资回收期三个指标评估风电场的运行情况。

1. 财务内部收益率后评估

内部收益率(IRR)，是现金流入量现值总额与现金流出量现值总额相等、净现值等于零时的折现率，是根据项目的现金流量计算的，引入了对资金的时间价值的考量，是对项目盈利能力的进行动态评估的指标，该指标越大越好。一般在进行风电场后评估时，内部收益率应大于等于基准收益率。用公式表达为

$$NPV=\sum_{t=0}^{n}(CI-CO)_t(1+IRR)^{-t}=0 \tag{4.25}$$

式中　CI——现金流入量；

CO——现金流出量；

$(CI-CO)_t$——第 t 年的现金净流量；

t——计算期年数。

2. 财务净现值后评估

财务净现值（FNPV），是指项目计算期内每年的净现金流量折算到起始点的净现值之和，是风电场财务后评估中的重要指标，是评估技术方案盈利能力的绝对指标。它是反映风电场在计算期内盈利能力的动态评估指标。用公式表达为

$$FNPV = \sum_{t=0}^{n}(CI - CO)_t(1 + I_0)^{-t} \tag{4.26}$$

式中 CI——现金流入量；

CO——现金流出量；

$(CI-CO)_t$——第 t 年的净现金流量；

I_0——折现率。

3. 投资回收期后评估

投资回收期是累计经济效益等于初始投资成本需要的时间，即投资成本通过资金回流量进行回收需要的时间。静态投资回收期是在忽略资金时间价值的前提下，从项目净收入中收回所有投资所需的时间。用公式表达为

$$\sum(CI-CO)_t=0 \tag{4.27}$$

当现金流量表的累计现金流量从负值变为 0 时，为项目的投资回收期。用公式表示为

$$Pt = T - 1 + \frac{\left|\sum_{t}^{T-1}(CI - CO)_t\right|}{(CI - CO)_T} \tag{4.28}$$

式中 T——累计净现金流量开始出现正值的年份。

4.7 风电场影响及持续性后评估

4.7.1 风电场影响后评估

风电场建成投产后，对周边地区的环境、经济、社会等方面都会产生的影响，既有积极的影响，又有消极的影响。具体来说，一方面，风电场需要大面积的区域进行建设活动，同时，风电机组的安装可能会产生一定的噪声、视觉污染等，并造成一定的移民问题；另一方面，风电场的建设也可以促进国家能源结构的调整、区域能源结构改善，降低化石能源燃烧产生的有害气体的排放。此外，风电场项目对促进区域就业和区域经济社会繁荣也有积极作用。因此，进行风电场影响后评估是风电场后评估

的重要内容之一。根据风电场的特点，从经济影响、环境影响及社会影响三个方面进行后评估研究。

（1）风电场经济影响后评估是指项目对外部经济发展的影响，主要包括对国家经济发展和当地就业及经济发展的影响。

1）对国家经济发展的影响主要包括风电工程的实施为社会提供的电力资源，改善国民经济结构。

2）对当地就业及经济发展的影响包括风电工程的实施对于拉动地方产业、地方经济发展效果，带动当地居民就业的情况。

（2）风电场环境影响后评估主要从节能减排、自然生态两个方面进行。

1）节能减排后评估。主要从气体减排和烟尘减排两个方面进行描述，计算相同发电量减少的因化石能源燃烧产生的碳、硫的氧化物等气体及烟尘的排放。

2）自然生态后评估。评估风电工程对周边水质、地质及珍稀动植物的影响，评估其施工及风电机组转动本身产生的噪声对周围居民生活的影响。

（3）风电场的社会影响后评估主要从改善能源结构和人口迁移两个方面进行评估。

1）改善能源结构后评估。评估的重点是项目风电场的建设能否改善能源结构，是否符合国家可再生能源发展战略，是否遵循当地电力发展规划。

2）人口迁移影响后评估。风电场的建设需要占用大量土地，这些土地的使用可能会包括居住用地或者耕地，这将会对当地居民生活产生较大影响。

4.7.2　风电场持续性后评估

风电场的持续性后评估是指判断风电场的既定目标能否继续，风电场能否持续发展，未来能否以同样的设计方案或方法开展同类风电场的建设。风电场的持续性后评估包括外部持续发展因素和内部持续发展因素。其中：外部发展因素包括国家政策、风资源状况对项目的影响评估；内部发展因素包括企业的技术水平、市场竞争力对项目的影响评估。

第5章　风电机组常见故障及特征参数

风电机组作为大型旋转机械，与其他发电装置如火电、水电机组等相比，有其特殊性。风力发电的主要能量来源是风，具有随机性和波动性，而资源丰富的地区大多为海上或者高海拔山区等外部环境恶劣的地点，并且其主要发电机械装置位于数百米的高空，没有固定在地面上，作为柔性体系承受着多重不确定因素的影响，因此风电机组运行面临的挑战很大，需要风电机组设备本身具有较高的质量和运行维护具有较大的科学性。

风电机组的结构特征对机组的健康程度影响重大，并且在一些重要的能量传递部分会导致故障的传递和扩散，分析归纳机组常见的故障以及其产生机理，可以尽早地发现并排除故障，阻止损失扩大。本章介绍了风电机组的主要外部和内部结构，从原理上对机组常见的故障进行分析总结，初步构成了机组健康状态评价的参数体系，为形成风电机组故障分析和综合健康状态评价提供理论基础和参数体系支撑。

5.1　风电机组的基本结构

风电机组巨大的风轮吸收风能并传递至传动系统，机械能通过发电机转换为电能输送到电网。从传动特性和发电机来区分，目前主流风电机组分为双馈异步和直驱永磁两种机组结构。双馈机组依靠齿轮箱提升转速再通过异步发电机产生电能，而直驱风电机组机械结构较为简单紧凑，内部不含变速机构，运行过程中发电机转速较低，从原理上讲故障点相对减少，但是由于直驱机组的转子磁极对数多，转子重量大，对于轴承等转动部分作用力增加，相关部件的故障率也就相对提高。双馈异步和直驱永磁风电机组结构如图5.1和图5.2所示。

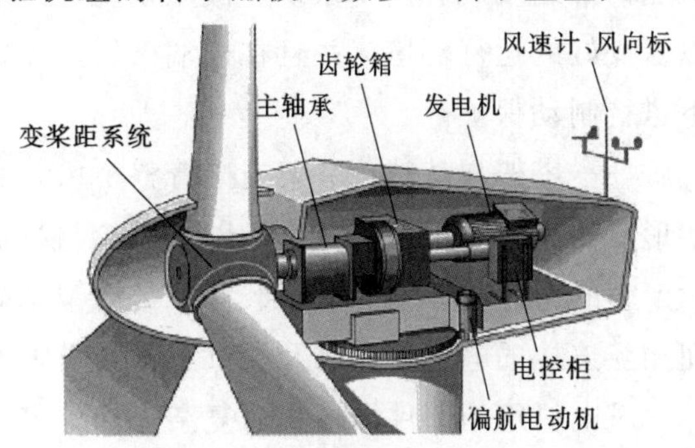

图5.1　双馈异步风电机组

由于直驱永磁风电机组的结构比较简单，双馈异步风电机组的故障点较多，影响情况也更为复杂，因此主要对双馈异步风电机组作为研究对象开展

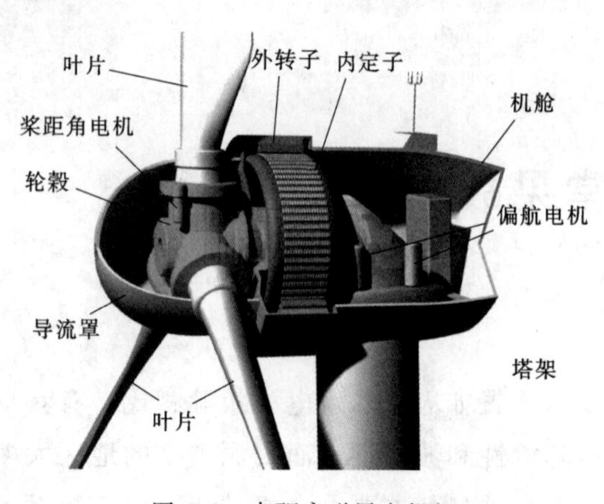

图 5.2　直驱永磁风电机组

研究。

5.1.1　风电机组基本组成

双馈异步风电机组主要由风轮、机舱、塔架及基础构成。风轮由叶片和轮毂组成，吸收风能转化为机械能，通过齿轮箱等传统系统输送至异步发电机转化为电能，最终通过相关电能变换和输送装置输送到电网；机舱内放置有齿轮箱、主轴、发电机等部件，风轮和机舱由塔架支撑在数百米的高空中；而变流器等电气设备一般放置在塔底，保证机组输出电能的稳定。

(1) 风轮。风轮是一种流体涡轮机械，主要由风轮叶片和轮毂组成，通过叶片捕获风中的能量，并通过轮毂将风轮产生的转矩传递给风电机组的传动系统中。叶片是高载荷承载力的悬臂结构，是将风能转化为机械能的关键部件，需要在质量尽量小的基础上拥有足够的刚度以及机械强度，同时还应具备较高的气动效率。出于气动性能与经济成本等方面的考虑，目前风轮的叶片数目多为三叶片。轮毂则是风轮的枢纽，连接叶片与主轴，将叶片产生的旋转力与扭矩，经由轮毂传递至传动系统中，其内置有与变桨系统等。

(2) 机舱。机舱主要由机舱罩和主机架组成。主机架上布置有整个动力传动系统，关键传动部件包括主轴、轴承、齿轮箱和发电机。从轮毂传递而来的机械能经由主轴传递至齿轮箱中，利用齿轮箱的传动比提升转速，使得较低的风轮转速（12～200rad/min）能够提速为较高的发电机转速（1000～1500rad/min 乃至更高），从而传递至发电机中，由发电机将机械能转化为电能，并馈入电网。主机架上还有变桨和偏航系统等装置，通过改变叶片的桨距角风轮的迎风方向，保障风能的最大效率。此外机舱内部还安装有制动系统、液压系统、冷却系统等辅助装置，为主要部件提供动力以及良好的运行环境，并且在极端天气、风电机组零部件突发故障等一些特殊的条件下进行制动保护。

(3) 塔架与基础。塔架支撑着整个风轮和机舱的重量，需要抵御风轮运转时对塔架形成的反转力矩、自身重量以及风轮与机舱的偏心重量，各种工况下对于风轮及机舱产生的弯矩与剪力等诸多载荷，与塔架基础相互连接。塔架内部安置有各个系统之间相互连接的电缆等，以及提供工作人员上下机舱的扶梯或免爬式电梯。

风电机组的部件结构相对复杂，部件多，互相之间协调配合，从而实现风能的安全高效转换。风轮、传动系统和发电机系统是能量转换与传输的核心，而风能转换的

主要传动系统构件均位于机舱上。

5.1.2 风电机组系统

风电机组除了基本组成构件之外，内部同样包含有许多辅助装置及系统，即变桨系统、偏航系统、液压系统、制动系统。其中：变桨系统负责桨距角的调节，偏航系统负责风轮的对风，液压系统负责动力输出；制动系统能够保护特殊情况下风电机组的安全等。主控系统作为风电机组的大脑，能够保证机组的协调统一运行，负责对各个系统进行指令下发。

（1）偏航系统。偏航系统是随动系统，安装于塔架与机舱之间，用于控制机舱的旋转从而跟踪风向的变化。该风电机组采用的是主动偏航，即当风向与风轮轴线偏离一定的角度阈值之后，控制系统通过若干操作进行确认，开始驱动偏航驱动装置运作，使用电力或者液压驱动对风动作的偏航方式，控制偏航电动机调整风轮的位置到与风向一致的方位。待调整完成之后，偏航制动器锁定此时的机舱位置，完成偏航操作。

（2）变桨系统。当风速高于切入风速时，桨距角转到 0°，风电机组开始发电，此时通过控制变流器调节发电机电磁转矩使得风轮转速跟随风速变化，实现最大风能追踪；待风速超过额定风速之后，变桨系统则增大桨距角，降低此时的风能捕获效率，从而使发电机的输出功率能够稳定；当风速超过切出风速时，为了保护叶片以及风电机组的安全，桨距角调整至 90°，从而极大程度地减少大风带动的叶片旋转，保护风电机组不被破坏。

（3）液压系统。液压系统是风电机组的一种动力系统，由液压元件、液压油和液压回路构成，由主电子控制箱内的微处理器控制，为风电机组上一切使用液压作为驱动力的装置提供动力。这样可以降低成本，简化液压系统，减少占舱面积。在变桨距风电机组中，液压系统控制变桨距机构，实现风电机组的转速控制、功率控制，同时也控制机械制动机构。它利用液体工作介质的静压力，以液体压力能的形式完成能量的蓄积、传递、控制、放大，用以控制和驱动液压机械完成所需工作的整个传动系统。

（4）制动系统。制动系统是风电机组安全控制的关键环节，是一种具有制止运动作用功能零部件的总称，是风电机组安全保障的重要环节。风电机组运行时均由液压系统的压力保持其处于非制动状态，制动系统一般按失效保护的原则设计，即失电时或液压系统失效时处于制动状态。大型风电机组设置制动装置的目的是保证机组从运行状态到停机状态的转变。制动装置由两类，一类是机械制动，一类是空气动力制动。在风电机组的制动过程中，两种制动形式是相互配合的。空气动力制动依靠叶片形状的改变来使通过风轮的气流受阻，从而在叶片产生阻力，降低风轮转速。这种制

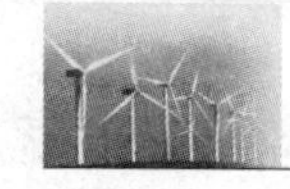

动并不能使风轮完全停止，只是使风轮转速限定在允许的范围内。机械制动则是依靠机械摩擦力使风轮制动，机械制动一般采用制动片的结构。机械制动可以使风轮完全停止。

（5）风电机组与并网控制系统。风电机组与并网控制系统承担了机械能向电能转化，并直接影响到风电机组能否向输电网输送合格的电能以及能是否承受到并网冲击的影响。风力发电机主要分为同步发电机和感应发电机。不同的发电机，其并网的形式和要求也不同。随着风电场规模的不断扩大和大功率电力电子技术的发展，风力发电机并网性能不断提高，形成了电网友好型的风电机组。

双馈异步风电机组结构与运行原理示意如图5.3所示。

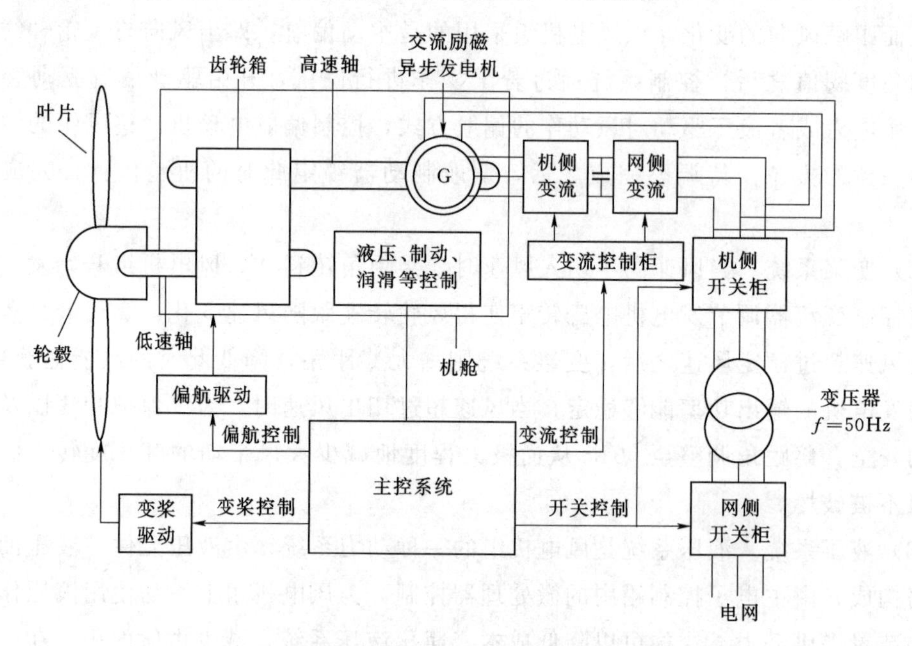

图5.3　双馈异步风电机组结构与运行原理示意图

5.2　风电机组常见故障及机理性分析

风电场多位于山区、近海乃至远海区域，场内机组分布面积较广、数量较多，监控中心通常离机组较远；风电机组运行的外部自然环境恶劣，长期受到极限温度、湿度、大气压力、暴雪、雷雨、风沙、曝晒、盐雾、电磁干扰、太阳辐射、地形轮廓等因素影响；风电机组在运行过程中，内部部件受力情况也比较复杂；除此之外，风况和电网状况对风电机组的性能也有着重大的影响。这些都是增加风电机组故障概率的主要因素，本节将按照风电机组子部件分类介绍其常见故障并进行机理性分析。

5.2.1 风轮

风轮是捕获风能的重要部件，由叶片和轮毂组成，叶片一般具备良好的抗腐蚀能力，轮毂连接叶片和主轴，将机械能传递给传动系统。风轮长期处于露天环境，受到破坏是不可避免的，若出现严重故障将造成风电机组发电量大幅度减少甚至无法正常运行，风轮受天气影响发生故障的概率较大。对于叶片的监测方法主要有振动监测、声学监测、应变监测。叶片常见的故障主要分为风轮不平衡故障、外形形变故障，以及叶片与轮毂连接部位出现故障。

(1) 风轮不平衡故障。分为静不平衡和动不平衡两种。静不平衡主要原因有叶片生产质量缺陷、材料老化等，动不平衡的产生原因主要有材料不均匀、叶片安装角度不对中、变桨失灵、控制失误等。一般来说，不平衡故障的产生机理为生产、安装失误以及控制问题，其导致的严重影响为风轮载荷增加，振动剧烈，产生较大的风轮安全运行隐患。

(2) 外形变化故障。产生的原因很多，主要为叶片表面发生形状变化，从而影响其空气动力学特性。常见故障有空气中的沙粒造成的叶片磨损、海上空气中的盐分导致的叶片腐蚀、长时间低温冰雪天气中的叶片覆冰、严重情况下的叶片断裂等。外形变化的产生机理一般为外部恶劣环境以及叶片本身防护措施不足够，会改变叶片的空气动力学特性，导致风轮捕获的风能降低，机组发电量减少，同时降低了叶片的使用寿命。

(3) 叶片与轮毂的连接部位故障。该部位是最容易被忽视，但是确实最容易发生故障的部位。由于叶片在本身的设计过程当中，已经将各种情况下的安全阈值，载荷极限均考虑在内，相对而言发生概率较小。若叶片与轮毂部位的安装不当，则很容易引起变桨系统在控制叶片角度变化时，始终存在着误差，致使每次的输入反馈对比与执行机构始终存在着超过阈值的差值，降低其工作精度，并且加速相关啮合齿轮的磨损。而该部分用于控制叶片角度变化的变桨电机也容易引发故障，其常见故障为变桨电机温度过高，变桨电机过流抑或振动过大。在变桨过程中若有异物卡阻齿轮运行，会使其负荷增大而发热；安装不当或者润滑不足，则容易造成一些部件的磨损与失效。

叶片故障分析见表5.1。

表5.1 叶片故障分析

故障模式	故障原因
静不平衡	生产质量缺陷、材料老化
动不平衡	材料不均匀、叶片安装角度不对中、变桨失灵、控制失误
叶片形变	空气中的沙粒磨损叶片、海上空气中的盐分腐蚀叶片、冰雪天气下的叶片覆冰
连接部位故障	部件安装不当、润滑不足

5.2.2　齿轮箱

齿轮箱作为旋转机械中的重要部件，存在许多常见的部件故障，历史研究及相关文献也较多，而在风电机组中，从机理性角度来分析齿轮箱故障，可以分为以下两类。

(1) 齿轮箱润滑故障。齿轮箱润滑油可以有效保证齿轮之间的啮合，防止产生干性摩擦导致的齿面胶合、磨损等问题，使齿轮箱稳定发挥能量传递的作用，正常情况下需要保证润滑油的温度和黏度适中，否则会影响其润滑作用。夏季时，外界气温较高，齿轮箱中部件的高转速也会产生热量，在高温情况下润滑油的黏度降低，会导致对齿轮工作面的润滑不良，而且由于热胀冷缩作用，传动齿轮发生了小幅度的外形膨胀，齿厚增大，小齿轮工作面一定位移变化，这种情况下会导致齿轮的工作状态发生变化，也会使齿轮的健康运行存在隐患。风速导致的过高转速，使齿轮工作强度增大，润滑不良有可能导致齿面胶合、点蚀等故障。转矩太高，齿轮的振动冲击增大，齿面疲劳加大，齿轮寿命也会受到影响。而在冬季时，外界气温较低，润滑油的黏度会降低甚至凝固，尤其是部分采取飞溅方式润滑的部位，部件无法受到足够的润滑作用，导致齿轮或轴承产生问题，而且部件材料在低温下机械特性会变化，容易在正常振动下出现裂纹而使工作特性遭到破坏，应给油加热以保证润滑。

除外界温度的变化外，润滑油液本身质量的不足会使颗粒杂物进入齿轮啮合面使齿轮工作面产生损伤，油泵压力不足、齿轮油外泄、管路异常等结构缺陷也会使齿轮箱润滑产生问题从而导致各部件的故障发生。一般情况下，对于齿轮箱润滑的有效性监测可以通过油液监测、温度监测以及压力监测的方法来实现，采取各种措施保证齿轮箱润滑的安全可靠，对于保证齿轮箱正常运行有重要意义。

(2) 外界风环境多变导致载荷变化引起的齿轮箱故障。风电场占地面积较大，且部分风电场处于复杂地形内，风速风向的复杂多变以及风电机组运行的尾流影响致使风电机组的齿轮箱长期受到风轮的传递载荷以及外界的多变载荷共同作用，导致齿轮箱受到的载荷具有随机波动性。

在这种工作状态下，轴、齿轮以及轴承的健康状态会受到极大的威胁，过载荷情况下会导致轴的细小裂纹以及轴承、齿轮的磨损，在交变应力的持续循环影响下，齿轮箱产生不断的振动和冲击载荷，裂纹扩大、材料剥落，发展成为断裂、断齿等严重后果，使齿轮箱受到致命性的损伤，甚至会扩散至机舱内其他部件。除载荷影响外，箱体内部部件的结构和质量也会影响其运行可靠性。对于箱体内部件的健康状态一般使用振动监测与温度监测进行分析。齿轮箱故障分析见表 5.2。

表 5.2 齿轮箱故障分析

故障模式		故障原因
润滑故障	油温过高	高温情况下润滑油的黏度降低、热胀使得齿轮工作面位移
	油温过低	润滑油黏度降低甚至凝固、部件受低温影响机械特性发生改变
	其他	颗粒杂物进入润滑油、油泵压力不足、齿轮油外泄、管路异常
构件疲劳损伤		过载荷运行、持续承受交变应力

5.2.3 发电机

风电机组的发电机将旋转机械能转化为电能，作为复合型部件，其故障种类很多，包括机械故障、电路故障、绝缘故障、控制故障等，主要表现形式有噪声过大、振动过剧、电机温度过高、轴承过热、控制回路问题等。机械故障产生的主要原因有润滑不充分、机械结构失配以及过载荷运行引起振动加剧等；电路故障产生的主要原因有短路、线路松动、转子断条等；绝缘故障产生的主要原因有绝缘效果随时间变差、绝缘外壳因温度过高失效等；控制故障产生的主要原因有控制系统过负荷、硬件系统不完善等。根据相关统计，风电机组中发电机常见故障比例为：轴承故障41.77%、定子绕组故障12.89%、转子导条和端环故障7.64%、转轴或联轴器故障4.3%、其他故障33.58%。发电机的监测方法一般包括过程参数监测（包括电压、电流等参数）、温度监测（包括电气元器件发热以及机械发热两方面）、振动监测、局部放电监测（主要针对绝缘问题）等。发电机故障分析见表5.3。

表 5.3 发电机故障分析

故障模式	故障原因	故障模式	故障原因
机械故障	润滑不充分、机械结构错误以及过载荷运行	绝缘故障	绝缘效果随时间变差、绝缘外壳因温度过高失效
电路故障	短路、线路松动、转子断条	控制故障	控制系统过负荷、硬件设施不完善

5.2.4 电气设备

风电机组的电气设备承担将机组与电网相连的作用，主要元器件包括变流器、变压器、控制模块、开关柜、通信设备等。据统计电气设备故障率较高但容易排除，其故障种类主要包括短路故障、过载故障、欠电压故障、接地故障、绝缘故障、控制故障、过温故障、通信故障等。短路故障产生的主要原因有电容击穿、设备电缆或绕组对地短路、模块内部短路、其他直流回路器件损坏等；过载故障产生的主要原因有短时间内风速变化剧烈导致变流器调节频繁、部分模块硬件故障、电网谐波干扰以及部分电路短路等；欠电压故障产生的主要原因有电容器老化、电源缺相等；接地故障产生的主要原因有主回路对地绝缘损坏、设备外壳或电缆损坏等；绝缘故障产生的主要原因有绝缘效果随时间变差、绝缘外壳因温度过高失效等；控制故障产生的主要原因有控制系统过负荷、硬件设施故障等；过温故障产生的主要原因有环境温度高、过负荷运行时间较长、短路故障导致发热、散热设施出现故障等；通信故障产生的主要原因有硬件设施损坏、通信接口松动等。电气设备的监测方法主要有温度监测、过程参数监测、局部放电监测等。电气设备故障分析见表5.4。

表5.4　电气设备故障分析

故障模式	故障原因
短路	电容击穿、设备电缆或绕组对地短路、模块内部短路、其他直流回路器件损坏
过载	短时间内风速变化剧烈导致变流器调节频繁、部分模块硬件故障、电网谐波干扰以及部分电路短路
欠电压	电容器老化、电源缺相
接地故障	主回路对地绝缘损坏、设备外壳或电缆损坏
绝缘故障	绝缘效果随时间变差、绝缘外壳因温度过高失效
控制故障	控制系统过负荷、硬件设施故障
过温故障	环境温度高、过负荷运行时间较长、短路故障导致发热、散热设施出现故障
通信故障	硬件设施损坏、通信接口松动

5.2.5　其他部件

除以上主要部件外，风电机组还包含变桨系统、偏航系统、液压系统、制动系统、机舱等其他部件，也存在许多常见故障，使用到的相关监测方法有温度监测、振动监测、油液监测、压力监测等。

偏航系统的常见故障有偏航定位不准确，噪声异常，构件磨损损坏以及润滑油渗漏等，产生原因则有安装不当，连接松动，材料老化，润滑油品质下降或者润滑不足，相关传感器的损坏使得输入偏航系统的信息不准确，从而导致定位不准等。

变桨系统的主要故障则有变桨角度不准确，温度异常，变桨电机故障，变桨齿轮损坏故障等。一旦变桨系统的初始安装位置有偏差，或者是变桨电机上的旋转编码器损坏，将会使得变桨的精度大幅度下降，且变桨过程中的磨损加剧。而变桨电机负荷过大，内部发生短路，或者是变桨齿轮箱中有异物卡阻，均会使得变桨电机的温度升高异常。此外，安装不当、润滑不良、材料的疲劳失效等均会导致变桨齿轮的损坏。

制动系统是风电机组安全控制的关键环节，主要是用于风电机组及其零部件出现故障时能够独立工作，及时停止该机组的运作。而制动系统也存在有部件磨损，刹车失灵，动作不及时等故障，主要由于未能及时更换刹车片，提供制动系统动力的相关装置压力不足，控制元件失效，所承受的载荷过大而超出能够制动的范围。

5.3 风电机组故障监测手段

风电机组由大量设备构成，只有各个设备有效稳定地协同运行，才能确保风电机组能安全高效地工作，一旦发生故障，都将直接导致机组无法工作。其中，发现故障这一环节尤为重要，对于不同的部位，具备相应的监测手段是确保监控其工作状态的基础。

5.3.1 叶片故障监测

风电机组叶片的状态监测包括运行工况诊断与无损检测。目测主要是通过监测分析叶片在运行过程中产生的振动、冲击和噪声信号，来描述其当下的运行状态。但据研究表明，叶片出现故障时，在振动信号方面的体现十分微弱。无损检测则包含声发射监测、红外检测、光纤光栅检测、电阻应变监测等手段。

声发射监测，是监测叶片在产生裂纹以及其他机械故障时，会产生非平稳时变的信号，从而实现对叶片是否有裂纹的诊断识别，但受噪声信号的干扰较大；红外检测，则是测量物体辐射，计算物体的温度分布，并将该信息转为可视的图像，从而可以对比识别其表面出现的结构缺陷等，但目前仅有的表面红外辐射反应敏感，无法判断其更深层次的结构损坏；光纤光栅检测则是利用光纤材料的光敏性，经过紫外线光曝光之后，将其相干场图样写入纤芯中，在纤芯内部的折射率沿轴向呈周期性变化，进而形成永久性空间的相位光栅，将这些传感器合理布置，可以检测叶片材料的结构是否完好；电阻应变监测，则是利用电阻应变片作为传感元件，其随着被测物体的受力变形，而发生相应的电阻改变，从而可确定叶片表面的受力情况，但其不能测量内部应变以及仅能沿某个单一方向进行应变，局限性较大。

目前最常采用的叶片检测手段则是应变检测，可有效反映叶片的运行状况，评价叶片的使用寿命。对于光纤光栅检测则是有着应用的趋势，但是其技术水平亟待开发。由于叶片是随着轮毂做旋转运动，难以安装传感器以及引出信号线，同时传感器输送出的信号噪音较大，使得现阶段多数的叶片监测技术价格昂贵，技术水平仍未成熟，具有发展潜力。

5.3.2 齿轮箱故障监测

振动监测是目前较为核心和最为成熟的技术，不论是外界产生交变载荷使得风电机组受力不平衡，或是机械构件有故障趋势时，均会产生异于正常工作情况下的振动，尤其对于传动系统上的轴而言。因而振动监测则主要采用加速度传感器，速度传感器与位移传感器三种类型的传感器。获取相应信息，并开展后处理和计算分析，提取有效相关信息从而对机组的振动进行故障分析，是齿轮箱故障较为主流的诊断方法。

齿轮箱发生的故障，大多与润滑油的品质、温度的异常、载荷过大，以及材料的疲劳损伤、失效等有关，因此对齿轮箱的监测涉及面广，手段众多。例如，润滑油液及油品质监测，需要通过有理化分析、污染度测试、油滤压降分析、发射光谱分析、铁谱分析等一系列手段，既反映润滑油中是否包含水分或者气化，油的黏度正常与否等来判断是否能达到润滑效果，又要通过分析数据来判断与油液接触的部件状态，是否有机械磨损破坏的情况使得油液中的铁含量增加，是否有异物掺杂而加速材料的疲劳等。通常齿轮箱的监测为离线检查，且需要通过间接测量的方式来判断机组设备是否存在故障或者故障隐患，较难对具体故障部位进行定位，故齿轮箱故障监测仍处于发展阶段。

温度监测是众多监测手段中的重要一环，不仅机械构件的运行会有摩擦生热，电子器件的工作也伴有电流的热效应，因此保证其工作温度正常，不超过阈值则尤为重要。温度监测一方面可以反映风电机组部件的运行情况是否正常，同时还可以反映机组冷却系统的运转状况，一旦两者中有一者发生问题，便会导致温度过高。而在一般的风电场 SCADA 系统中均配置有许多温度测点，用于故障监测与故障识别。且与之相配的分析方法也十分成熟，采用关联分析方法，对温度故障的预警等均能取得良好的效果。

在成本允许的条件下，对于齿轮箱以及包含齿轮箱的传动系统而言，综合采用振动监测、超声波监测、油品质监测及温度检测等手段，可以提高对故障的预警与诊断水平，且基本能实现对于故障部件的定位。若成本不允许，则建议至少采用目前最为成熟的振动监测，可以较好地检测并规避发生概率较大的故障，从而保护齿轮箱与传动系统的正常运转。

5.3.3　发电机故障监测

发电机的故障类型除机械故障之外，还包括电气故障，因而其检测方法还需考虑电气方面故障的监测。除以上提到的振动监测与温度检测，确保其构件能正常运转，在工作温度下发电之外，常用的监测手段还包括参数监测与局部放电监测。

参数监测是通过对比分析发电机输出侧的电压电流等参数，判断发电机的工作状态，从而及时对其输出做出保护和调整。局部放电监测用来监测是否存在有局部放电，是电气设备绝缘劣化的标志。可以检测定转子产生局部放电时，伴随产生的一些

化学现象，以及化学衍生物，如臭氧。一旦检测出相应的成分，即可判断其发生局部放电。该方法的灵敏度不高，但具有成本低，安装简易等特点，可作为该部分的监测方法。

5.4 风电机组健康状态评价的参数体系

对风电机组的健康状态进行及时准确地评价，能够保证风电机组安全可靠运行。运行状态评价有利于及时发现机组的早期故障征兆，延长其正常工作寿命，降低场内运营维护成本并且提高其运行的安全性，对减少停机时间，提高风电机组可利用率，保证机组安全运行，降低运维支出，逐渐实现风电机组更大规模利用具有重要意义。目前多数研究对于机组 SCADA 系统的数据信息的处理，还停留在简单的归一化处理的层面，大量研究仅关注风电机组单一部件（子系统）的故障诊断或者某一参数的统计处理，如故障率较高的风轮、齿轮箱、发电机、电气系统等，但风电机组的结构导致子部件相互影响程度较高，外界环境的动态变化特性与机组本身的复杂构造导致风电机组整体健康状态评价较难进行。本节基于相关机构的故障统计信息，根据健康状态评价指标的选择原则，构建出了完整的风电机组健康状态评价的参数层次模型。

5.4.1 各部件故障信息统计

风电机组外部运行环境恶劣，内部结构复杂，各个部件出现故障频率均比较高。对风电机组历史运行过程中各部件的故障信息进行统计分析，不仅能了解风电机组的薄弱环节从而进行针对性运维，而且能掌握对风电机组健康状态产生影响作用的相关部件重要程度，为进行风电机组健康状态评价建立理论基础。国内外许多组织和相关单位对此进行了长期统计和分析。

图 5.4 为德国 ISTE 研究所对德国投运的风电机组的故障的统计结果，从中可以发现电气系统、控制单元和风轮的故障发生率远高于其他部件，而齿轮箱、风轮和发电机等故障是导致停机时间最长、经济损失最大的原因。

表 5.5 为瑞典皇家理工学院（KTH）可靠性评价管理中心分别对瑞典、德国和芬兰 2151 台风电机组故障情况进行的统计结果。瑞典、德国和芬兰风电机组故障率高的部件有电气系统和液压系统、风轮、齿轮箱、传感器和控制单元，而齿轮箱、传动链和发电机等部件发生故障频率不高，但故障一旦发生将会导致严重后果，造成长时间停机维护以及巨大的发电量损失和经济损失。

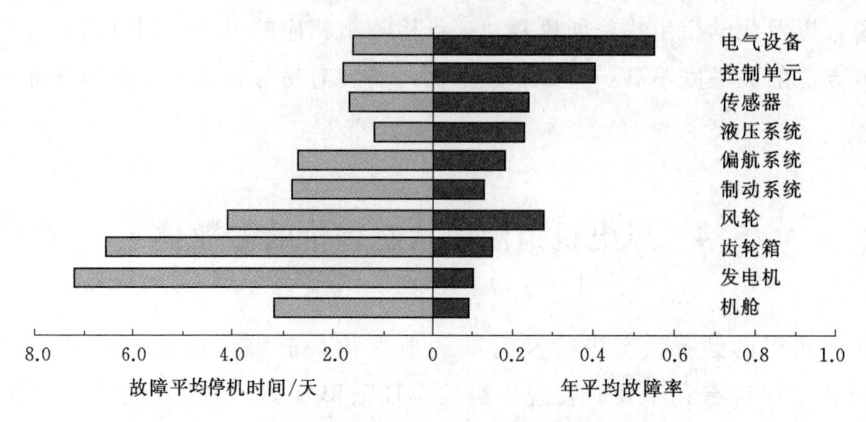

图 5.4　ISTE 出具的风电机组子部件故障统计

表 5.5　KTH 出具的风电机组故障情况统计表

	瑞　典	芬　兰	德　国
年平均故障停机时间/h	52	237	149
平均故障停机时间/h	170	172	62.6
最易发生故障的部件	电气系统、传感器、风轮	液压系统、风轮、齿轮箱	电气系统、控制单元、传感器
导致故障停机次数最多的部件	齿轮箱、控制系统、驱动链	齿轮箱、风轮、液压系统	发电机、齿轮箱、驱动链
故障恢复时间最多的部件	驱动链、偏航系统、齿轮箱	齿轮箱、风轮、结构	发电机、齿轮箱、驱动链

表 5.6 为德国的科学测量及评估计划（WMEP）于 2011 年统计的风电机组故障数据，对风电机组的各个部件的故障率及停机时间进行统计记录。从表中可以较为明显地看出电力电子组件的故障频率是明显高于机械组件的，但一旦发现机械组件的故障，其引起的停机时间将会更长。

表 5.6　WMEP 出具的风电机组故障率统计表

项　目	年 故 障 率		单次故障停机时间/天	
	轻微故障	重大故障	轻微故障	重大故障
电气系统	0.45	0.12	0.17	6.55
电子控制	0.34	0.09	0.15	6.87
传感器	0.2	0.05	0.16	6.41
液压系统	0.18	0.05	0.18	5.93
偏航系统	0.13	0.05	0.16	10.09
机械制动	0.11	0.03	0.16	13.08
叶片	0.09	0.02	0.18	11.86
齿轮箱	0.06	0.03	0.17	18.38
发电机	0.07	0.04	0.15	14.34
驱动链	0.03	0.02	0.17	15.47

中国风能协会（CWEA）在2013年出具的《全国风电设备运行质量状况调查报告（2012年）》显示，变流器、变桨系统及控制单元的年故障发生频次最高，风轮发生故障频次较低，但其排除故障耗时大大超出了其他子部件，如图5.5和图5.6所示。

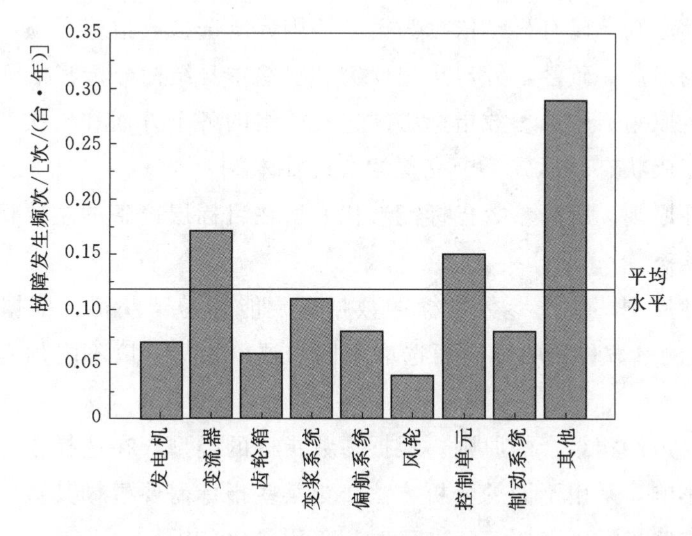

图5.5 CWEA出具的风电机组子部件年故障发生频次统计

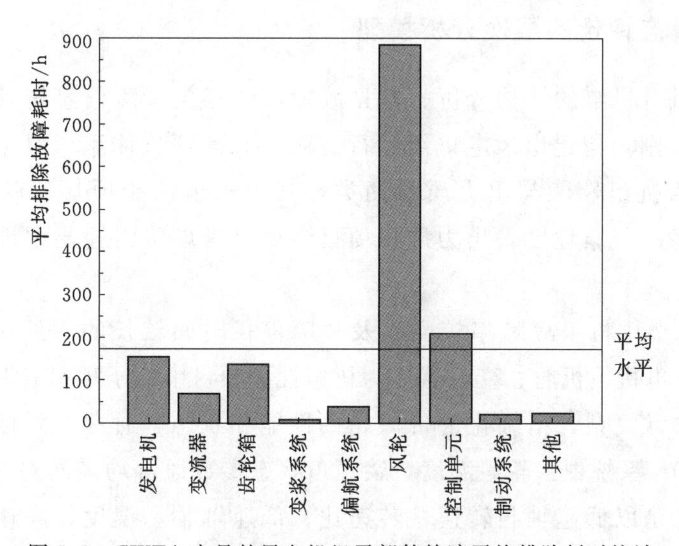

图5.6 CWEA出具的风电机组子部件故障平均排除耗时统计

虽然各个机构统计出的结果略有差异，但风轮、齿轮箱、发电机、电气设备故障率较高或者停机维护占用时间较久，因此成为了风电机组状态监测及评价的重点部件。

5.4.2 健康状态评价指标的选择原则

评价指标体系必须满足科学性、客观性，需要尽可能全面考虑各种因素，选择

其中有代表性能够准确反映机组状态的参数，风电机组作为一个复杂的机电设备，影响其运行状态健康程度的因素众多，SCADA 系统所监测的参数也种类丰富，为使评价指标能全面、真实地反映风电机组的运行状态，选取指标时应遵循如下原则：

（1）科学性原则。以有科学依据为第一原则，所选参数指标必须准确无歧义，保证其计算方法的前后一致性，针对历史研究和机组本身结构分析其指标。

（2）全面性原则。所选参数指标必须包括机组的各个方面和层次，能从多角度反映风电机组的健康状态，形成一个完善的有机整体。

（3）代表性原则。所选参数指标能够代表所在目标层设备的主要运行特点，反映出其运行健康状态。

（4）实用性原则。所选参数指标的数据需要能够易于获得，根据不同风电机组 SCADA 系统监测参数种类的不同而选取不同的评价指标，以不附加其他约束、就地取用为目的。

（5）定量与定性相结合的原则。根据参数指标的类型，在选择指标时要适当考虑不确定因素的影响，采用不同的分析方法。当某些指标需要模糊其数字界限，只进行定性分析；当有些指标则需要清晰准确时，采用量化分析。

5.4.3　健康状态评价的层次分析模型

根据上述风电机组的结构分析、常见故障以及相关故障信息统计，遵循状态评价指标的选择原则，构建出风电机组运行健康状态的评价体系。风电机组健康状态的评价项目分为机组性能与出力质量两类，其中机组性能项目反映其内部相关机械、电气等设备的健康程度，出力质量项目主要是考虑机组输出电能与电网的协调问题。

根据 5.3.1 节中机组故障率较高以及故障停机时间较长的部件统计结果，将风轮、齿轮箱、发电机、机舱、变流器作为机组性能项目中的子项目，其中由于风轮系统的状态评价非常复杂，精细化评价风轮的性能和状态，通常要附件传感器才能确定，而在 SCADA 系统中：轮毂温度、桨距角状态参数通常均需测量和显示，作为评价的指标；齿轮箱以低速轴与转速、转速比、低速轴轴承温度、高速轴前后轴承温度、齿轮箱油温为指标；发电机以发电机转速、发电机定子温度、发电机前后轴承温度为指标；机舱以舱内温度、机舱方向、机舱 x/y 向振动为指标；变流器以变流器负荷、变流器温度为指标。出力质量的子项目由出力环节和并网环节组成，其中出力环节考虑有功功率为其指标；并网环节的指标则有无功功率、功率因数以及频率三种。状态评价层次分析体系的建立能为风电机组健康状态评价模型的建立提供框架，为后期评价工作打下基础，具体评价体系如图 5.7 所示。

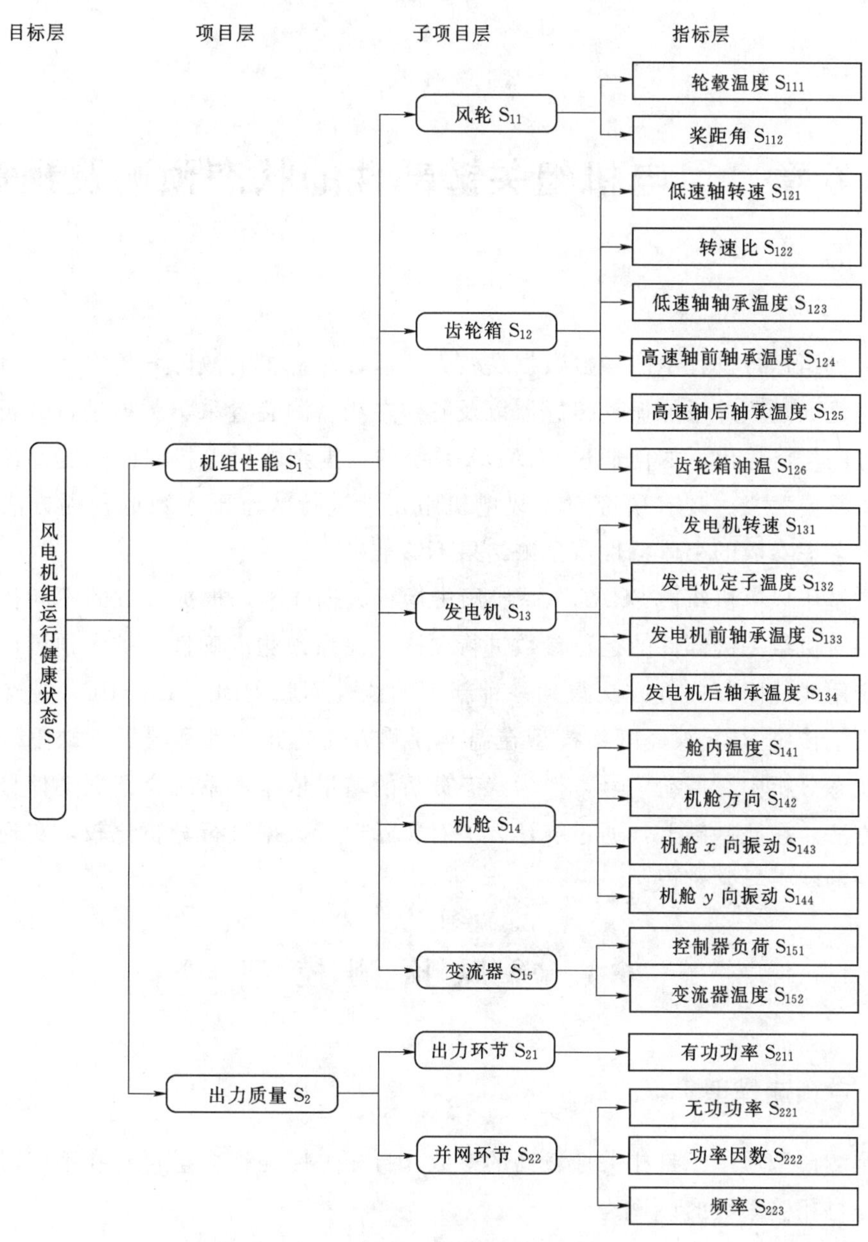

图 5.7　风电机组运行健康状态的评价体系

第 6 章　风电机组关键部件的状态预测及预警

风电机组运行过程中的参数数据量较大，但针对机组的故障分析方法，目前大多数的研究是通过额外增加振动传感器以及特殊在线监测装置采集数据进行分析，加大了运营方的经济输出，如何通过 SCADA 系统的数据判断风电机组的关键部件的健康状态具有重要意义。现有研究对于风电机组正常运行状态下参数的预测方法比较单一，没有考虑参数的个体特性，预测结果不够准确。

本章基于风电机组内 SCADA 系统历史运行数据样本，根据参数的不同特性提出相关模型对机组关键部件的运行参数进行预测，提高预测准确性，扩大预测模型的适用性。应用线性回归分析方法得到一种新型的线性回归 RBF（LRRBF）神经网络模型，改进了传统 RBF 神经网络模型在温度预测方面的冗杂性和滞后性缺陷。在风电机组的状态分析中，振动信号常作为状态分析的基本依据，系统介绍振动信号的处理和分析方法，在此基础上，通过统计方法对实际运行数据进行分析比较，实现了机组关键部件的状态异常辨识。

6.1　常规预测模型

6.1.1　自预测模型

自预测模型适用于自相关性较高的参数，自相关性是指变量自身在不同时刻的相关程度，自相关系数的计算为

$$r^*(x_i,x_j)=\frac{\sum(x_i-\overline{x}_i)(x_j-\overline{x}_j)}{[\sum(x_i-\overline{x}_i)^2(x_j-\overline{x}_j)^2]^{1/2}} \tag{6.1}$$

式中　x_i——参数在 t_i 时刻变量值；

x_j——参数在 t_j 时刻变量值；

$\overline{x_i}$、$\overline{x_j}$——参数在 t_i、t_j 时刻序列内的平均值。

除此之外，在风电机组中，适用于自预测模型的参数也有极大可能其数值保持在平均值周围浮动而非周期性的变化，从历史数据情况分析，其概率分布能够吻合正态分布的特性。其概率密度函数为

$$f(x)=\frac{1}{\sqrt{2\pi}\sigma}\exp\left[-\frac{(x-\mu)^2}{2\sigma^2}\right] \tag{6.2}$$

式中 σ——尺度参数量，即数据的期望值；

μ——位置参数量，即数据的标准差值。

对于风电机组，有较多的参数满足自预测模型的预测要求，并且其中多数参数值分布满足正态分布的规律。在风电机组正常运行状态下，这些参数的数值往往是由风电机组的结构特性和运行规律确定的，多停留在期望值周围小幅波动，如传动系统的传速比、机舱的振动值、风电机组输出电流的频率等。其中：转速比是由风电机组的机械结构特性决定的，这在风电机组出厂时就已经确定；机舱振动值由运行工况决定，在正常工况下一般极小；输出电流的频率则是由电网决定，我国相关要求为50Hz。因此，类似参数的分布规律可以由历史运行数据进行分析得到，并基于此建立相应的自预测模型。

以机舱 x 向振动值的自预测模型为例，分析某风电场内同一台风电机组在一年内的数据，得到机舱 x 向振动值的分布情况，如图 6.1 所示，对散点进行正态分布拟合，得到概率分布函数为

$$f(x)=0.8385e^{-(x/0.007511)^2} \tag{6.3}$$

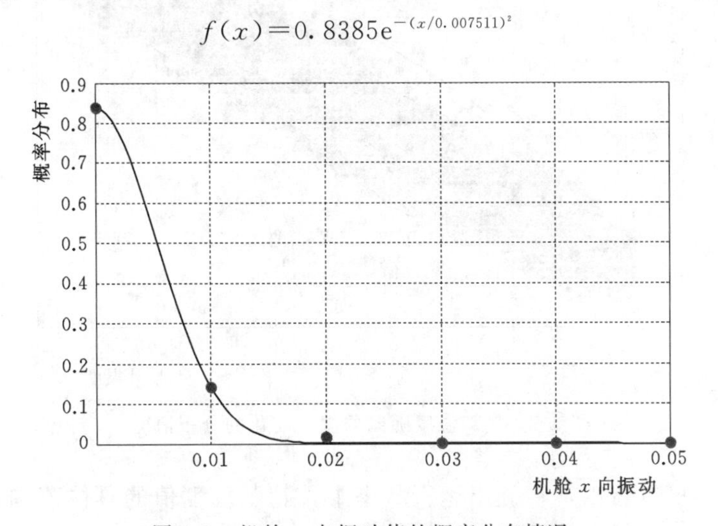

图 6.1 机舱 x 向振动值的概率分布情况

由于振动值恒为正值，因此正态概率分布曲线只有期望值，即 0 点的右半部分。从图 6.1 中可以看出，机舱 x 向振动值期望值为 0，在健康运行情况下振动值不超过 0.01，基于此可以建立起机舱 x 向振动值的预测模型。根据上述理论，可以建立风电机组内其他同类型参数的预测模型。

6.1.2 耦合关系模型

耦合关系模型适用于与其他参数互相关性较强的参数，一般由机组的运行规律来

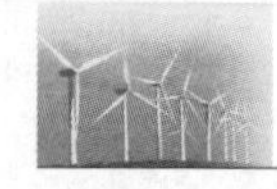

确定。在风电机组中，存在着大量适用于耦合关系预测模型的参数，例如传动轴转速、桨距角、输出功率等随着风速的变化有着特定的规律；此外，大量历史运行数据表明，轮毂温度值等也与舱外温度的互相关性极强。适用于耦合关系模型的参数需与其建模参数的互相关性达到0.9以上，且一般考虑的是单输入模型。类似参数的分布规律可以由历史运行数据进行分析得到，并基于此建立相应的耦合关系预测模型。

以轮毂温度值的预测模型为例，选取舱外温度值为其建模参数，分析某风电场内同一台风电机组在一年内的数据，其相关系数为0.9387，将异常运行、故障以及停机情况下的数据去除后，得到轮毂温度随舱外温度变化的分布情况如图6.2所示，对散点分布的上下界进行多项式拟合，得到健康运行状态下，轮毂温度值上下界与舱外温度值的函数为

$$\left.\begin{aligned} y_{\max} &= -0.01379x^2 + 1.02x + 20.24 \\ y_{\min} &= 0.007182x^2 + 0.5583x + 6.21 \end{aligned}\right\} \tag{6.4}$$

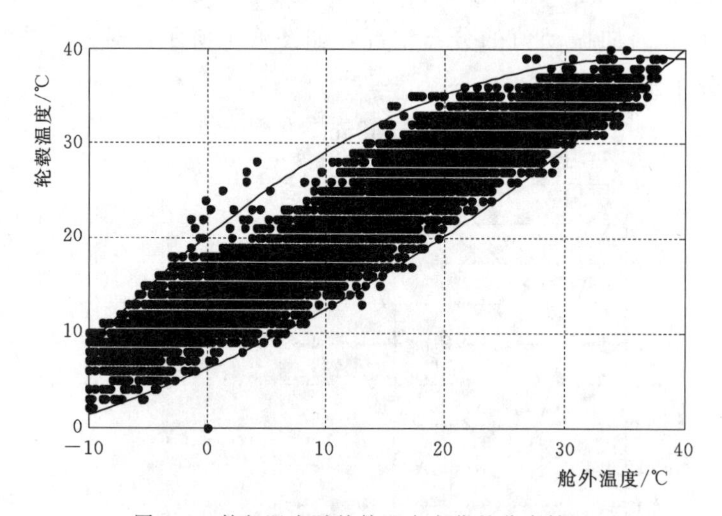

图6.2 轮毂温度随舱外温度变化的分布情况

从图6.2中可以看出，在健康运行状态下，轮毂温度值的具体范围可以由舱外温度值准确预测，可以建立起基于舱外温度的轮毂温度耦合关系预测模型。基于上述方法，可以得到风轮转速和桨距角随风速变化的分布情况如图6.3和图6.4所示，该风电机组的启动风速为3m/s，额定风速为10.5m/s。由于这两个参数属于常规量，对于数据分布及预测模型不做过多分析，仅给出分布情况。

从图6.3和图6.4可以看出，风速达到启动风速后，机组启动，转速上升；风速一直增大达到额定风速后，转速保持不变，桨距角开始动作，保证机组的输出恒定，符合风电机组的运行和控制要求。偏离预测模型较远点的产生原因可能是机组限功率或测量误差的结果。

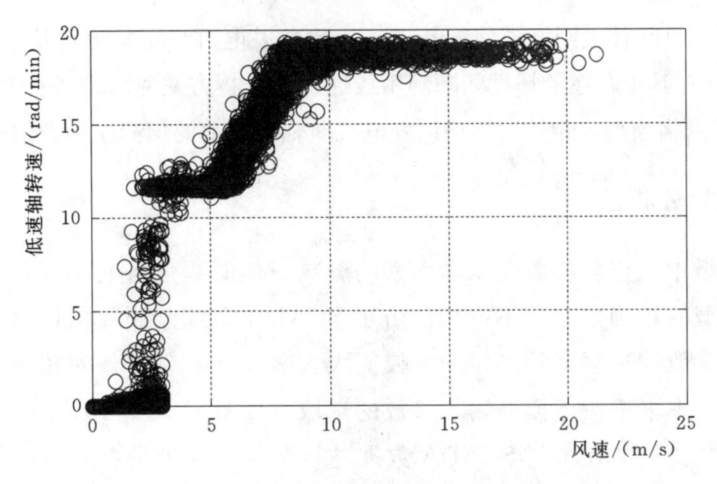

图 6.3 转速随风速变化的分布情况

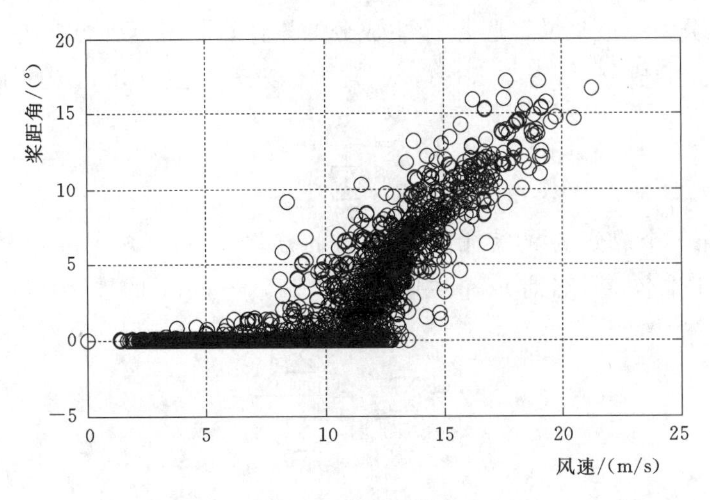

图 6.4 桨距角随风速变化的分布情况

6.2 LRRBF 预测模型

在风电机组中的诸多参数中，除了由本身结构特性和运行规律所决定的相关参数可以应用以上两种常规模型进行预测之外，还有众多参数（如不同位置的轴承温度等）不能简单地由自身或者一到两个变量进行建模预测，针对这种情况：Meik 等构建了 3 种不同的模型，实现了发电机定子及齿轮箱轴承温度的提前预测，根据对比结果分析得出，全信号重构神经网络模型的预测结果准确度较高；张小田基于多元回归分析的方法，实现了主轴承和齿轮箱的温度参数的准确预测，并对其故障进行进一步仿真并成功实现了异常辨识；肖成等应用 BP 神经网络和多元线性回归两种方法对变桨系统的状态进行预测，通过实例分析对比得出 BP 神经网络方法较优的结论。

本节在传统 RBF 神经网络模型的基础上，建立风电机组正常运行状态下的参数温度预测模型，并针对其中存在的惯性问题利用线性回归分析方法对模型进行改进，得到改进的 LRRBF 神经网络模型，相关过程均以发电机前轴承温度的预测模型为例进行说明。

6.2.1　主成分分析法

在风电机组中，很多参数受众多因素的影响，但其程度各有不同，合适的参数选取对其预测模型的正确建立必不可少。由于 SCADA 系统监测数据包含种类很多，从中选取合适的参数构造温度预测模型不仅能大大减少计算量，还对预测准确度的提高有着重要贡献。本书中对于模型输入参数的选取主要参考 Karl Pearson 提出的主成分分析方法，其主要目的在于将 SCADA 数据进行降维，原理是在对数据标准化后，首先计算样本相关矩阵，再计算矩阵的特征值和特征向量，最后根据贡献率选取排名前列的 m 个主成分，一般来说，这 m 个主成分的累计贡献率至少要求达到 85%以上。

在总数为 p 的成分（y_1，y_2，…，y_p）中，第 k 个主成分 y_k 的贡献率 α_k 为

$$\alpha_k = \frac{\lambda_k}{\sum_{i=1}^{p} \lambda_i} \tag{6.5}$$

式中　λ_i——第 i 个成分 y_i 的特征值，即 y_i 的方差。

根据贡献率排名，排名前 m 个主成分 y_1，y_2，…，y_m 的累计贡献率 γ 为

$$\gamma = \sum_{i=1}^{m} \alpha_i = \frac{\sum_{i=1}^{m} \lambda_i}{\sum_{i=1}^{p} \lambda_i} \tag{6.6}$$

6.2.2　RBF 神经网络

RBF 神经网络是一种前馈网络结构，以训练简洁、学习收敛速度快、精度范围大等优点被广泛运用。最基本的径向基函数网络构成如图 6.5 所示，一共包括三层：输入层与外界相连，将信息传递到隐含层；隐含层通过隐含节点的径向基函数实现非线

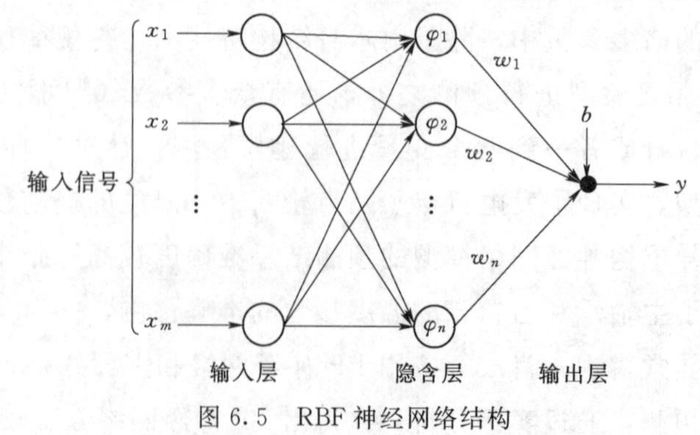

图 6.5　RBF 神经网络结构

性变换；输出层为作用于输入层的输入模式提供响应。

假设输入信号模式为 m 维输入空间的一个向量 $X=[x_1, x_2, \cdots, x_m]^T$；对于每一个输入信号，隐含层就产生一个由径向基函数构成的 n 维空间向量 $\Phi(X)=[\varphi_1, \varphi_2, \cdots, \varphi_n]^T$；$w_1, w_2, \cdots, w_n$ 为隐含层到输出层的突触权值，b 为神经元的偏置。图 6.5 为单输出结构，多输出的情况可以看作为单输出的扩展。

本书使用的径向基函数为高斯核函数，对于输入信号 X，隐含层的映射结果为

$$f(X,S_j)=\exp\left(-\frac{\| X-C_j \|^2}{2s_j^2}\right) \quad (j=1,2,\cdots,n) \tag{6.7}$$

式中　C_j、σ_j——第 j 个隐含层神经元的核函数中心向量和宽度参数。

神经网络的隐含层到输出层为线性映射，结果为

$$Y=\sum_{j=1}^{n} w_j \phi(X,\sigma_j)+b \tag{6.8}$$

在学习过程中，需要对隐节点的中心向量、宽度参数、突触权值及输出偏置均采用监督学习算法进行训练，即对所有参数都进行误差修正。

6.2.3 回归分析方法

回归分析方法是基于统计学产生的，分为多元线性回归和多元非线性回归，本书采用多元线性回归方法对预测模型进行改进。考虑到相关参数的变化具有较大的惯性，传统的预测模型没有计及到预测目标时刻点之前的影响而产生的缺陷，因此利用线性回归方法来填补这一空白，进而对预测模型进行改进。

多元线性回归模型的一般形式为

$$z=\beta_0+\beta_1 p_1+\beta_2 p_2+\cdots+\beta_q p_q+\varepsilon \tag{6.9}$$

式中　z——因变量；

p_1、p_2、…、p_q——自变量；

β_0——回归常数；

β_1、β_2、…、β_q——回归系数；

ε——随机误差。

改进的基本思路是将线性回归分析的因变量结果作为神经网络的一个输入量，因此可对式（6.9）进行简化，略去随机误差的影响，考虑发电机前轴承前 3 个时刻点的温度情况作为线性回归模型的自变量，即

$$T_{bt}=\beta_0+\beta_1 T_{t-1}+\beta_2 T_{t-2}+\beta_3 T_{t-3} \tag{6.10}$$

式中　T_{bt}——当前时刻点轴承的温度；

T_{t-1}、T_{t-2}、T_{t-3}——前 1、2、3 个时刻点轴承的温度。

β_0、β_1、β_2、β_3 的值使用最小二乘法进行估计，使用历史样本数据对系数进行训练，系数矩阵的具体公式为

$$\hat{\boldsymbol{\beta}}=(\boldsymbol{T}'\boldsymbol{T})^{-1}\boldsymbol{T}'\boldsymbol{T}_{bt} \tag{6.11}$$

其中

$$\boldsymbol{T}=\begin{bmatrix}1 & T_{t-1,1} & T_{t-2,1} & T_{t-3,1}\\ 1 & T_{t-1,2} & T_{t-2,2} & T_{t-3,2}\\ \vdots & \vdots & \vdots & \vdots\\ 1 & T_{t-1,N} & T_{t-2,N} & T_{t-3,N}\end{bmatrix}\quad \boldsymbol{T}_{bt}=\begin{bmatrix}T_{bt,1}\\ T_{bt,2}\\ \vdots\\ T_{bt,N}\end{bmatrix}\quad \hat{\boldsymbol{\beta}}=\begin{bmatrix}\beta_0\\ \beta_1\\ \beta_2\\ \beta_3\end{bmatrix} \tag{6.12}$$

式中　N——样本总数；

$\boldsymbol{T}$——样本输入矩阵；

$\boldsymbol{T}_{bt}$——样本目标矩阵，矩阵的每一行代表一组历史样本数据；

$\boldsymbol{T}'$——$\boldsymbol{T}$ 的转置。

6.2.4　LRRBF 神经网络预测模型

LRRBF 神经网络预测模型是通过主成分分析法进行建模参数选取，应用 RBF 神经网络进行模型框架搭建，最后结合线性回归分析法构建出而得到的组合模型，其具体流程及结构如图 6.6 所示。

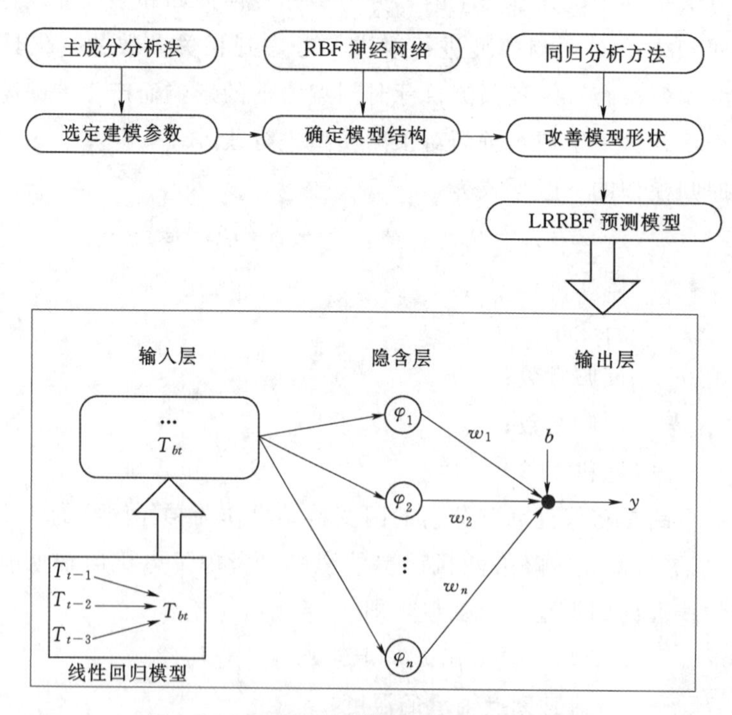

图 6.6　LRRBF 预测模型的构建流程与结构

从图 6.6 中可以看出，在使用主成分分析法选取建模参数之后，将线性回归方法应用于之前时刻点参数的归一化并将其作为神经网络的一个输入，既可以降低输入层

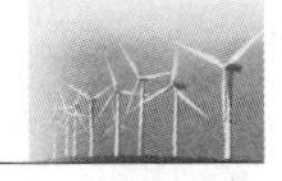

的数量减小模型结构的冗余，又可以消除参数预测过程中巨大的惯性问题，最终成功构建出完整的LRRBF预测模型。

6.3 基于LRRBF模型的发电机前轴承温度预测方法

本书以发电机前轴承的温度为例，应用LRRBF模型对其进行预测，并使用场内实际数据与传统模型进行对比验证。

建模数据来源是山东某风电场中某台风电机组，其为典型1.5 MW陆上风电机组，切入风速3m/s，额定风速10.5m/s。数据包括风速、风向、桨距角、转速、力矩、有功和无功功率、各位置温度值和各位置压力值等共计37个参数值。要将停机状态和异常运行状态的数据删除，以满足建立发电机前轴承温度预测模型的要求。SCADA系统每10min记录一次机组状态数据，为降低外界众多不稳定因素的影响，并提高模型的预测效率，将1h内的6个数据平均后，作为该时刻的状态值。

发电机前轴承的温度预测模型涉及的SCADA系统主参数的分析计算结果见表6.1。

表6.1 SCADA系统主参数的分析计算结果

排名	测量参数	方差	方差占比/%	累计贡献率/%
1	高速轴后轴承温度	6.652	66.521	66.521
2	高速轴前轴承温度	2.061	20.609	87.130
3	发电机定子温度	0.514	5.141	92.272
4	高速轴转速	0.340	3.399	95.670

根据上述计算结果，最终选取表6.1中4个主参数参与建立发电机前轴承的温度预测模型，其累计贡献率已达95%，这远远超过常规情况下$\gamma>85\%$的要求。有一些数据虽然方差值很小，但是对于发电机前轴承温度影响较大，所以列入模型建立的参数。综上考虑之后，选取参数除以上贡献率排名较高的四项外，还需要将有功功率值和舱内温度值作为预测模型的输入。

对该风电机组16个月的数据进行处理后，选取健康状态下机组正常运行数据共5541组，将其中5000组用于样本学习训练，其余541组数据用于验证模型准确性。根据上述分析的结果及考虑轴承温度变化的惯性，建立起RBF神经网络结构，如图6.7所示。

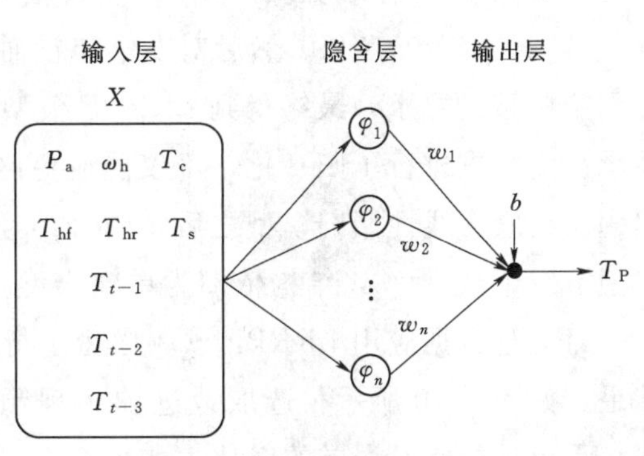

图6.7 RBF神经网络结构

从图6.7中可以看出，网络结构共有3层。输入层X包括输出有功功率P_a、

高速轴转速 ω_h、机舱内温度 T_c、高速轴前轴承温度 T_{hf}、高速轴后轴承温度 T_{hr}、发电机定子温度 T_s、前 3 个时刻的发电机前轴承温度 T_{t-1}、T_{t-2}、T_{t-3} 共 9 维。根据 RBF 隐含层节点个数选取策略，确定 $n=10$。

对上述数据样本进行训练，并对剩余组数进行验证，应用传统 RBF 神经网络模型得到的预测值与实测值对比结果如图 6.8 所示。图 6.8（a）是发电机前轴承温度的预测值和实测值对比图，图 6.8（b）是预测结果误差率分布的柱状图。

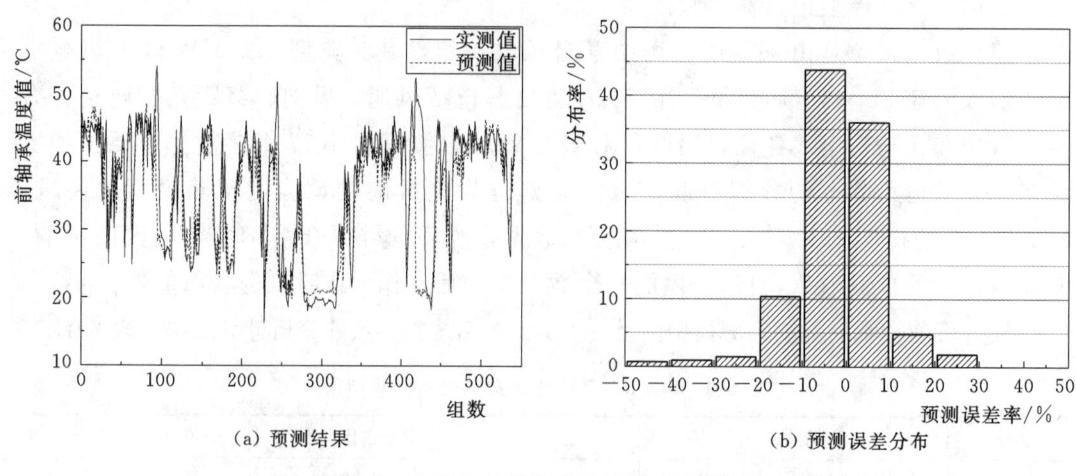

图 6.8　RBF 神经网络预测结果与误差分布

由图 6.8 可以看出：误差绝对值在 10%以下的比例占总组数的 80%以上，误差绝对值超过 20%的总分布率不足 5%，预测精度已经达到了较高的程度。但是，有一部分组数的预测值与实测值的误差过大，尤其是第 270～450 组部分表现尤为明显。在工况变化较大时，温度惯性引起的误差十分突出，原因在于常规策略下的 RBF 神经网络结构的输入层数为 9，输出层数为 1，结构形状过于冗余可能会导致模型泛化能力下降，使得关键位置点的预测结果产生较大误差。

在此基础上，结合线性回归分析方法对模型结构进行优化，根据式（6.11）使用学习样本数据进行参数的最小二乘法估计，求得 $\beta_0=5.7985$，$\beta_1=0.9221$，$\beta_2=-0.1722$，$\beta_3=0.1114$。然后对发电机前轴承温度值进行估计，以满足对 LRRBF 神经网络模型的要求，最终得到 LRRBF 模型。LRRBF 模型将前 3 个时刻点的发电机前轴承温度数据进行了归一化，不仅能避免网络结构的冗余，还能改善温度的惯性滞留问题。在融合线性回归模型之后，组合神经网络模型输入层变为 7 维向量，改变隐含层隐节点个数 $n=8$，结构依旧为单输出型，如图 6.9 所示。

对运行数据应用 LRRBF 预测模型进行验证，得到改进前后的两种模型预测对比结果，如图 6.10 所示。选取改进前出现预测误差较大的时刻点（第 270～450 组数据）重点进行绝对误差的对比，如图 6.11 所示。

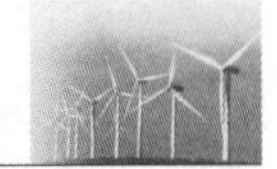

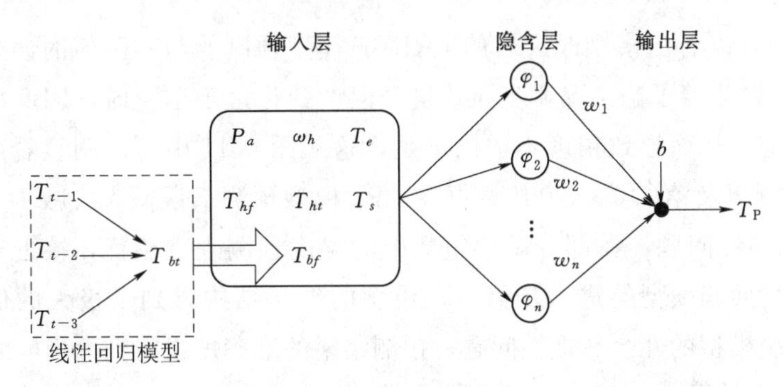

图 6.9 LRRBF 神经网络结构

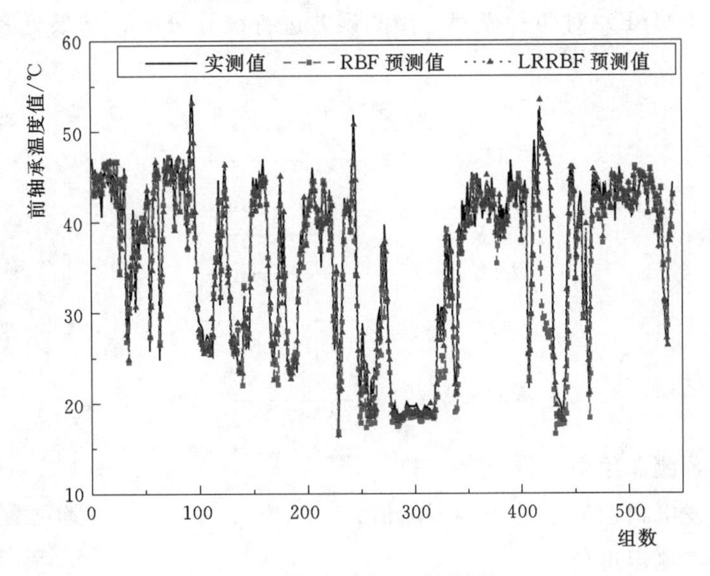

图 6.10 改进前后预测结果

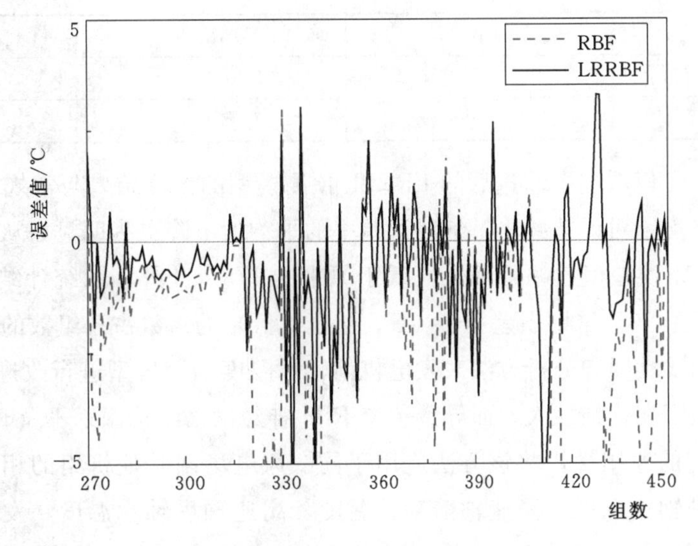

图 6.11 第 270～450 组预测结果的误差对比

从图6.10可以看出模型改进后的LRRBF模型预测值与实测值的误差更小，此外LRRBF模型有效改善了当工况突变导致自身温度变化过于迅速时，RBF模型的预测结果不能快速响应，从而导致精度不够的不足，这从图6.11中可以明显看出。尤其是第280～320组数据以及第410～430组数据在RBF模型预测下误差大大减小，这有效解决了RBF模型的惯性问题，在部分敏感组数中的温度预测表现更优，接近于实际值。实际上，经过线性回归模型的进一步修正，模型的形状结构得到了极大的优化，LRRBF模型解决了传统模型的冗余和惯性问题，预测结果的准确度也得到大程度的提升。

利用平均绝对误差（Mean Absolute Error，MAE）和均方根误差（Root Mean Square Error，RMSE）对两种模型的预测误差进行统计分析，结果见表6.2。两种误差的计算为

$$MAE=\frac{\sum_{i=1}^{N'}|T_{\mathrm{P}}-T_{\mathrm{R}}|}{N'} \tag{6.13}$$

$$MAE(\%)=\frac{\sum_{i=1}^{N'}\frac{|T_{\mathrm{P}}-T_{\mathrm{R}}|}{T_{\mathrm{R}}}}{N'} \tag{6.14}$$

$$RMSE=\sqrt{\frac{\sum_{i=1}^{N'}(T_{\mathrm{P}}-T_{\mathrm{R}})^2}{N'}} \tag{6.15}$$

式中　N'——预测总组数，取$N'=541$；

T_{P}——发电机前轴承的预测温度值；

T_{R}——实测温度值。

表6.2　两种模型的预测误差对比

模型	*MAE*	*MAE*/%	*RMSE*
RBF	2.4830	7.75	3.8019
LRRBF	1.1896	3.46	1.6593

由以上结果可以看出，改进后的LRRBF预测模型的计算结果与常规RBF预测模型的结果相比，平均绝对误差减小，绝对误差率的平均值下降更为明显，从7.75%减少为3.46%，且均方根误差值大幅度降低，低于原来的1/3。此外，从统计结果看，预测误差率的绝对值低于10%（即误差小于4℃，甚至更低）的组数占总组数的90%以上。这充分证明了利用线性回归分析方法对发电机前轴承温度预测模型进行改进的准确性，有利于克服轴承温度变化惯性大，而导致传统RBF神经网络结构跟踪不及时的缺点。

为验证模型的通用性，将该方法应用于同一风电场内其他机组的相关参数进行预测，包括低速轴轴承温度、高速轴前轴承温度、高速轴后轴承温度、发电机后轴承温度，其相关预测结果如图6.12～图6.15所示。

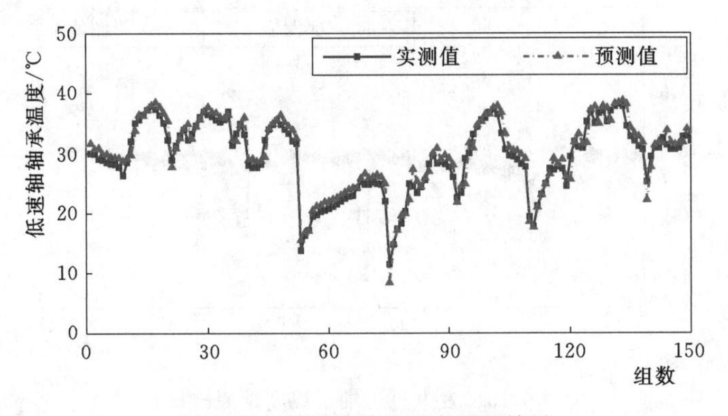

图 6.12　低速轴轴承温度预测结果

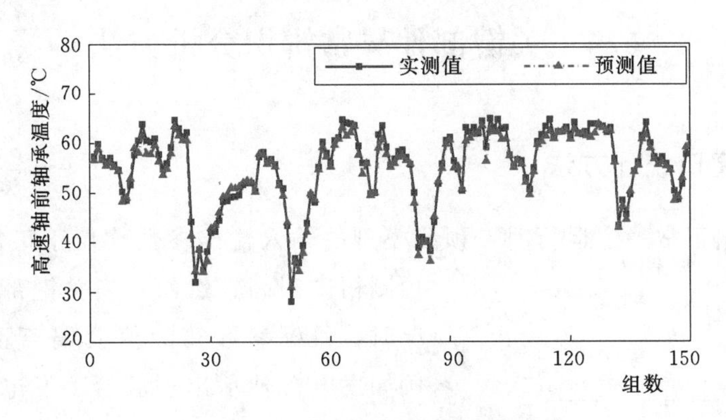

图 6.13　高速轴前轴承温度预测结果

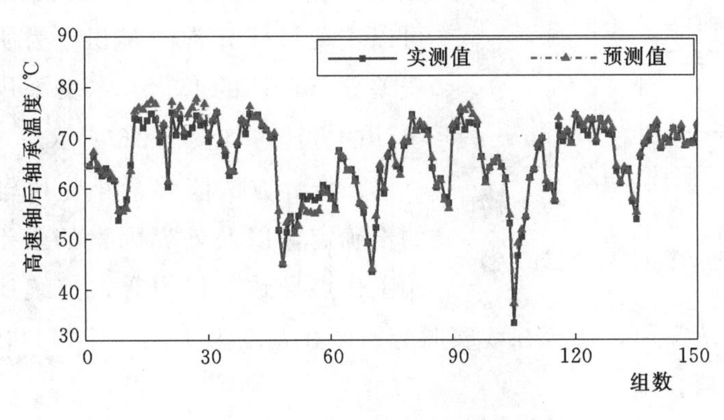

图 6.14　高速轴后轴承温度预测结果

由上述结果可以发现，LRRBF 预测模型对影响因素众多、结构复杂的参数，特别是风电机组的轴承温度有着较强的适用性和通用性，预测结果表现较优，有利于结合不同传统模型，针对性地对风电机组中多种类型建立预测模型进行后续应用。

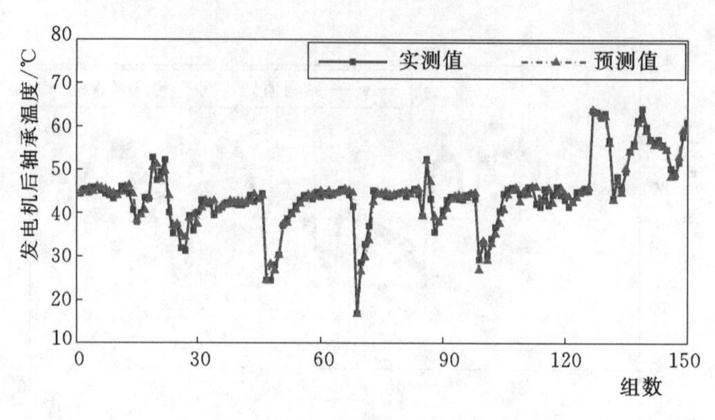

图 6.15　发电机后轴承温度预测结果

6.4　关键部件异常辨识分析方法

6.4.1　滑动窗口统计方法

当风电机组正常稳定运行时，预测模型的输入输出参数均位于正常工作区间内，预测精度很高。然而，当关键部件出现故障情况时，目标参数实际值会偏离正常模型范围，例如发电机轴承出现胶合、发电机转子不平衡等故障导致的轴承温度上升等，因此通过统计健康状态下的预测值与实际值之间的残差关系，可以实现目标异常的辨识。为实时连续地反映残差分布特性的变化，本书采用滑动窗口残差统计的方法，如图 6.16 所示。

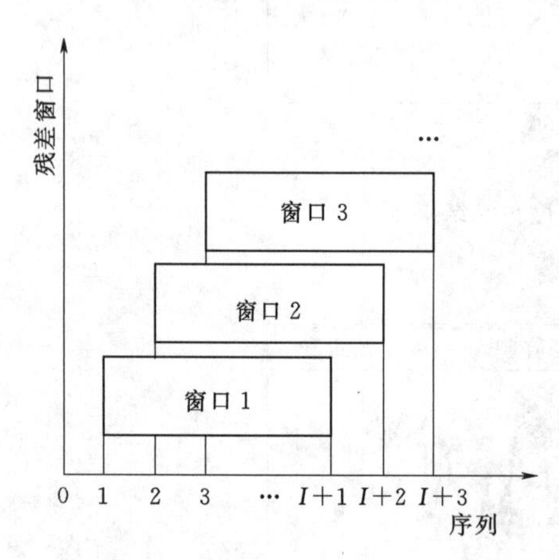

图 6.16　滑动窗口残差统计

该统计方法能够最小化风电机组运行过程的不确定性以及外界因素的强干扰性，避免极端工作点导致的误报警，连续地反应残差分布特性的变化，算法简单，适合在线实时分析。在宽度为 I 的一个窗口内取连续 I 个残差序列计算其均值，即

$$\overline{R}=\frac{1}{I}\sum_{i=1}^{I}R_i \tag{6.16}$$

式中　R_i——该窗口的第 i 个残差。

6.4.2　风电机组关键部件异常辨识方法

同样对发电机前轴承的温度监测以实现发电机的异常辨识为例，对该风电场中另

一台同型号、同批次投入运营的风电机组 SCADA 运行数据进行处理，最终选取其中的 500 组数的运行数据，为验证通过残差统计对发电机进行异常辨识的有效性，人为模拟发电机故障导致的前轴承温升。

从第 201 组数开始，对发电机前轴承的温度加入步距为 0.1 的累计温度上升，应用滑动窗口方法对故障模拟后的数据进行模型预测残差分析。由于本书中相关参数的时间间隔为 1h，为保证数据分析的及时性与可靠性，选择窗口宽度 $I=10$。统计结果如图 6.17 所示。

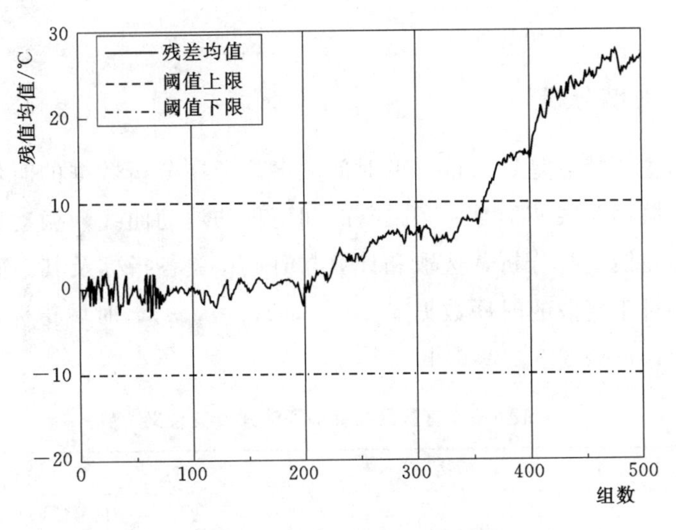

图 6.17 滑动窗口残差统计结果

预先设定风电机组发电机前轴承的健康运行温度置信区间为［−10，10］℃，从图 6.17 中可以看出，第 361 组数开始，其滑动窗口残差统计结果超出设定的残差阈值，引发报警，此时的模拟温度累计偏差已经达到 (361−200)×0.1=16.1(℃)，轴承实测温度值仅为 53.2℃，远远低于 SCADA 系统内置前轴承温度报警的阈值 80℃。

可见，当发电机产生故障隐患时，提出的基于 *RBF* 神经网络与线性回归的 *LRRBF* 温度预测模型能有效监测其健康状态，比 SCADA 系统提前实现异常辨识并报警，实现对发电机的状态监测。

6.5 振动信号处理及分析

风电机组在运行过程中，叶片、轮毂、齿轮箱等多个部件受环境影响或者自身运行状态的影响，会产生各种表征其状态的物理现象，并引起相应参数的变化。而为了更好地监测以及把控风电机组这些参数的变化态势，常将这些参数变换成易于测量、处理和记录的物理量，统称为信号。而对信号进行分析、处理、变换、综合、识别等操作，则可以作为判断风电机组运行状态以及对其进行故障诊断的依据。

振动信号是在机械故障诊断领域中具有代表性的特征量，工程中非常重视对于振动信号的处理、信号特征的提取与分析。振动信号在当下被广泛应用于风电机组的故障诊断，尤其是对于风电机组的齿轮箱和叶片等开展的状态分析和故障诊断。振动信号是指由非静止结构体所产生的信号，结构体受到振动源的激励，产生振动位移的信号。结构体的振动响应是各个频率特征信息的叠加，振动信号具有时域特征与频域特征，时域特征主要体现在振幅、周期、相位等特性上，频域特征则是主要表现在频率、能量信息中。

6.5.1　信号的时域分析

时域分析的主要特点是针对信号的时间顺序，即在分析数据的时候，考虑数据产生的先后顺序。振动时域波形是一条带有时间历程的波动曲线，振动信号的时域处理是对该振动波形曲线进行分析，选取和计算与时域相关各指标及其敏感性参数来作为故障特征参数。对于离散的时序数据 $x_i(i=1, 2, \cdots, n)$，时域指标可分为有量纲指标和无量纲指标，见表 6.3、表 6.4。

表 6.3　有量纲指标的表达式及其含义

有量纲指标	表达式	含　义
最大值	$X_{\max}=\max(\lvert x_i \rvert)$	振动信号波形的最高点
最小值	$X_{\min}=\min(\lvert x_i \rvert)$	振动信号波形的最低点
峰峰值	$X_{\mathrm{ppv}}=X_{\max}-X_{\min}$	振动信号波形最高点与最低点的差值
均值	$\tilde{x}=\frac{1}{n}\sum_{i=1}^{n}x_i$	描述信号平均变化情况
方差	$\sigma^2=\frac{1}{n}\sum_{i=1}^{n}(x_i-\tilde{x})^2$	反映信号在均值附近波动的情况
偏斜度	$\tilde{\alpha}=\frac{1}{n}\sum_{i=1}^{n}x_i^3$	反映信号概率分布的中心不对称程度
均方值	$\tilde{\psi}_x^2=\frac{1}{n}\sum_{i=1}^{n}X_i^2$	反映信号相对零值的波动情况
有效值	$X_{rms}=\sqrt{\tilde{\psi}_x{}^2}$	反映信号能量的大小

正常情况下，风电机组在运行过程中，外界环境的改变、机组承受载荷的改变等会影响机组内部的运行状态，从而影响有量纲特征值的大小。例如，外界风速的改变会使得风轮的转速发生改变，经由传动系统改变齿轮箱的转速，使得风电机组中多个部件的运行状态与参数发生改变。因此，对于不同风电机组部件，以及不同部位的相同部件而言，有量纲指标之间不具有可比性。而无量纲特征值的大小与风电机组本身的运行状态无关，因而在对风电机组进行振动信号的故障诊断过程中，还采用无量纲指标作为故障诊断的依据。

表 6.4 无量纲指标的表达式及其含义

无量纲指标	表达式	含义
峭度指标	$K_v=\dfrac{\frac{1}{n}\sum\limits_{i=i}^{n}X_i^4}{X_{RMS}^4}$	表示出现大幅值脉冲的概率
裕度指标	$L=\dfrac{X_{\max}}{\widetilde{X}_r}$	外界对测量值的干扰情况（越大越好）
脉冲指标	$I=\dfrac{X_{\max}}{\widetilde{\mid \overline{X} \mid}}$	信号和绝对平均值的比值
峰值指标	$C=\dfrac{X_{\max}}{X_{\mathrm{rms}}}$	表示波形是否有冲击的指标
波形指标	$K=\dfrac{X_{rms}}{\widetilde{\mid \overline{X} \mid}}$	有效值与绝对均值的比值
方根幅值	$\widetilde{X}_r=\left[\dfrac{1}{n}\sum\limits_{i=1}^{n}\mid x_i\mid^{\frac{1}{2}}\right]^2$	信号方根值的均值的平方值
绝对平均幅值	$\widetilde{\mid \overline{X} \mid}=\dfrac{1}{n}\sum\limits_{i=1}^{n}\mid x_i\mid$	信号绝对值的均值

在有量纲指标中，均值和有效值都是描述动态信号强度的指标，幅值的平方可以表示能量，因此由均值的表达式可知均值表示了单位时间内的平均功率。

在无量纲指标中，峰值指标表示信号的变化范围，是对信号强度的一种描述。裕度和峭度对于信号的冲击较敏感，可用于设备部件出现裂纹、结构形变等在时域波形中可能会引起较大脉冲的故障诊断。

6.5.2 信号的频域分析

频域分析是故障诊断中使用最为广泛的信号处理方法之一。伴随着故障的产生与发展，往往会引起信号频率结构的变化，如产生周期性冲击信号等，在振动信号中就会有相应频率信号的成分。傅里叶变换可以将时域信号转化至频域信号，在频域中则更容易观察到信号中各个成分的占比，从而得出信号的频域特征。频域分析的手段则是频谱分析方法，而目的则是把复杂的时间历程波动曲线经傅里叶变换分解为若干个单一的谐波分量进行研究，从而获得信号中的频率结构信息以及各个谐波的幅值、相位等。信号的频域分析则是包括幅值谱分析，相位谱分析和功率谱分析。功率谱分析是目前故障诊断中使用最多的方法之一，应用广泛且行之有效，因此本书则是介绍功率谱分析。

在频域中，功率谱可以描述信号能量的分布，即用功率密度来描述信号的频率结构。功率谱比幅值谱更能突出故障基频和倍频谐波的线状谱成分，从而减少噪声毛刺。

1. 自功率谱密度函数分析

自功率谱密度函数可由自相关函数的傅里叶变换来定义。对于零均值的随机信号

$x(t)$ 的自相关函数为 $R_x(\tau)$，当 $|\tau| \to \infty$ 时，自相关函数 $R_x(\tau) \to 0$。自相关函数 $R_x(\tau)$ 满足傅里叶变换的条件，$x(\tau)$ 的自功率谱密度函数 $S_x(f)$ 则定义为

$$S_x(f) = \int_{-\infty}^{\infty} R_x(\tau) \mathrm{e}^{-i2\pi f\tau} \mathrm{d}\tau \tag{6.17}$$

在式（6.17）中，用$\dfrac{\omega}{2\pi}$代替 f，则自功率谱函数为

$$S_x(\omega) = \frac{1}{2\pi} \int_{-\infty}^{\infty} R_x(\tau) \mathrm{e}^{-i\omega\tau} \mathrm{d}\tau \tag{6.18}$$

式（6.17）定义在（$-\infty$，∞）范围内，在正负频率轴上均有谱图，称之为双边谱，同时也使得理论上的分析与运算更加便捷。而负频率轴的部分在工程实践中无实际物理意义，因此仅考虑 ω 或 f 在（0，∞）范围内变化，即可得到单边谱，并定义为

$$G_x(f) = 2\int_{0}^{\infty} R_x(\tau) \mathrm{e}^{-i2\pi f\tau} \mathrm{d}\tau \tag{6.19}$$

即 $G_x(f) = 2S_x(f)$（$f \geqslant 0$），其关系如图 6.18 所示。

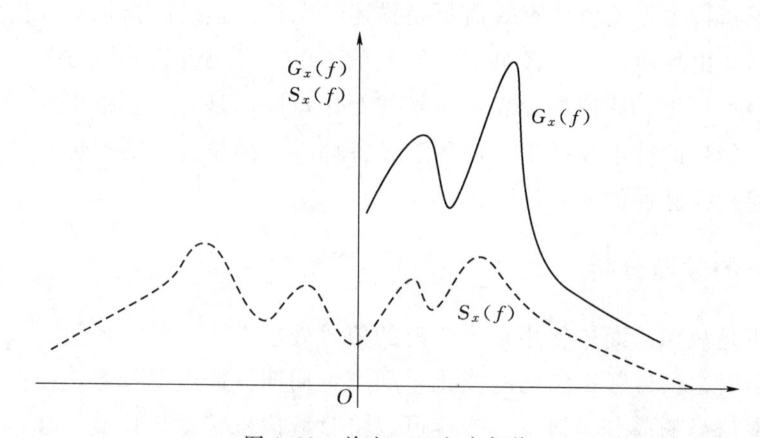

图 6.18　单边、双边功率谱

自功率谱函数 $S_x(f)$ 与自相关函数 $R_x(\tau)$ 之间一一对应，可以互相换算，从而对功率密度函数进行分析与研究。自功率谱分析则可以用来描述信号的频率结构，能够将实测的复杂工程信号分解成简单的谐波分量进行研究。因而对风电机组的动态信号作功率谱分析即可了解机组各个构件的运行状态。

2. *互功率谱密度函数分析*

功率谱密度函数虽可以提供机组物理运行的诸多信息，但其损失了信号的相位信息，无法分辨频率相同的不同信号。而互谱密度函数则可以描述两个信号在频域上的相关关系之外，还能够保持信号的相位信息，使得互谱密度函数在确定噪声源、振动源以及确定频率响应函数、相干函数中得到较为广泛的应用。

互功率谱密度函数与定义自功率谱密度函数类似，若互相关函数 $R_{xy}(\tau)$ 满足傅

里叶变换条件，则定义双边互功率谱密度函数 $S_{xy}(f)$ 为

$$S_{xy}(f)=\int_{-\infty}^{\infty}R_{xy}(\tau)\mathrm{e}^{-i2\pi f\tau}\mathrm{d}\tau \tag{6.20}$$

在式（6.20）中，用$\frac{\omega}{2\pi}$代替 f，则可得到互功率谱的另一种表达形式，即

$$S_{xy}(\omega)=\frac{1}{\pi S}\int_{-\infty}^{\infty}R_{xy}(\tau)\mathrm{e}^{-i\omega\tau}\mathrm{d}\tau \tag{6.21}$$

仅考虑 ω 或 f 在（0，∞）范围内变化，即可得到单边互功率谱密度函数 $G_{xy}(f)$，它与双边互功率谱密度函数的关系为

$$G_{xy}(f)=2S_{xy}(f)\quad(f\geqslant 0)$$

互功率谱密度函数一般和互相关函数具有同样的应用，不同的是互相关函数提供的是时间的函数，而互功率谱密度函数提供的则是频率的函数，使得其应用范围更加广泛。

6.5.3 齿轮箱振动信号的时频域分析

1. 正常状态下的齿轮箱及其时频域特征

以齿轮箱的振动信号分析为例，处于正常状态下的齿轮箱，其振动主要是由齿轮箱中齿轮自身的刚度引起的，其时域特征和频域特征如下：

（1）时域特征。其振动主要是受自身刚度的影响，其时域波形为周期性的波形，低频信号具有近似正弦波的啮合波形，正常齿轮箱的时域波形图如图 6.19 所示。

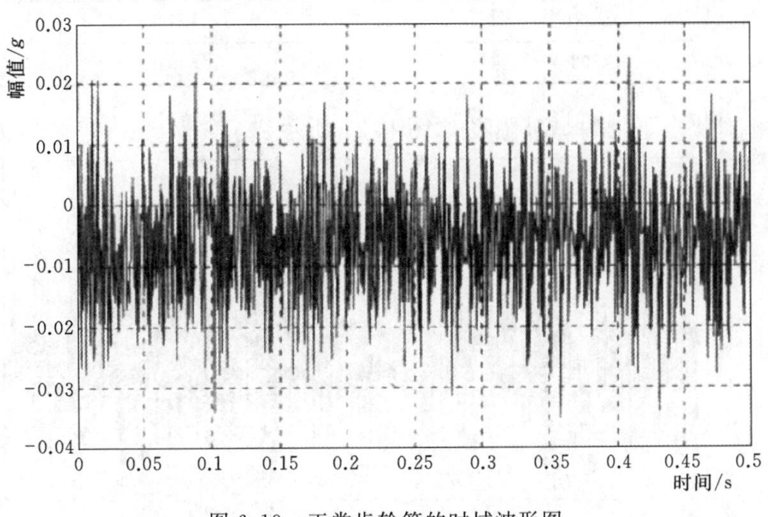

图 6.19 正常齿轮箱的时域波形图

（2）频域特征。正常齿轮箱的信号反映在功率谱上，其主要有齿轮啮和频率及其谐波分量。以啮合频率成分为主 $nf_{\mathrm{m}}(n=1,2,\cdots)$，其高次谐波依次减小，正常齿轮箱的功率谱图如图 6.20 所示。

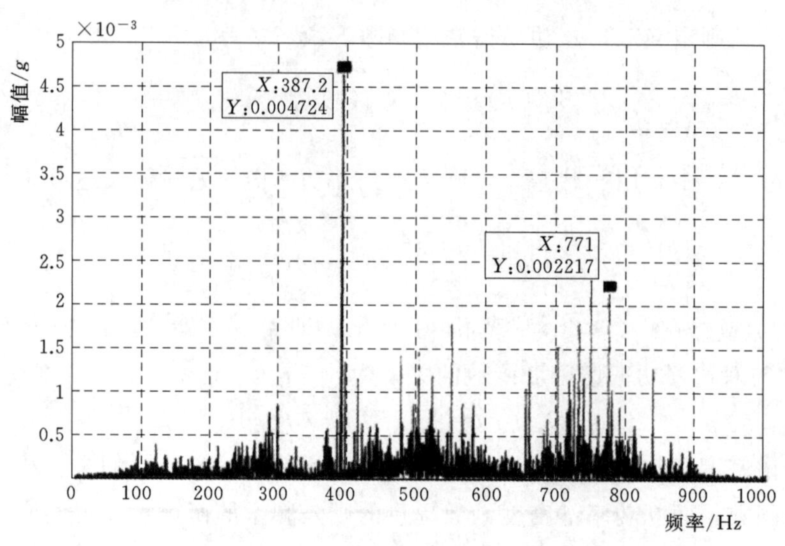

图 6.20　正常齿轮箱的功率谱图

2. 故障状态下的齿轮箱及其时频域特征

在齿轮箱发生故障时，部分时域参数和频域参数会有较为直观的变化，从参数的变化则可以推断其是否发生故障。以齿轮磨损为例，则其时域分析参数的变化对比见表 6.5。

表 6.5　正常状态与磨损状态下的时域分析参数对比

参数	均方根值	峭度指标	峰值指标	裕度指标
正常状态	0.02531	3.2153	4.9235	7.3251
齿轮磨损	0.1293	6.3452	5.6326	8.2563

其处于磨损状态下的时域波形图如图 6.21 所示。

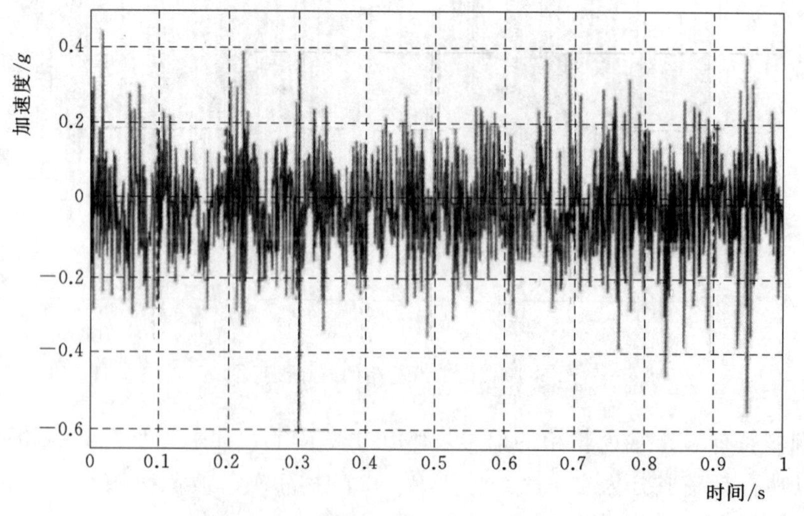

图 6.21　磨损状态下齿轮箱的时域波形图

对比图 6.19 与图 6.21 可以看出，磨损状态下齿轮箱的时域图中，其幅值有着显著地提高，从时域参数分析对比表 6.5 的直观数据可以得出，与振动能量相关的参数指标均方根值和峭度指标有着较为显著的增加。

从频域特性来分析，齿轮均匀磨损时不产生冲击振动信号，因而不会产生明显的调制现象。随着磨损的持续进行，啮合频率及其谐波分量基本保持不变，但其幅值大小会随之改变，同时使得高次谐波幅值相对增大。因而在对齿轮箱进行分析时，至少需要分析两个谐波的幅值变化才能从谱上检测出该磨损故障。图 6.22 和图 6.23 则是正常状态下齿轮箱的功率谱图和处于磨损状态下齿轮箱的功率谱图的对比，反映磨损后齿轮的啮合频率及二次谐波值的变化。

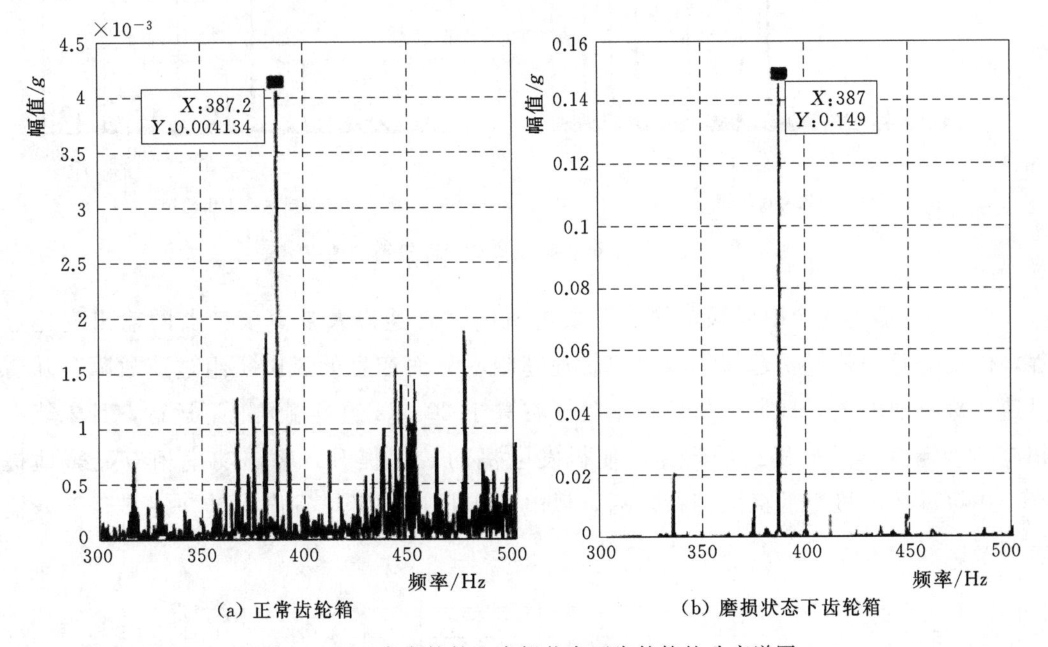

图 6.22 正常齿轮箱和磨损状态下齿轮箱的功率谱图

从而可以分析得出齿轮发生均匀磨损的主要特征如下：

(1) 与振动能量相关的时域参数指标会有较大幅度的增加。

(2) 齿轮啮合频率及其谐波的幅值会有明显增大，阶数越高，其幅值增加的幅度越大。

6.5.4 其他案例分析

1. 风电机组过速的时域分析

以某风电场内某风电机组过速故障为例，风电机组的容量为 2.0MW，机组配置为 115m/2000kW。风电机组在运行过程中的风速、转速和功率在某故障发生过程的变化如图 6.24 所示。

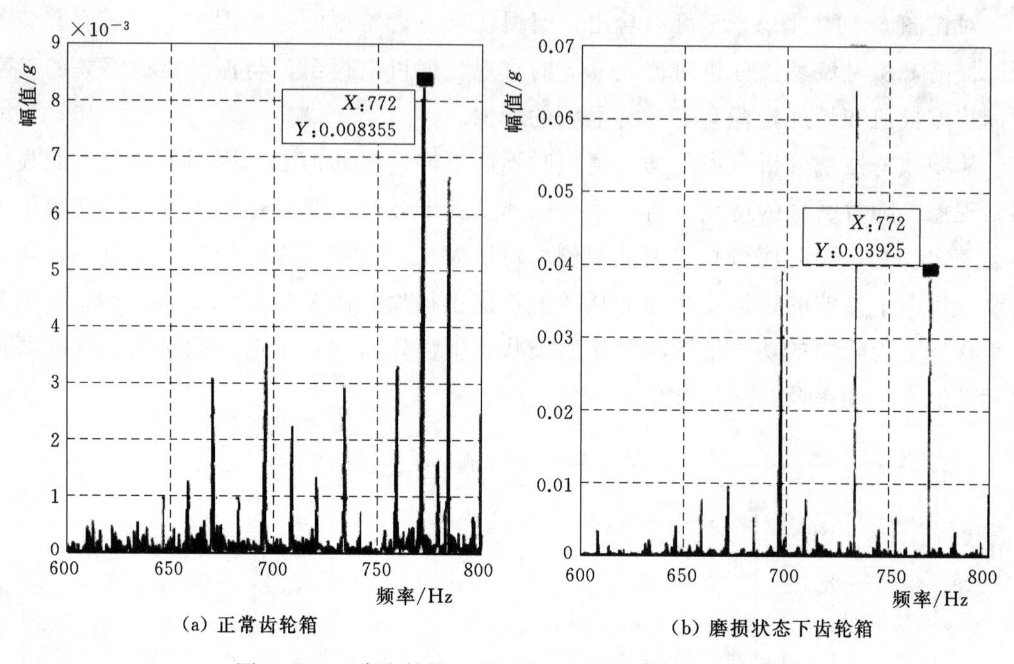

图 6.23　正常齿轮箱和磨损状态下齿轮箱的功率谱图

图 6.24 描述各个时间段的风速、发电机瞬时转速以及功率变换器的输出变化过程，体现的是强阵风引起机组发电机转速超限，从而产生的风电机组过速故障。随着风速的瞬时值增大，即风电机组逐渐处于在高于 20m/s 的极端风况下运行，且未能有相应的措施控制风电机组的转速，使得发电机的转速提升，输出功率相应显著地提高，在超过风电机组的极限载荷之后，风电机组报出故障，发电机转速逐步降低，输出功率也突降为零。

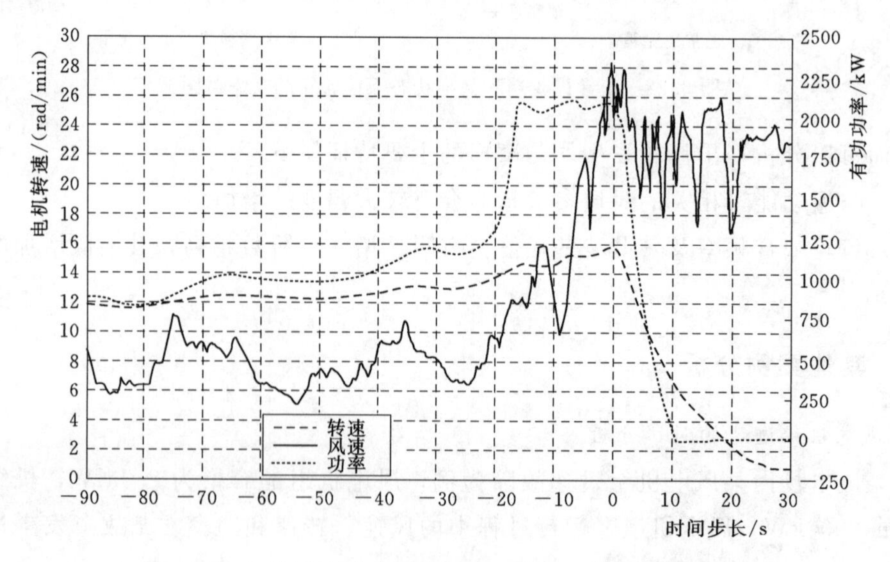

图 6.24　2.0MW 风电机组的风速、转速、功率变化曲线图

2. 风电机组振动故障的时频域分析

以某风电场内风电机组振动故障为例，风电机组的容量为1.5MW，机组配置为82m/1500kW，风电机组在运行过程中的风速、转速、功率参数变化如图6.25所示，而其中机舱加速度 x、y 方向变化曲线如图6.26所示。

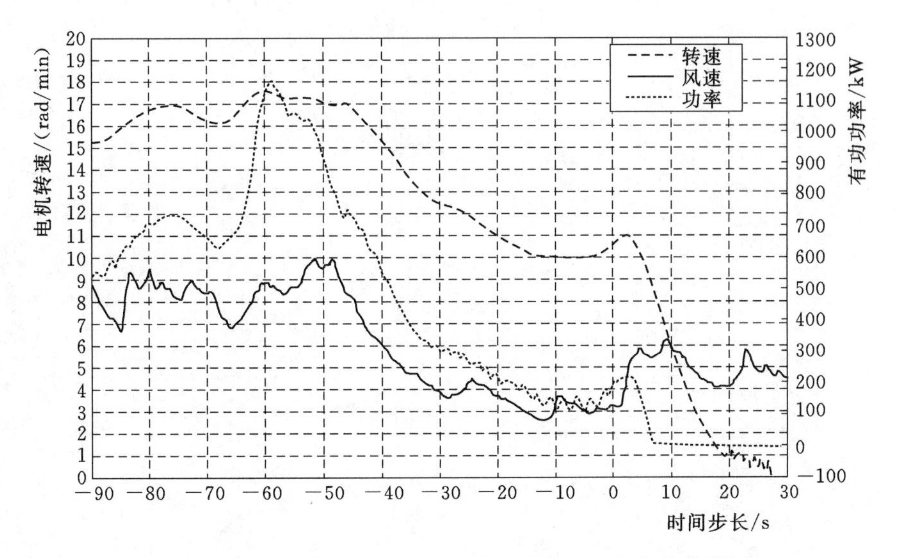

图6.25 1.5MW风电机组的风速、转速、功率变化曲线图

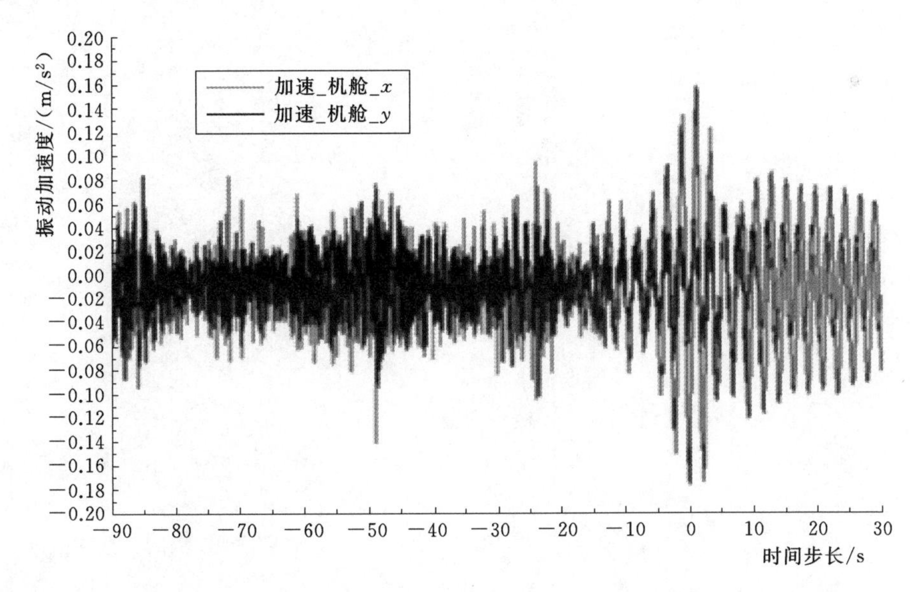

图6.26 风电机组机舱加速度 x、y 方向变化曲线图

结合图6.25与图6.26，可见风电机组的输出功率是在故障发生后10s内发生改变并逐渐降低为0。在图6.26中可以明显看出此时的 x 轴的正负加速度远超于平时的值，即此时机舱的水平振动幅度过大，而引发的振动故障。而在该运行段风电机组运

行的转速区域为共振转速区域，与塔架的一阶固有频率接近，从而使得机舱与塔架发生一阶共振，从而导致故障的发生。该振动故障为常规的塔架一阶共振，可以通过工程运行参数优化，减少机组的故障频次，但对于某些小风速下的风电机组 3P 频率与塔架一阶频率耦合引起的共振一般难以处理。

第 7 章　风电机组运行健康状态评价方法

风电机组的健康状态评价技术是根据机组 SCADA 系统的监测参数以及其他运行数据，基于相关方法对机组及其部件的健康状态进行准确的判断，定量计算机组的健康状态值，最后对计算结果进行分析，为机组运维以及检修工作提供参考。本章以风电机组运行健康状态的评价层次模型为基础，基于模糊综合评判理论确定指标的隶属度函数以及项目各因素权值，应用一种新的指标劣化度计算方法建立风电机组健康状态评价模型。新的劣化度计算方法改善了传统方法的片面性，对部件的数据出现绝对误差时进行弱化以及问题加剧时放大其劣化表现，有利于突出关键部件的重大问题，便于及时发现机组部件的恶化趋势。风电机组状态评价具体流程如图 7.1 所示。

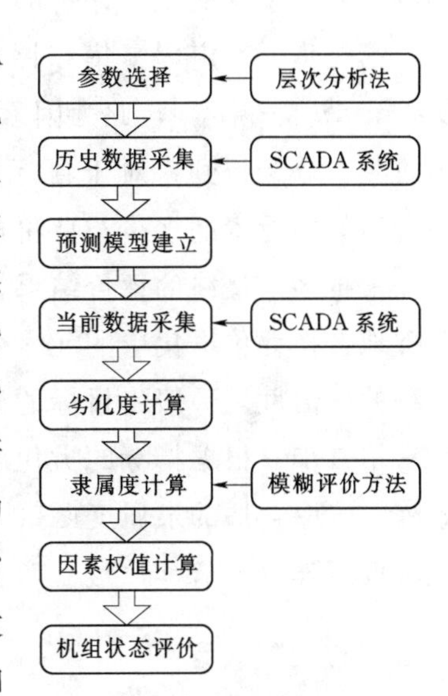

图 7.1　风电机组状态评价过程

7.1　模糊综合评价方法

模糊综合评价方法最早由我国的汪培庄提出，是一种基于模糊数学的方法，解决实际问题中出现的模糊性问题，具体是指目标的概念不清晰，对象的条件判定不容易界定。具备模糊性的事物界限不清，只能够进行定性描述，定量描述难以完成。模糊综合评价法能够借助隶属度理论将定性评价转变为定量评价，即对受到许多因素影响的指标给出一个总体的评价，主要原理为利用模糊线性变换原理和最大隶属度原则，考虑与指标相关的众多因素，将各项指标统一量化，并根据影响程度统筹考虑安排权重，从而得到最终的综合评价结果。

风电机组结构庞大、造价昂贵，其相关劣化实验较难进行，模糊综合评价方法不需要使用过多的实际试验数据，仅需要风电机组的历史和目标时刻的 SCADA 信息数据，使得该方法开始广泛应用于风电机组的运行状态综合评价。另外，风电机组内部结构复杂，各部件之间相互影响，且外部风况环境复杂，运行工况多变，因此风电机组各部件的运行状态受许多因素影响，界限不清晰，难以定量分析，具有较强的模糊性，机组的整体运行评价更是复杂，针对以上特点使用模糊综合评价方法对机组进行评价能够克服其内部部件的强模糊性，得到良好的评价结果。

7.1.1　具体步骤

模糊综合评价方法的数学模型比较简单，但在实际应用过程中表现出了对多因素影响下复杂系统的状态评价的优秀适用性，其具体步骤如下：

第一步：确定因素集和评价语集。假设与评价目标的相关因素共有 m 个，记为 $U=[u_1,u_2,\cdots,u_m]$，此为因素集，因素集的元素指标往往是从评价对象的监测系统中收集、分析得到。对于目标可能出现的评判语共 n 个，记为 $V=[v_1,v_2,\cdots,v_n]$，评价语集中元素的多少与评价过程的复杂度和评价结果的准确度息息相关，评价语集中元素越多，最终的评价结果越合理，但评价过程也趋于复杂；反之亦然。因此要求合理地选择评价语集中的元素个数，为了在得到相对准确的评价结果的同时保持评价过程的简洁性，一般将目标的评价语集设定为 $n=4$ 个元素。

第二步：根据指标的劣化度与隶属度函数求取各评价指标的隶属度，建立隶属度矩阵。选取合适的隶属度函数，计算因素集中各元素对应于各评判语的隶属度，形成隶属度矩阵 $\boldsymbol{R}_{m\times n}$，即

$$\boldsymbol{R}_{m\times n}=\begin{bmatrix}R_1\\R_2\\\vdots\\R_m\end{bmatrix}=\begin{bmatrix}r_{11}&r_{12}&\cdots&r_{1n}\\r_{21}&r_{22}&\cdots&r_{2n}\\\vdots&\vdots&\vdots&\vdots\\r_{m1}&r_{m2}&\cdots&r_{mn}\end{bmatrix}\tag{7.1}$$

式中　r_{ij}——第 i 个因素单独来评价目标对应于第 j 个评判语的隶属度。

因素集中的元素隶属度一般可通过统计方法得出，对于复杂情况，则可以根据一定的规律和经验选取或者建立隶属度函数计算得出。

第三步：确定指标的各权重。权重是评价目标中各因素重要程度的指标，为区间为［0，1］的数值，通常是通过历史数据分析、相关经验模型或者专家评价等方式来得到权重向量 $\boldsymbol{W}$，即

$$\boldsymbol{W}=[w_1\quad w_2\quad\cdots\quad w_m]\tag{7.2}$$

式中　w_i——第 i 个因素在目标评价中所占的权重。

权重需要进行归一化运算以满足以下条件，即

$$\sum_{i=1}^{m}w_i=1\tag{7.3}$$

第四步：应用模糊算子计算得到最终的模糊综合评价结果并分析。通过相关模糊算子将权重向量 $\boldsymbol{W}$ 和隶属度矩阵 $\boldsymbol{R}$ 进行数学变换合成计算，得到最终的目标评价结

果 **S**，即

$$\boldsymbol{S}=\boldsymbol{W}\diamondsuit\boldsymbol{R}=[w_1 \quad w_2 \quad \cdots \quad w_m]\diamondsuit\begin{bmatrix} r_{11} & r_{12} & \cdots & r_{1n} \\ r_{21} & r_{22} & \cdots & r_{2n} \\ \vdots & \vdots & \vdots & \vdots \\ r_{m1} & r_{m2} & \cdots & r_{mn} \end{bmatrix}$$

$$=[s_1 \quad s_2 \quad \cdots \quad s_n] \tag{7.4}$$

式中　◇——计算过程中采用的模糊算子；

　　S——综合评判结果。

根据隶属度最大原则得到的最优解为 $s_{\max}=\max\{b_i \mid i=1,2,3,\cdots,n\}$。

7.1.2 相关模型确定方法

将模糊综合评价方法应用于风电机组运行健康状态的综合评价，可以确定相关模型采用的方法。

1. 因素集和评价语集

评价过程中各项目及子项目层因素集的确定可以根据状态评价的层次分析模型进行确定。

在计算中，相关评价语集格式为

$$\boldsymbol{K}=[\text{健康},\text{注意},\text{异常},\text{故障}]=[k_1 \quad k_2 \quad k_3 \quad k_4] \tag{7.5}$$

2. 隶属度函数

模糊理论应用于风电机组状态评价的一个关键点就在于隶属度函数的建立，需要考虑实际情况，对风电机组的参数进行合理细致的分析后进行确定，典型的隶属度函数见表 7.1，表中各式的 a、b 仅表示待定参数，根据实际情况进行分别取值。

表 7.1　五种典型的隶属度函数

名　称	关　系　式
梯形分布	$\mu(x)=\begin{cases} 0 & x\leqslant -b \\ \dfrac{b+x}{b-a} & -b<x\leqslant -a \\ 1 & -a<x\leqslant a \\ \dfrac{b-x}{b-a} & a<x<b \\ 0 & x\geqslant b \end{cases}$
岭形分布	$\mu(x)=\begin{cases} 0 & x\leqslant -b \\ \dfrac{1}{2}+\dfrac{1}{2}\sin\left[\dfrac{\pi}{b-a}\left(x-\dfrac{a+b}{2}\right)\right] & -b<x\leqslant -a \\ 1 & -a<x\leqslant a \\ \dfrac{1}{2}-\dfrac{1}{2}\sin\left[\dfrac{\pi}{b-a}\left(x-\dfrac{a+b}{2}\right)\right] & a<x<b \\ 0 & x\geqslant b \end{cases}$

续表

名　称	关　系　式
尖 Γ 分布	$\mu(x)=\begin{cases} e^{ax} & x<0 \\ e^{-ax} & x>0 \end{cases}$
柯西分布	$\mu(x)=\dfrac{1}{1+ax^2}$
正态分布	$\mu(x)=e^{-ax^2}$

在风电机组的实际评价过程中，隶属度函数应根据实际情况进行检验、反馈，不断地进行完善，使其成为一种不断学习的过程以得到更为准确的结果。在评价过程中，由于风电机组状态综合评价模型复杂、因素众多，为减少计算量应选择形状较为简单、计算结果差别较小的隶属度函数，对于常规目标最终选取三角形和半梯形组合的函数，其分布形式如图 7.2 所示。

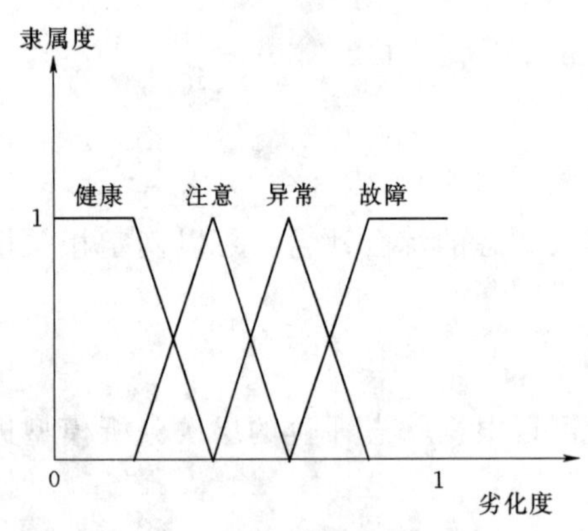

图 7.2　三角形和半梯形组合隶属函数分布形式

3. 权重

权重的分配在状态综合评价模型的建立过程中为一大难点，常规方法分为主观判断方法以及数学分析方法。主观方法一般借助经验进行判断，能在一定程度上反映实际情况，但有时也会与客观情况偏差较大，严重时会导致评价结果十分不合理；数学分析方法的选择也会存在一定的主观色彩，但是其逻辑的严谨性可以对其中的偏差产生一定的修复作用，以满足实际情况的需求。权重的分配一般采用主客观结合进行的方式，主观赋权是由专家根据评价体系结构凭经验主观判断得到的，随知识结构和个人经验的丰富程度而波动，但客观赋权则可能与因素的影响重要程度产生违背，组合赋权则能在兼顾其因素重要性的同时将专家的经验知识应用其中。可以采用层次分析法（Analytic Hierarchy Process，AHP）进行初步分配权重，与专家采用的权重进行比较修正得到最终的子项目层权重向量，最后根据同类型风电机组的年故障统计数据通过数学分析方法确定项目层权重向量。

AHP 方法是对模糊事件做定量分析的一种方法，建立在主观判断的基础上，并对其进行客观描述，能够将复杂目标转化为多层次单目标问题从而进行处理，通过指标间两两比较形成判断矩阵，计算因素间的相对重要性，形成最终的权重向量，其流程如图 7.3 所示。

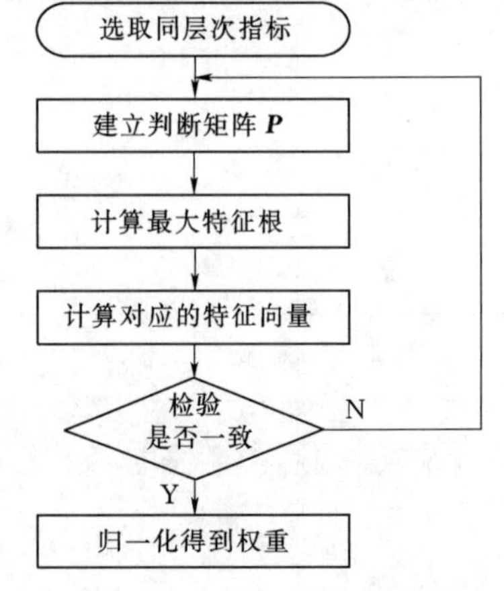

图 7.3　AHP 方法流程图

根据同层次因素，建立判断矩阵 $\boldsymbol{P}$，其元素 $u_{ij}(i,j=1,2,3,\cdots,m)$ 表示因素集中两两元素之间的相对性数值，且满足 $u_{ji}=1/u_{ij}$，其含义见表 7.2。

表 7.2 判断矩阵的数字标度及含义

标度 u_{ij}	含 义	标度 u_{ij}	含 义
1	u_i 与 u_j 同等重要	7	u_i 较 u_j 重要得多
3	u_i 较 u_j 略重要	9	u_i 较 u_j 绝对重要
5	u_i 较 u_j 重要	2，4，6，8	重要性位于两种判断之间

根据矩阵 $\boldsymbol{P}$ 计算其最大特征根与其对应的特征向量，并对矩阵进行一致性检验，即

$$CR=\frac{CI}{RI} \tag{7.6}$$

$$CI=\frac{\lambda_{\max}}{m-1} \tag{7.7}$$

式中 CR——随机一致性比率；

RI——平均随机一致性指标，其数值按表 7.3 选取；

CI——一致性指标；

$\lambda_{\max}$——最大特征根。

表 7.3 平均随机一致性指标 *RI* 的取值

矩阵阶数 m	1	2	3	4	5	6	7	8	9
RI	0	0	0.58	0.9	1.12	1.24	1.32	1.41	1.4

当计算结果满足 $CR<0.1$ 时，可以认为判断矩阵通过一致性检验条件，说明分配结果是合理的，将最大特征根对应的特征向量进行归一化后即可得到权重向量；否则，需要调整优化矩阵，直到其结果符合一致性检验要求为止。

4. 模糊算子

根据式 (7.4) 中模糊算子◇的种类众多，不同的模糊算子含义不同，其计算侧重点也存在差异，因此合适的模糊算子选择对总体评价结果也至关重要。其中常见的有表 7.4 中所示的几种。

表 7.4 几种常见的模糊算子

模糊算子	类型	含义	权重体现	评价信息	综合程度
$(\wedge, \vee)$	主因素决定型	$s_j=\bigvee\limits_{i=1}^{m}(w_i \wedge r_{ij})$	不明显	不充分	弱
$(\cdot, \vee)$	主因素突出性	$s_j=\bigvee\limits_{i=1}^{m}(w_i \cdot r_{ij})$	明显	不充分	弱

续表

模糊算子	类型	含义	权重体现	评价信息	综合程度
(∧，⊕)	不均衡平均型	$s_j=\sum_{i=1}^{m}(w_i \wedge r_{ij})$	不明显	比较充分	强
(·，⊕)	加权平均型	$s_j=\sum_{i=1}^{m}(w_i \cdot r_{ij})$	明显	充分	强

注　$i=1,2,3,\cdots,m$；$j=1,2,3,\cdots,n$。m 为因素集元素总数，n 为评价语集元素总数。∧表示取小运算，∨表示取大运算，·表示相乘运算，⊕表示有界和运算。

由表7.4中各模糊算子进行特性比较，并从风电机组内部结构复杂、外部工况多变的角度出发，(·，⊕)算子能体现权重分配在机组整体评价中的意义，综合考虑了所有因素的共同影响作用，适合应用于风电机组对象。

7.2　劣化度归一化计算方法

在评价过程中，指标种类各不相同导致各因素的参数类型、量纲以及取值范围均存在较大差异，因此可以采用归一化处理的方法，将所有参数归一化处理为一个无量纲量：劣化度，用以描述目标时刻各部件状态的劣化程度，取值范围为[0，1]，0表示状态健康，1表示完全故障。

在风电机组中，各部件由于结构、运行规律等原因导致状态参数的分布规律也存在差异，因此针对不同类型的指标计算其劣化度的方法也不相同。根据相关物理规律以及参数预测要求，表7.5给出了机组运行健康状态整体评价过程中所有指标的类型以及其适用的参数预测方法。

表7.5　参数类型及预测方法

子项目类型	指标类型	参数类型	预测方法
风轮	轮毂温度 $\boldsymbol{S}_{111}$	中间最优型	耦合关系模型
	桨距角 $\boldsymbol{S}_{112}$	复杂模型	耦合关系模型
齿轮箱	低速轴转速 $\boldsymbol{S}_{121}$	中间最优型	耦合关系模型
	转速比 $\boldsymbol{S}_{122}$	否决型	自预测模型
	低速轴轴承温度 $\boldsymbol{S}_{123}$	越小越优型	LRRBF模型
	高速轴前轴承温度 $\boldsymbol{S}_{124}$	越小越优型	LRRBF模型
	高速轴后轴承温度 $\boldsymbol{S}_{125}$	越小越优型	LRRBF模型
	齿轮箱油温 $\boldsymbol{S}_{126}$	越小越优型	自预测模型
发电机	发电机转速 $\boldsymbol{S}_{131}$	中间最优型	耦合关系模型
	发电机定子温度 $\boldsymbol{S}_{132}$	越小越优型	耦合关系模型
	发电机前轴承温度 $\boldsymbol{S}_{133}$	越小越优型	LRRBF模型
	发电机后轴承温度 $\boldsymbol{S}_{134}$	越小越优型	LRRBF模型

续表

子项目类型	指标类型	参数类型	预测方法
机舱	舱内温度 $\boldsymbol{S}_{141}$	复杂模型	耦合关系模型
	机舱方向 $\boldsymbol{S}_{142}$	否决型	自预测模型
	机舱 x 向振动 $\boldsymbol{S}_{143}$	越小越优型	自预测模型
	机舱 y 向振动 $\boldsymbol{S}_{144}$	越小越优型	自预测模型
变流器	控制器负荷 $\boldsymbol{S}_{151}$	复杂模型	耦合关系模型
	变流器温度 $\boldsymbol{S}_{152}$	越小越优型	耦合关系模型
出力环节	有功功率 $\boldsymbol{S}_{211}$	复杂模型	耦合关系模型
并网环节	无功功率 $\boldsymbol{S}_{221}$	否决型	自预测模型
	功率因数 $\boldsymbol{S}_{222}$	否决型	自预测模型
	频率 $\boldsymbol{S}_{223}$	否决型	自预测模型

表 7.5 中，越小越优型参数表示参数值越小则运行状态越佳，如大部分部件的温度值、各轴承温度值以及振动值等；中间最优型参数表示参数值在某置信区间内则运行状态最优，太小或太大都代表部件产生劣化，如轮毂温度、低速轴转速、发电机转速；否决型参数表示参数值必须在某置信区间内，在区间之外则直接判断为故障，如转速比、机舱方向、无功功率、功率因数、频率；复杂模型参数表示参数值受影响情况复杂，如受限功率控制影响的桨距角和有功功率、外部环境复杂的舱内温度和控制器负荷等。

本节对传统劣化度计算方法进行改进，提出了一种新的高斯动态（Gaussian Distribution Dynamics，GDD）劣化度计算方法，并借助计算结果对比与分析证明了 GDD 劣化度计算方法的正确性和优越性。

7.2.1　传统劣化度计算方法

对于中间最优型和越小越优型参数，传统劣化度计算方法主要有两种：方法一是考虑参数值的正常工作范围，根据参数实际值直接计算其劣化度；方法二是考虑参数的变化趋势，根据参数偏差计算劣化度，即参数实测值与健康状态下的预测值之间的差值，相关参数的预测模型前文已经详细阐述。以中间最优型参数为例，图 7.4 给出了两种传统计算方法的示意结构，越小越优型参数可以认为是中间最优型参数的一部分。

图 7.4 中，$x_{\min}$ 和 $x_{\max}$ 表示参数允许的最小值和最大值；x_a 和 x_b 表示参数最佳运行范围的下界和上界。方法一使用参数当前值作为横坐标进行计算，方法二采用参

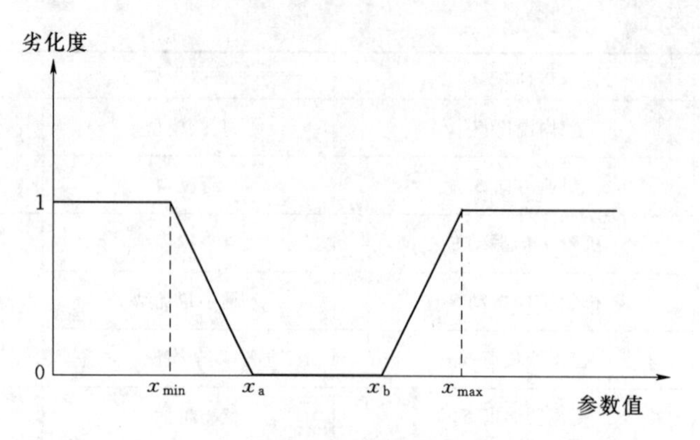

图 7.4　传统劣化度计算方法

数偏差值进行计算。其计算具体公式如下：

劣化度计算方法一计算为

$$d(x)=\begin{cases}1 & x<x_{\min} \\ \dfrac{x-x_{\min}}{x_{\mathrm{a}}-x_{\min}} & x\in[x_{\min},x_{\mathrm{a}}) \\ 0 & x\in[x_{\mathrm{a}},x_{\mathrm{b}}] \\ \dfrac{x-x_{\mathrm{b}}}{x_{\max}-x_{\mathrm{b}}} & x\in(x_{\mathrm{b}},x_{\max}] \\ 1 & x>x_{\max}\end{cases} \tag{7.8}$$

劣化度计算方法二计算为

$$d(x)=\begin{cases}1 & \Delta x<x_{\min} \\ \dfrac{\Delta x-x_{\min}}{x_{\mathrm{a}}-x_{\min}} & \Delta x\in[x_{\min},x_{\mathrm{a}}) \\ 0 & \Delta x\in[x_{\mathrm{a}},x_{\mathrm{b}}] \\ \dfrac{\Delta x-x_{\mathrm{b}}}{x_{\max}-x_{\mathrm{b}}} & \Delta x\in(x_{\mathrm{b}},x_{\max}] \\ 1 & \Delta x>x_{\max}\end{cases} \tag{7.9}$$

式中　Δx——偏差值，相应符号均为偏差值的界限值。

以风电机组发电机前轴承温度的劣化度计算为例：其为越小越优型参数，选取预测模型为LRRBF模型，最优工作温度区间上限为45℃，最大工作区间上限为80℃，偏差值最优区间上限为5℃，最大区间上限为10℃。针对同一台风电机组，按时间间隔为10h，选取20个时刻的数据进行计算，两种劣化度计算方法的相关数据见表7.6。

表 7.6　发电机前轴承温度参数值及劣化度

时刻	方　法　一		方　法　二	
	实际值/℃	结果	偏差值/℃	结果
T_1	33.7	0	0.246	0
T_2	40.6	0	−1.881	0
T_3	45.4	0.011	−1.787	0
T_4	45.6	0.017	0.613	0
⋮	⋮	⋮	⋮	⋮
T_{18}	58.7	0.391	8.661	0.732
T_{19}	63.6	0.531	8.452	0.690
T_{20}	64.3	0.551	9.309	0.862

将两种方法的劣化度计算结果进行对比，如图 7.5 所示。

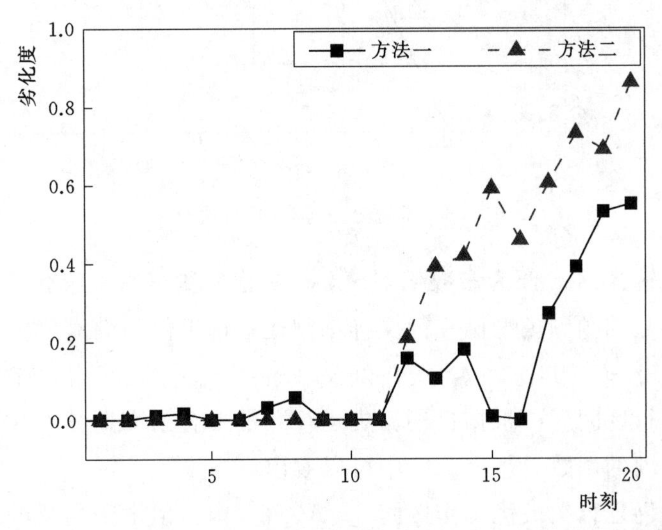

图 7.5　两种劣化度计算方法结果对比

从图 7.5 中可以看出，方法一采用参数实际值计算劣化度，忽略了参数的变化趋势及工况变化，方法二针对部件的劣化趋势其计算结果也更明显。在 T=3、4、7、8 时刻，虽然按温度的工作区间来看，参数已经产生了劣化，但是按方法二来判断，温度值虽然偏高，但这是外部原因导致的，部件本身未发生问题，因此并未存在劣化现象；在 T=15、16 时刻，虽然按温度的工作区间来看，参数并未产生劣化问题，但从外部情况来看，此时前轴承的工作温度已经超过了正常范围，出现了劣化现象。总结来说，方法二更能够准确地描述参数的劣化问题及趋势。

在传统的劣化度计算方法一中，仅考虑了参数的当前值，没有考虑到其变化趋势对状态的判定有着重要影响；而在传统的劣化度计算方法二中，这个缺陷得到了改善，但从计算公式来看，劣化度与预测值呈现线性关系，对关键点附近绝对误差的出

现反应比较敏感，并且在部件劣化情况加剧时反应比较迟钝导致计算结果不精确。因此，提出了一种基于高斯分布函数的动态劣化度计算方法。

7.2.2　GDD 劣化度计算方法

由于传统方法在根据参数数据计算劣化度时采用的是线性模型，因此在关键位置点的计算结果误差较大，针对这一问题提出了基于高斯分布函数的 GDD 方法计算劣化度，其基本原理如图 7.6 所示。

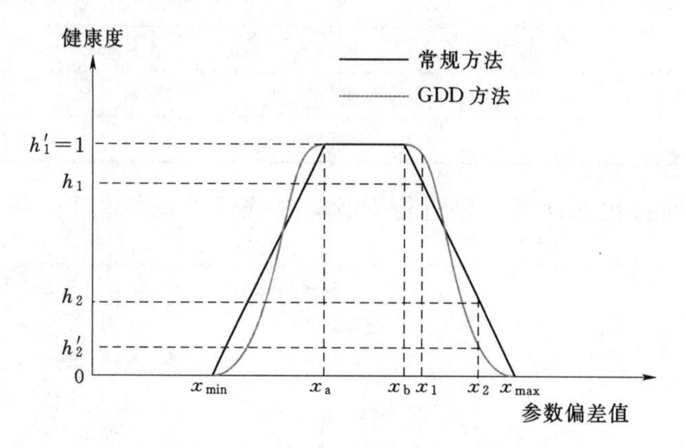

图 7.6　常规方法与 GDD 方法对比

图 7.6 中，输入的 x 值为参数偏差值，即参数实测值与健康状态下的预测值之间的差值，相关参数的预测模型已在前文详细阐述；输出值为健康度 h，与劣化度 d 的数学关系为 $h=1-d$。在 $[x_{min}, x_a)$ 以及 $(x_b, x_{max}]$ 区间内，在确定参数的最佳值以及允许的运行区间后，根据长期历史运行数据拟合出高斯分布函数，进行数学处理后作为其健康度的函数。从图 7.6 中可以看出：

（1）当参数仍运行在最优工作区间 $[x_a, x_b]$ 内，但由于测量的绝对误差以及预测模型的缺陷，出现一个略大于 x_b 的值 x_1 时，常规计算方法对此更加敏感，得到的健康度 h_1 小于 GDD 方法得到的健康度 h_1'，随之劣化度也较大，但 GDD 方法的计算结果更加接近实际情况。

（2）当劣化程度加大，出现一个越接近于 x_{max} 的值 x_2 时，GDD 方法计算得到的健康度 h_2' 小于常规结果 h_2，随之劣化度变大，表明在问题加剧时，GDD 方法能够将问题放大，将劣化趋势表达得更为明显。

同样以发电机前轴承的温度为例，应用 GDD 方法计算其劣化度。根据其偏差值最优区间上限为 5℃，最大区间上限为 15℃，收集全周期数据中运行数据中偏差值大于 5℃ 的数据共 3000 组，以 1℃ 为间隔形成其频率分布直方图，并对其分布数据进行高斯分布曲线拟合，得出的结果如图 7.7 所示。

根据拟合公式可得当偏差值 $x>5$ 时，发电机前轴承温度的健康度计算公式为

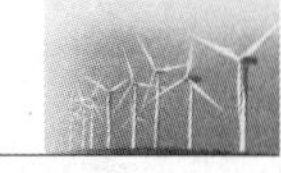

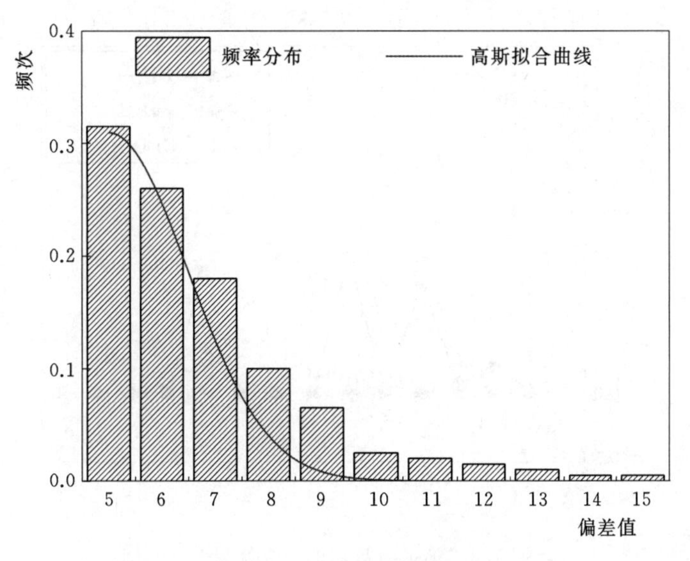

图 7.7 频率分布直方图及其高斯拟合曲线

$$h(x)=\exp\left[-\left(\frac{x-5}{2.098}\right)^2\right] \tag{7.10}$$

根据 $h=1-d$，可得劣化度计算公式为

$$d(x)=\begin{cases}1 & x\leqslant 5\\ 1-\exp\left[-\left(\frac{x-5}{2.098}\right)^2\right] & 5<x\leqslant 10\\ 0 & x>10\end{cases} \tag{7.11}$$

7.2.3 计算结果及对比

现针对同一参数相同时刻点特别是敏感位置点的数据，使用上述三种方法对劣化度进行计算，比较其计算结果。针对两组数据，对三种方法进行对比分析。每一组均根据风电机组发电机前轴承温度的数据，按时间间隔为 10h，选取 15 个时刻的数据进行计算，计算结果如图 7.8 与图 7.9 所示。

第一组数据中发电机前轴承温度一直处于健康最优的工作区间，在 $T=4$、7、11 时刻，虽然其偏差值超出最优工作区间，但在随后的时刻又迅速恢复，这种情况的出现一般是由于测量绝对误差的存在与随机波动性的影响而导致的，计算结果可能会显示发生劣化现象。但从图 7.8 中可以发现：GDD 方法能有效弱化这种波动性，整体结果比较平稳，但传统方法在这种情况下缺乏适应性，导致计算结果波动较大，这就证明了 GDD 计算方法能够在参数轻微波动情况下不失真，有效削弱随机误差对结果的影响，保证后续评价的准确性。

第二组数据中发电机前轴承温度产生劣化趋势，在 $T=7$ 时刻，温度出现劣化现

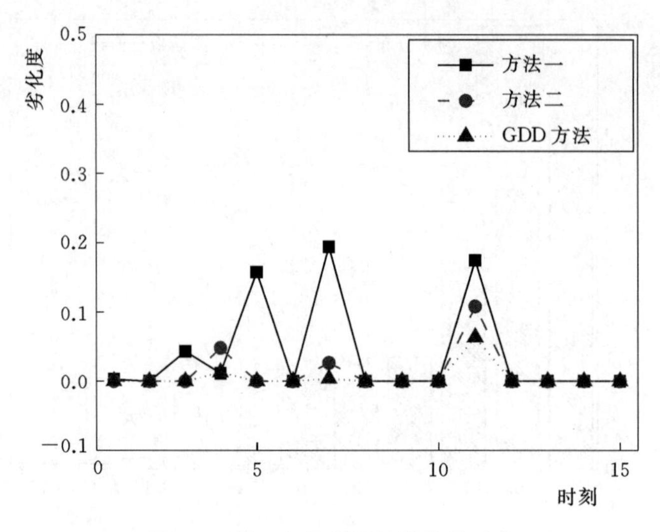

图7.8　第一组数据的计算结果对比

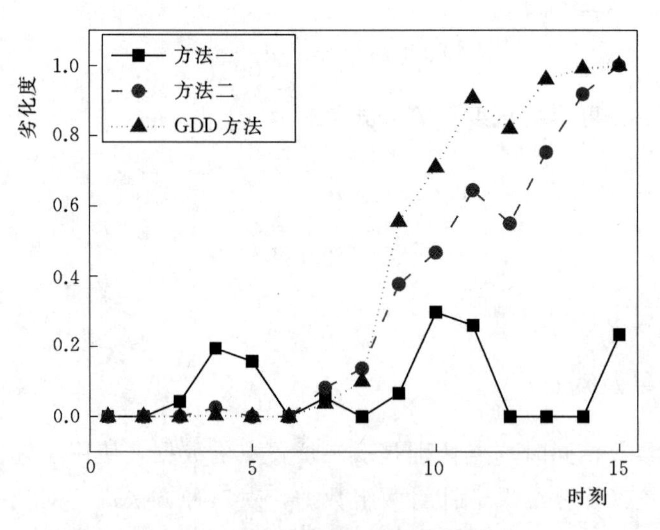

图7.9　第二组数据的计算结果对比

象并随后开始加剧。根据计算结果分析，从 $T=9$ 时刻开始，GDD劣化度开始急剧上升，其对于参数劣化程度加大时反应较为敏感，相比于传统方法能够提前发现并放大参数的劣化问题，便于提前发现问题，并采取应对措施以及后续状态评价过程中问题的突出，以保证评价的全面性。

7.2.4　其他类型指标

GDD方法能够满足中间最优型和越小越优型参数的劣化度计算方法，而对于否决型以及复杂模型参数的劣化度采用的方法有所区别。

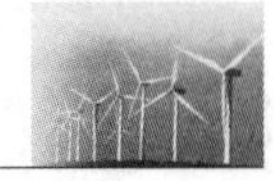

1. 否决型参数

对于转速比、机舱方向、无功功率、功率因数及频率这五种否决型参数，劣化度计算较简单，即参数值位于其允许范围，劣化度为1，否则为0，即

$$d(x)=\begin{cases}0 & x_{\min}\leqslant x\leqslant x_{\max}\\1 & x<x_{\min},x>x_{\max}\end{cases} \tag{7.12}$$

考虑到测量绝对误差的存在，以及相关要求，表7.7给出了这些参数的工作区间。

表7.7　否决型参数工作区间

参数类型	下限 $x_{\min}$	上限 $x_{\max}$
转速比	93	96
机舱方向/(°)	0	360
无功功率/kvar	−100	100
功率因数	0.98	1
频率/Hz	48.5	51.5

其中，无功功率和功率因数可根据风电场内的调度要求进行上下界的修改和校准。

2. 复杂模型参数

复杂模型参数包括桨距角、舱内温度、控制器负荷以及有功功率四种，由于外部环境复杂、调动需求不确定等因素导致其劣化度难以准确计算，一般采用简化计算方法。

其中桨距角以及有功功率虽规律性较强，但有时因受限于功率要求变动频繁，劣化度计算模型较复杂，常根据现场控制需求，应用否决型参数处理方法进行简化计算；舱内温度受风电机组工作强度和外界环境影响较大，其劣化程度难以判断，一般应用传统劣化度计算方法一进行劣化度的简化计算；控制器负荷受机组工作强度以及控制单元变动频繁程度影响，且由于其处于塔筒最下方，受外界环境的影响也较大，其预测模型难以建立，一般应用传统劣化度计算方法一进行劣化度的简化计算。

7.3　隶属度函数与因素权重的确定

风电机组健康状态评价模型较复杂，其中涉及许多个隶属度函数以及因素权值的确定，本节按照7.1.2节中的确定方法举例说明并给出隶属度函数以及因素权值的结果。

7.3.1　隶属度函数

根据7.1.2节的结论，选取图7.10所示的三角形和半梯形组合的函数作为隶属度函数，其待定参数 d_1、d_2、d_3、d_4 主要是根据历史数据研究以及风电场内的维护要求来确定，其中 k 表示评价语集，如健康、较好等。

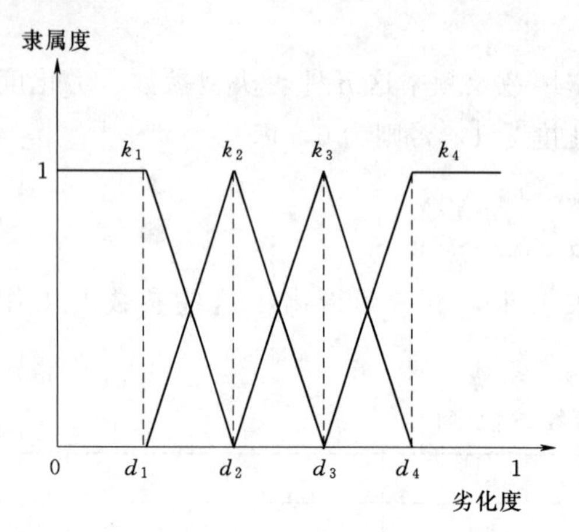

图7.10　隶属度函数参数示意图

以齿轮箱高速轴前轴承温度为例，根据运维方相关要求如下：

(1) 当劣化度位于［0，0.3］区间内时，对其正常运维，无须采取额外措施。

(2) 当劣化度位于（0.3，0.6］区间内时，列入运维注意名单，对其额外进行保养措施，设置关注期直至恢复正常。

(3) 当劣化度位于（0.6，0.8］区间内时，列为故障征兆，对其额外进行保养措施，延长关注期直至恢复正常。

(4) 当劣化度位于（0.8，0.85］区间内时，列为重大故障，风电机组进行停机维护，对部件进行拆卸并进行重大维修。

(5) 当劣化度位于（0.85，1］区间内时，列为完全故障，对风电机组进行停机维护，执行部件更换措施。

参考相关历史数据以及风电场内运维要求，给出待定参数值 $d_1=0.15$、$d_2=0.45$、$d_3=0.75$、$d_4=0.85$，由此计算得到齿轮箱高速轴前轴承温度的隶属度函数为

$$
\begin{aligned}
&\mu_{k_1}=\begin{cases} 1 & d\in[0,0.15] \\ \dfrac{3}{2}-\dfrac{10}{3}d & d\in(0.15,0.45] \\ 0 & d\in(0.45,1] \end{cases} \\
&\mu_{k_2}=\begin{cases} 0 & d\in[0,0.15]\cup[0.75,1] \\ \dfrac{10}{3}d-\dfrac{1}{2} & d\in(0.15,0.45] \\ \dfrac{5}{2}-\dfrac{10}{3}d & d\in(0.45,0.75) \end{cases} \\
&\mu_{k_3}=\begin{cases} 0 & d\in[0,0.45]\cup[0.85,1] \\ \dfrac{10}{3}d-\dfrac{3}{2} & d\in(0.45,0.75] \\ \dfrac{17}{2}-10d & d\in(0.75,0.85) \end{cases} \\
&\mu_{k_4}=\begin{cases} 0 & d\in[0,0.75] \\ 10d-\dfrac{15}{2} & d\in(0.75,0.85] \\ 1 & d\in(0.85,1] \end{cases}
\end{aligned}
\tag{7.13}
$$

式中 μ_{k_1}、μ_{k_2}、μ_{k_3}、μ_{k_4}——齿轮箱高速轴前轴承温度对应于评价语集[健康，较好，异常，故障]中各个元素的隶属度函数。

按照以上方法，得到除否决型之外所有指标的隶属度函数中各待定参数见表7.8。

表 7.8 隶属度函数待定参数表

指　　标	d_1	d_2	d_3	d_4
轮毂温度 $\boldsymbol{S}_{111}$	0.5	0.7	0.9	0.95
桨距角 $\boldsymbol{S}_{112}$	0.4	0.65	0.75	0.85
低速轴转速 $\boldsymbol{S}_{121}$	0.4	0.6	0.8	0.9
低速轴轴承温度 $\boldsymbol{S}_{123}$	0.25	0.5	0.75	0.85
高速轴前轴承温度 $\boldsymbol{S}_{124}$	0.15	0.45	0.75	0.85
高速轴后轴承温度 $\boldsymbol{S}_{125}$	0.15	0.45	0.75	0.85
齿轮箱油温 $\boldsymbol{S}_{126}$	0.1	0.3	0.5	0.7
发电机转速 $\boldsymbol{S}_{131}$	0.4	0.6	0.8	0.9
发电机定子温度 $\boldsymbol{S}_{132}$	0.2	0.45	0.65	0.85
发电机前轴承温度 $\boldsymbol{S}_{133}$	0.15	0.45	0.75	0.85
发电机后轴承温度 $\boldsymbol{S}_{134}$	0.15	0.45	0.75	0.85
舱内温度 $\boldsymbol{S}_{141}$	0.5	0.7	0.8	0.9
机舱 x 向振动 $\boldsymbol{S}_{143}$	0.1	0.5	0.9	0.95
机舱 y 向振动 $\boldsymbol{S}_{144}$	0.1	0.5	0.9	0.95
控制器负荷 $\boldsymbol{S}_{151}$	0.3	0.6	0.7	0.85
变流器温度 $\boldsymbol{S}_{152}$	0.4	0.65	0.75	0.85
有功功率 $\boldsymbol{S}_{211}$	0.4	0.6	0.8	0.9

否决型指标，包括转速比 $\boldsymbol{S}_{122}$、机舱方向 $\boldsymbol{S}_{142}$、无功功率 $\boldsymbol{S}_{221}$、功率因数 $\boldsymbol{S}_{222}$ 及频率 $\boldsymbol{S}_{223}$ 的隶属度函数均相同，即

$$\boldsymbol{R}=\begin{cases}[1 \quad 0 \quad 0 \quad 0] & d=0 \\ [0 \quad 0 \quad 0 \quad 1] & d=1\end{cases} \tag{7.14}$$

7.3.2 因素权重分配

根据7.1.2节的介绍，利用AHP方法进行初步分配权重，再与专家采用的权重进行比较修正得到最终的指标层权重向量，最后根据同类型风电机组的年故障统计数据通过数学分析方法确定项目层权重向量。

以发电机 $\boldsymbol{S}_{13}$ 的指标层权重分配为例，首先采用AHP方法初步分配权重，邀请5位专家根据表7.2的规定对发电机的4个指标进行重要程度判断，建立判断矩阵，即

$$
\boldsymbol{P}_1=\begin{bmatrix} 1 & \frac{1}{3} & \frac{1}{4} & \frac{1}{4} \\ 3 & 1 & \frac{1}{2} & \frac{1}{2} \\ 4 & 2 & 1 & 1 \\ 4 & 2 & 1 & 1 \end{bmatrix}
$$

$$
\boldsymbol{P}_2=\begin{bmatrix} 1 & \frac{1}{2} & \frac{1}{4} & \frac{1}{4} \\ 2 & 1 & \frac{1}{3} & \frac{1}{3} \\ 4 & 3 & 1 & 1 \\ 4 & 3 & 1 & 1 \end{bmatrix}
$$

$$
\boldsymbol{P}_3=\begin{bmatrix} 1 & \frac{1}{2} & \frac{1}{3} & \frac{1}{3} \\ 2 & 1 & \frac{1}{2} & \frac{1}{2} \\ 3 & 2 & 1 & 1 \\ 3 & 2 & 1 & 1 \end{bmatrix}
$$

$$
\boldsymbol{P}_4=\begin{bmatrix} 1 & \frac{1}{2} & \frac{1}{4} & \frac{1}{3} \\ 2 & 1 & \frac{1}{3} & \frac{1}{2} \\ 4 & 3 & 1 & 2 \\ 3 & 2 & \frac{1}{2} & 1 \end{bmatrix}
$$

$$
\boldsymbol{P}_5=\begin{bmatrix} 1 & \frac{1}{3} & \frac{1}{3} & \frac{1}{3} \\ 3 & 1 & 1 & 1 \\ 3 & 1 & 1 & 1 \\ 3 & 1 & 1 & 1 \end{bmatrix} \tag{7.15}
$$

最终得到判断矩阵 $\boldsymbol{P}_{13}$ 为

$$
\boldsymbol{P}_{13}=\begin{bmatrix} 1 & \frac{1}{2.4} & \frac{1}{3.6} & \frac{1}{3.4} \\ 2.4 & 1 & \frac{1}{2.2} & \frac{1}{2} \\ 3.6 & 2.2 & 1 & 1.2 \\ 3.4 & 2 & \frac{1}{1.2} & 1 \end{bmatrix} \tag{7.16}
$$

计算判断矩阵 $\boldsymbol{P}_{13}$ 的最大特征根以及对应的特征向量为

$$\lambda_{\max}=0.4108 \tag{7.17a}$$

$$\boldsymbol{A}=[0.1705 \quad 0.3412 \quad 0.6946 \quad 0.6100]^{\mathrm{T}} \tag{7.17b}$$

根据式（7.6）进行一致性检验得：$CR=0.007<0.1$，通过一致性检验条件，说明分配结果是合理的，将最大特征根对应的特征向量进行归一化后即可得到权重向量为

$$\boldsymbol{W}_{13}=[0.0939 \quad 0.1879 \quad 0.3824 \quad 0.3358] \tag{7.18}$$

最后采用权重对比，进行微调优化，得出最后的发电机 $\boldsymbol{S}_{13}$ 指标权重向量为

$$\boldsymbol{W}_{13}=[0.1281 \quad 0.1765 \quad 0.3710 \quad 0.3244] \tag{7.19}$$

按照以上方法，得到所有指标层的权重向量见表 7.9。

表 7.9 指标层权重向量

项目类型	子项目类型	权 重 向 量
机组性能 $\boldsymbol{S}_1$	风轮 $\boldsymbol{S}_{11}$	[0.3262，0.6738]
	齿轮箱 $\boldsymbol{S}_{12}$	[0.0736，0.2798，0.1161，0.1813，0.1161，0.2331]
	发电机 $\boldsymbol{S}_{13}$	[0.1281，0.1765，0.3710，0.3244]
	机舱 $\boldsymbol{S}_{14}$	[0.1295，0.1507，0.3599，0.3599]
	变流器 $\boldsymbol{S}_{15}$	[0.5605，0.4395]
出力质量 $\boldsymbol{S}_2$	出力环节 $\boldsymbol{S}_{21}$	[1]
	并网环节 $\boldsymbol{S}_{22}$	[0.2021，0.2734，0.5245]

最后，根据同类型风电机组的年故障统计数据，包括故障率及故障排除时间，通过数学分析方法确定目标层及项目层权重向量见表 7.10。

表 7.10 子项目层及项目层权重向量

目标	项目权重	项目类型	权 重 向 量
风电机组运行健康状态 $\boldsymbol{S}$	0.7397	机组性能 $\boldsymbol{S}_1$	[0.1852，0.2315，0.2315，0.1389，0.2129]
	0.2603	出力质量 $\boldsymbol{S}_2$	[0.3729，0.6271]

7.4 风电机组健康状态模糊综合评价

7.4.1 评价方案的选取

为验证提出评价方法的可靠性，选取 1.5MW 风电机组的在线监测数据对其进行评价，相关数据采样时间间隔为 10h，采样点共 10 个。在此组实例数据中，风电机组的发电机前轴承温度出现劣化的趋势，其他相关状态参数基本正常，该实例各时刻的参数监测数据见表 7.11。

表 7.11　各时刻的参数监测数据

参数	T_1	T_2	T_3	T_4	T_5	T_6	T_7	T_8	T_9	T_{10}
S_{111}/℃	6	7	7	7	8	9	10	12	12	12
S_{112}/(°)	4.59	0	0	0	0	0.78	0	0.01	0.02	0
S_{121}/(rad/min)	19.01	18.74	18.69	18.86	17.95	18.45	18.64	18.72	18.76	18.92
S_{122}/(m/s²)	94.12	93.91	94.59	94.51	95.25	94.96	94.66	95.22	94.64	94.48
S_{123}/℃	23.3	36.4	34.9	34.7	20.2	35.8	29.3	36.6	38.1	39.7
S_{124}/℃	58.2	62.6	65.9	64.9	55.1	60.9	63	59.1	59.8	59.8
S_{125}/℃	69.7	74.3	74.9	74.6	66.1	72.8	72.1	70.2	70.5	70.7
S_{126}/℃	48.5	57.2	59.6	58.9	46.7	55.4	55.4	51.2	51.8	51.9
S_{131}/(rad/min)	1789	1760	1768	1782	1710	1752	1765	1782	1775	1787
S_{132}/℃	60.2	62	64.1	61.5	53.1	64.8	60.4	63.8	66	66.6
S_{133}/℃	34.9	44.5	46.5	50.5	46.9	43.3	55.4	34.8	43.9	53.2
S_{134}/℃	41.2	33.2	42	41.7	36.9	36.9	44.3	41.7	41.4	39.4
S_{141}/℃	8.5	8.8	21.6	19.4	21.4	11.4	22.3	16	14.3	14.3
S_{142}/(°)	286	311	262	314	328	292	147	183	277	346
S_{143}/(m/s²)	0	0	0	0.01	0	0	0.01	0	0	0
S_{144}/(m/s²)	0	0	0	0	0	0	0	0.01	0	0
S_{151}/%	35	35	46	46	45	37	53	50	48	44
S_{152}/℃	−2.6	2.1	−6.2	3.7	4.4	4.7	10.4	8.7	3	11.1
S_{211}/kW	1551	1135	871	1348	707	1547	1047	1174	959	1340
S_{221}/kvar	−14.6	−10.4	−13.7	−21.1	−16.6	−29.3	−1.12	−7.12	−5.68	5.14
S_{222}/(m/s²)	1	1	1	1	1	1	1	1	1	1
S_{223}/Hz	50	49.97	49.98	50	50.01	50.01	50	50.01	50.02	50

以 T_8 时刻为例，发电机前轴承的温度值为 34.8℃，按照传统方法单方面判定其温度仍处于较优运行区间范围，但按照 GDD 方法计算其劣化度已达到 0.8196，出现了严重劣化现象，下面将针对 T_8 时刻风电机组的状态根据表中数据计算结果。

基于前文给出的不同参数预测方法，根据表 7.5 进行选取，并应用 7.2 节中的相关劣化度计算方法，可得各参数的劣化度为

$$
\begin{aligned}
\boldsymbol{d}_{11} &= [0 \quad 0.0283] \\
\boldsymbol{d}_{12} &= [0.0246 \quad 0 \quad 0 \quad 0.5278 \quad 0.51 \quad 0] \\
\boldsymbol{d}_{13} &= [0.0244 \quad 0.2238 \quad 0.8196 \quad 0.4239] \\
\boldsymbol{d}_{14} &= [0.0961 \quad 0 \quad 0.1425 \quad 0] \\
\boldsymbol{d}_{15} &= [0.3922 \quad 0.5613] \\
\boldsymbol{d}_{21} &= [0.0245] \\
\boldsymbol{d}_{22} &= [0 \quad 0 \quad 0]
\end{aligned}
\tag{7.20}
$$

根据前文确定的隶属度函数可进一步得到 T_8 时刻子项目的评价隶属函数矩阵为

$$\boldsymbol{R}_{11}=\begin{bmatrix}1 & 0 & 0 & 0\\ 1 & 0 & 0 & 0\end{bmatrix} \tag{7.21}$$

$$\boldsymbol{R}_{12}=\begin{bmatrix}1 & 0 & 0 & 0\\ 1 & 0 & 0 & 0\\ 1 & 0 & 0 & 0\\ 0 & 0.7407 & 0.2593 & 0\\ 0 & 0.8 & 0.2 & 0\\ 1 & 0 & 0 & 0\end{bmatrix} \tag{7.22}$$

$$\boldsymbol{R}_{13}=\begin{bmatrix}1 & 0 & 0 & 0\\ 0.9048 & 0.0952 & 0 & 0\\ 0 & 0 & 0.304 & 0.696\\ 0.087 & 0.913 & 0 & 0\end{bmatrix} \tag{7.23}$$

$$\boldsymbol{R}_{14}=\begin{bmatrix}1 & 0 & 0 & 0\\ 1 & 0 & 0 & 0\\ 0.8937 & 0.1063 & 0 & 0\\ 1 & 0 & 0 & 0\end{bmatrix} \tag{7.24}$$

$$\boldsymbol{R}_{15}=\begin{bmatrix}0.6927 & 0.3073 & 0 & 0\\ 0.3548 & 0.6452 & 0 & 0\end{bmatrix} \tag{7.25}$$

$$\boldsymbol{R}_{21}=[1 \quad 0 \quad 0 \quad 0] \tag{7.26}$$

$$\boldsymbol{R}_{22}=\begin{bmatrix}1 & 0 & 0 & 0\\ 1 & 0 & 0 & 0\\ 1 & 0 & 0 & 0\end{bmatrix} \tag{7.27}$$

根据表 7.9 中的指标层权重向量进行合成可得

$$\boldsymbol{R}_{1}=\begin{bmatrix}1 & 0 & 0 & 0\\ 0.7026 & 0.2272 & 0.0702 & 0\\ 0.3160 & 0.3130 & 0.1128 & 0.2582\\ 0.9617 & 0.0383 & 0 & 0\\ 0.5442 & 0.4558 & 0 & 0\end{bmatrix} \tag{7.28}$$

$$\boldsymbol{R}_{2}=\begin{bmatrix}1 & 0 & 0 & 0\\ 1 & 0 & 0 & 0\end{bmatrix} \tag{7.29}$$

根据表 7.10 中的子项目层权重进行合成可得

$$\boldsymbol{R}=\begin{bmatrix}0.6704 & 0.2274 & 0.0424 & 0.0598\\ 1 & 0 & 0 & 0\end{bmatrix} \tag{7.30}$$

根据表 7.10 中的项目层权重进行合成可得最终 T_8 时刻的机组健康状态隶属度矩阵为

$$\boldsymbol{S}=[0.7562 \quad 0.1682 \quad 0.0314 \quad 0.0442] \tag{7.30}$$

在最终的评价结果 $\boldsymbol{S}$ 表达式中，可以看出隶属度最大的评价语集元素为“健康”，按照传统的隶属度最大原则，可最终得到风电机组在 T_8 时刻的评价结果为“健康”，机组可以保持继续正常运行。但实际情况则是在 T_8 时刻，发电机前轴承已经出现了参数严重劣化现象，需要进行应对性措施，机组继续运行会造成不可预测的后果，因此对计算结果的评价方案的选取也会引起结果的差异性，对机组采取的维护措施也会产生较大影响，最终直接关系到机组的发电能力和使用寿命。

对所有时刻进行相应计算，并对计算结果采取三种不同的评价方案对计算结果进行分析，并进行对比，以期获得最优方案，有助于现场机组维护工作的安排，三种评价方案的具体内容如下：

方案一：按照隶属度最大原则进行评价，根据隶属度矩阵中最大值元素对应的评价语作为评价结果，例如上述 T_8 时刻，矩阵中最大值为 0.7562，其对应的评价语为“健康”，所以该时刻机组状态被评价为“健康”。

方案二：按照否决模式和变权理论进行评价，如果某子项目中的单项指标的劣化度 $d \geqslant 0.9$，可直接给出评价结果为“故障”；否则，依据劣化度的上升提高其对应的权值，有利于突出劣化项，得出最终的评判结果，以此来提高评价结果的精度。

方案三：按照综合评价的最终结果应取“隶属度大于零的最低等级项”的原则，例如上述 T_8 时刻，隶属度矩阵中不为零的最低等级项为“故障”，所以该时刻机组状态被评价为“故障”，这有利于实现机组异常或者故障的提前预警，为现场工作提供反应时间。

三种评价方案，得出的结果见表 7.12。

表 7.12　各时刻的机组健康状态计算结果

时刻	健康状态隶属度矩阵	评价结果		
		方案一	方案二	方案三
1	[0.9445，0.0185，0.0370，0]	健康	健康	异常
2	[1，0，0，0]	健康	健康	健康
3	[1，0，0，0]	健康	健康	健康
4	[1，0，0，0]	健康	健康	健康
5	[0.9609，0.0391，0，0]	健康	健康	注意
6	[0.9167，0.0833，0，0]	健康	健康	注意
7	[0.7507，0.1839，0.0654，0]	健康	健康	异常
8	[0.7562，0.1682，0.0314，0.0442]	健康	健康	故障
9	[0.8259，0.0941，0.0165，0.0635]	健康	故障	故障
10	[0.8399，0.0571，0.0395，0.0635]	健康	故障	故障

三种评价方案对应于10个时刻点的风电机组健康状态综合评价结果如图7.11所示。

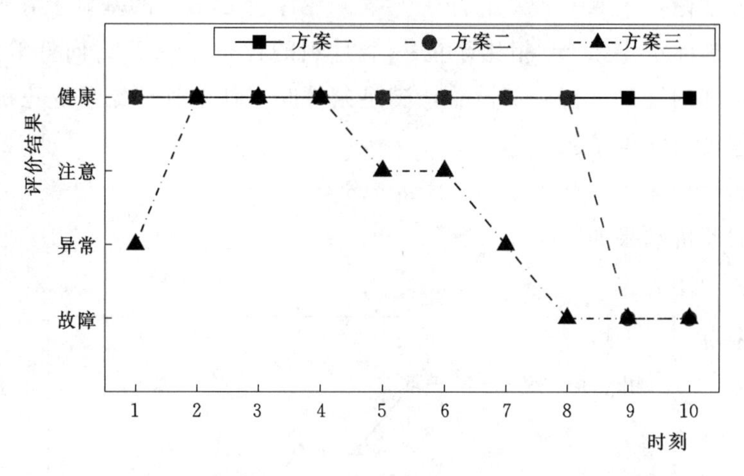

图7.11 三种方案的评价结果对比

从上述结果可以看出：按照方案一的“隶属度最大原则”进行评价，机组的整体评价结果保持在“健康”，这显然不能准确反映机组的实际情况，其主要原因在于机组的大部分参数一直处于正常工作状态，即使当某一项参数，如本例中的发电机前轴承温度出现严重劣化现象时，“健康”的隶属度仍然占有绝对优势，从而掩盖了发电机前轴承温度劣化加剧的事实，若持续运行将造成对机组的严重损害。

按照方案二进行评价，虽然在时刻9以及时刻10整体评价结果显现为“故障”，但这发生的原因是发电机前轴承温度在这两个时刻的劣化度值$d \geqslant 0.9$，跳过了权值综合评判环节，直接判断整体状态为“故障”，也就造成了图7.12中时刻8到时刻9方案二曲线骤降的现象。此时风电机组已经在异常状态下运行了一段时间，可能已经产生了严重故障，这证明方案二在一定程度上可以提升低等级评语对应的隶属度，并改善方案一的弊端，但评价结果的突变不利于现场运维的安排，缺乏对故障发生的主动应对。

按照方案三进行评价，从时刻5开始，机组整体状态评价出现向低等级变动的趋势，当发电机前轴承温度逐渐劣化时，低等级评价语的隶属度也随之开始从零变为正值，整体评价结果的隶属度大于零中的最低等级项也逐渐降低，变化较方案二相对平滑，且能较早地发现机组的故障趋势和问题，可为现场工作人员提供充足的反应时间并采取必要措施进行处理。对运维工作具有重大指导意义。相比前两种方法来说，可以提前有效处理问题，更具合理性。但方案三存在的弊端，即在机组并无任何劣化的前提下，测量偏差导致辨识错误，其中某一参数出现劣化之后又恢复正常，此时取大于零中的最低等级项会致使整体评价结果为低等级项，这在图7.11中时刻1可以看出，发电机后轴承温度测量偏差导致评价结果为“异常”而失准，随后在时刻2恢复为“正常”，对风电机组的评价结果存在波动性导致了这种局部失真现象的产生。

综合以上结论，采取一种新的评价方案：在评价方案三的基础上，增加一个局部检验条件。即当评价结果 S_t 相比于前一个时刻的评价结果 S_{t-1} 向低等级项转变时，观察下一个时刻的结果进行局部检验，满足条件时，认定评价结果是正确的，否则 S_i 继续保持高等级项评价结果，即

$$S_{t+1}-S_t\leqslant 0 \tag{7.31}$$

新方案的评价结果如图7.12所示。

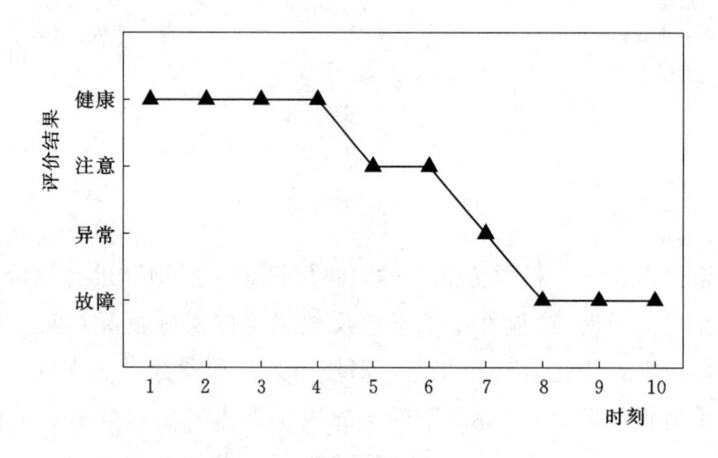

图7.12　新方案的评价结果

从图7.12中可以看出：在时刻1，$S_2-S_1>0$，不满足局部检验条件。因此 S_1 继续保持为高等级项评价结果，即“健康”，新方案在保留方案三的优势前提下，其局部检验条件有效消除了类似时刻1这种局部失真现象。

7.4.2　故障分析定位技术探索

目前风电机组运行状态评价的结果，可用于现场的功率调度指导或者运维方案的安排，如机组出现“异常”或者“故障”的评价结果时，现场工作人员进行相应的保养、维护或更换。实际上，当风电机组的某参数呈现出劣化现象时，其问题会逐层影响反映至最终结果，因此当机组评价结果出现低等级项时自上而下分解数据可以实现对机组故障的分析定位，且只在机组评价出现异常情况时进行此项工作，不需要对机组各参数进行持续性的监测、计算、分析，避免为现场出具过多结果报告，有助于减小计算工作量，节省现场分析时间，提高场内运营效率。

7.4.1节算例中风电机组健康状态计算过程中的过程参数结果，其具体变化情况如图7.13～图7.15所示。

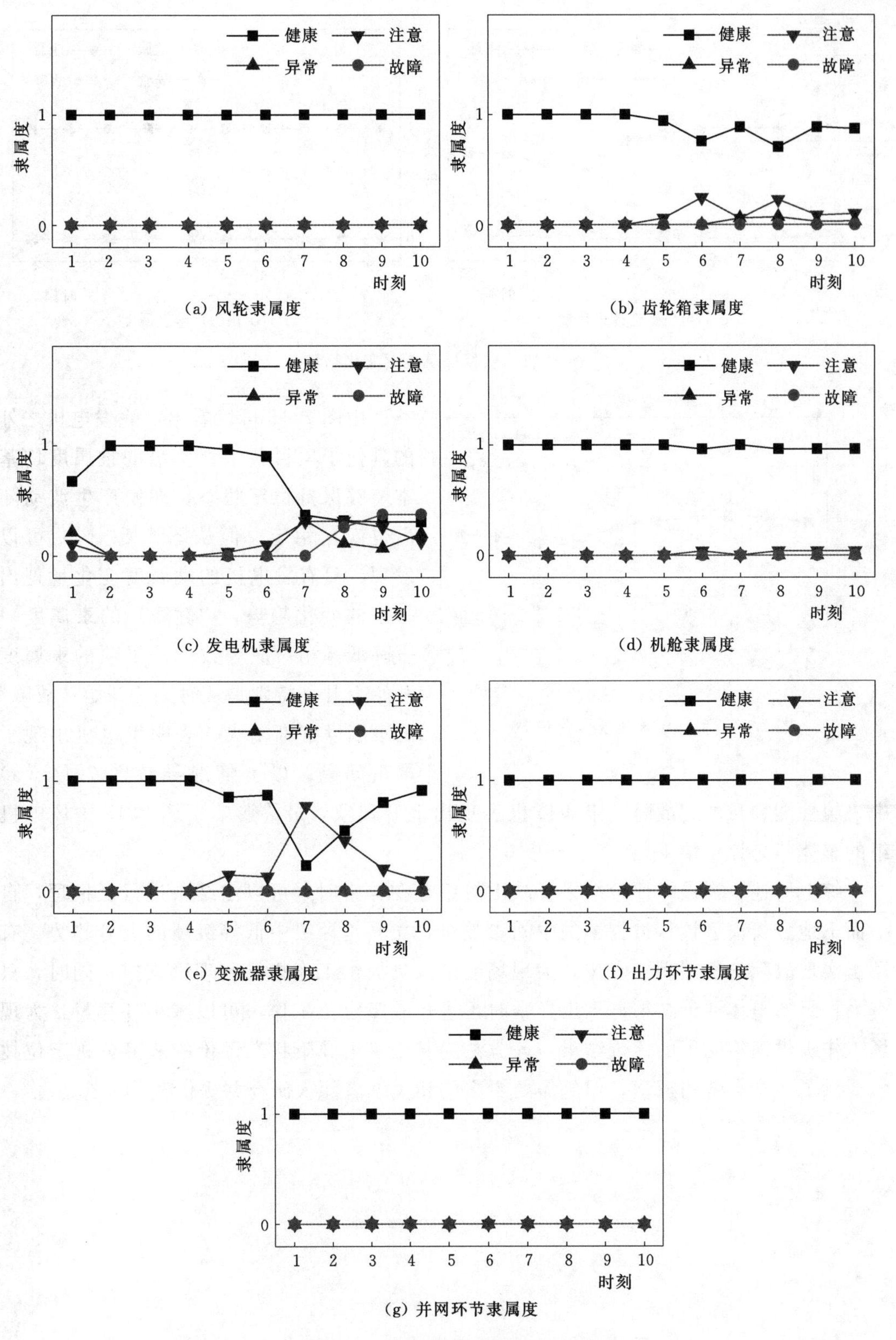

图 7.13　子项目层隶属度变化趋势

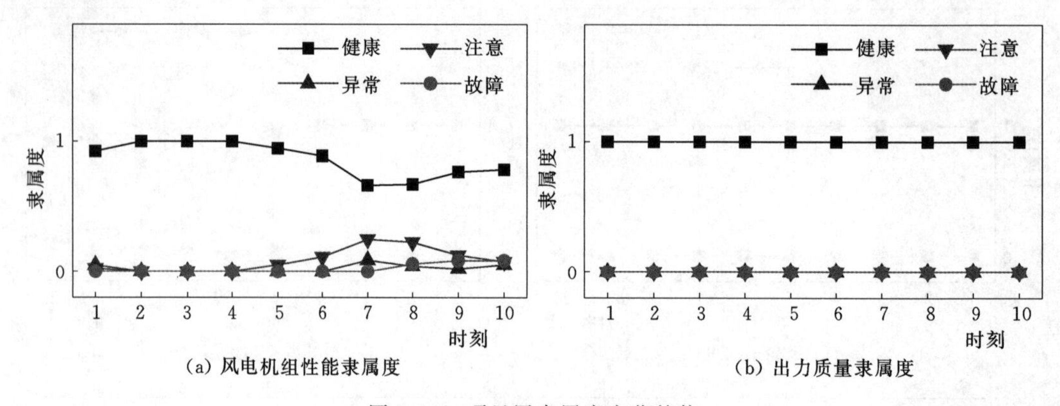

(a) 风电机组性能隶属度　　(b) 出力质量隶属度

图 7.14　项目层隶属度变化趋势

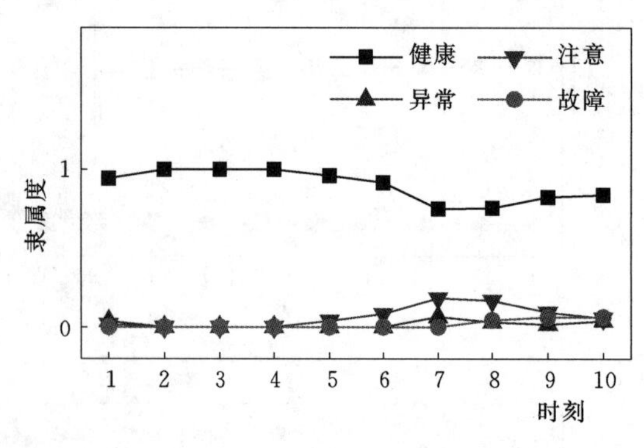

图 7.15　目标层隶属度变化趋势

由图 7.13 可以看出，除发电机之外的其他子项目各个评价语的隶属度均基本能够保持稳定状态，即使产生波动随后也恢复稳定；但从图 7.13（c）可以发现，只有发电机的隶属度变化呈现出一定的变化趋势，“健康”的隶属度一直降低，相对应导致低等级项的隶属度开始上升，特别是从时刻 7 开始“故障”的隶属度逐渐增大，表明发电机出现了严重问题；以上情况导致图 7.14（a）中机组性能项目的“故障”隶属度也表现出上升现象，最终影响了图 7.15 中风电机组的整体状态评价结果。

综上所述，当最终评价结果反映出机组存在异常时，可以由结果进行反推理，自上而下地分析模型计算过程中的中间参数量，尤其是评级中低等级项的上升趋势，有助于实现故障的逐层剥离定位，为现场运维人员提供工作指导和理论支撑；同时，只有当机组的整体评价结果显示出异常时再进行故障定位工作，可以减小计算量，为现场工作提供简洁明了的评价结果。该方法为基于机组健康状态评价的故障分析定位技术提供了一个有效的探索，但仍需要更多的相关学者深入研究并提供实例支撑。

第8章 基于云模型的风电场工程综合后评估

近年来，模糊综合评判在风电机组健康状态评价中应用得越来越多，一般采用定性推理近似指定隶属函数的方法，其隶属函数的确定具有一定的主观性。云模型是以概率和模糊理论为基础，在正态分布和钟型隶属函数的基础上发展起来的新模型。它将精确确定的隶属函数放宽到构造正态隶属度分布的期望函数，拥有比模糊隶属度函数更强的普遍适用性与描述不确定问题的能力。云模型在装备效能评估、交通预测、风险评估等领域得到应用，并展现了强大的发展潜力。

8.1 云模型基本理论

8.1.1 云模型概述

现代评估模型主要有层次分析评估模型、数据包络分析评估模型、人工神经网络模型、灰色综合评估模型、模糊综合评估模型、熵权评估模型、云模型等。其中云模型是一种新的评估模型，它是由我国李德毅院士于1995年结合概率论与模糊数学提出的一种不确定性分析模型，利用期望、熵、超熵三个数字特征充分表达了不确定性概念的随机性和模糊性。该评估模型具有模糊性和随机性，能更好地实现定性与定量的转换。考虑到风电场后评估中存在的模糊性和不确定性特点，研究提出采用云模型作为风电场综合后评估的评估方法。

云模型理论以概率论与统计学为基础，综合了模糊数学的相关研究。作为定性和定量信息转化的工具，实现了确定性与不确定性之间的转换。云模型将概念转化为定量值，从论域空间的角度考虑，云模型可以转化成一系列的离散点，该过程是随机的。因此，每个离散点都是随机的，类似于概率分布函数。因为模糊性是一个随机值，所以它不仅可以通过云滴的数值来体现，也可以通过概率分布函数的形式来体现。许多离散点会聚形成一个云图，与自然界中水滴汇聚成云一样。由此可见，云模型可以将模糊的评估描述转化为精确的数值。定性信息可以采用云图的分布区间和规律来描述。

用期望 E_x、熵 E_n 和超熵 H_e 三个概念来描述云模型理论的数字特征，这三个值

组合成向量，以反映定性事物的特征。

8.1.2　云模型理论

8.1.2.1　云模型定义

设U是一个用数值表示的定量论域，C是U上的定性概念，若定量数值$x \in U$是定性概念C的一次随机实现，x对C的确定度$\mu_x \in [0, 1]$是具有稳定倾向的随机数，则x在论域U的分布称为云。每一个x称为一个云滴，大量的云滴组成云形图。

云的数字特征为期望E_x、熵E_n、超熵H_e。其中，期望E_x是论域的中心值，是对概念的最准确表达，是云形的最高点，离期望E_x越近，说明概念越明确；熵E_n表示定性概念的可认知范围，反映了云滴的离散程度，熵越大代表可被概念接受的云滴的取值范围越大。熵反映了概念的不确定范围，即模糊性。云的“跨度”表达的是熵。超熵H_e是熵E_n的熵，表示熵的不确定性，反映了每个数值隶属这个语言值程度的凝聚性，即云滴的凝聚程度。超熵的数值与云的离散程度、隶属度的随机性、云的厚度成正相关关系。

云模型中最有普适性的模型是正态云模型，它是利用正态分布和正态隶属函数实现的，其期望曲线是一个满足$y=\exp[-(x-E_x)^2/2(E_n)^2]$的正态分布曲线，其中$x$为自变量，$y$为$x$与$y$满足正态分布云数学关系的隶属度。图8.1是期望值为10、熵为2，超熵为0.1的云模型示意图。

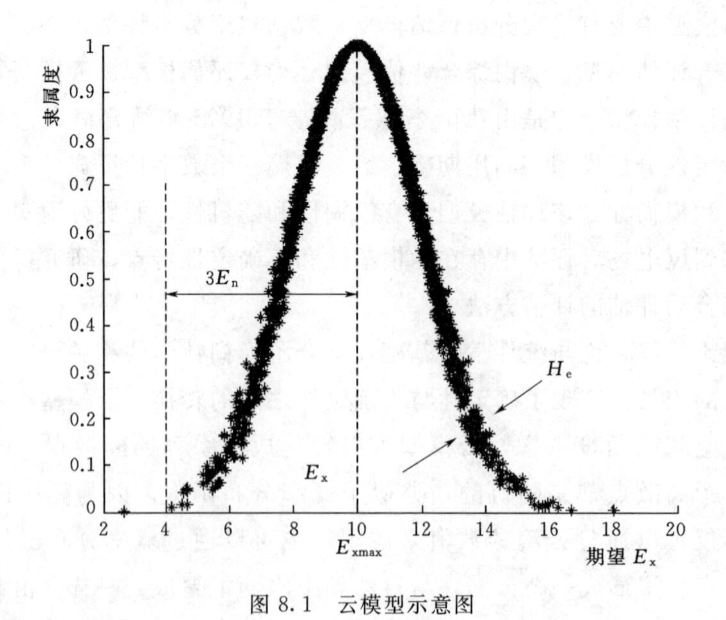

图8.1　云模型示意图

8.1.2.2　云模型发生器

云模型中的云发生器分为正向云发生器、逆向云发生器和条件云发生器。

(1) 正向云发生器（FCG）是从定性概念到定量指标的转变，如图8.2所示。可以看出，它将输入的云的数字特征，输出定量云滴 x_i 与隶属度 μ_i。

FCG是一个正向的过程，输入数字特征 E_x，E_n，H_e，以及所需云滴数 n，输出各云滴的坐标值，并组成一个云图。一维正向云发生器示意如图8.3所示。

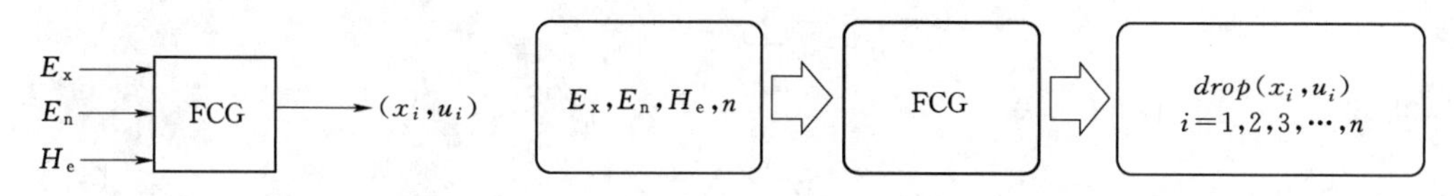

图8.2 正向云发生器　　图8.3 一维正向云发生器示意图

FCG(E_x，E_n，H_e，n）的具体计算步骤如下：

步骤1：生成一个正态随机数 y_i，该值的期望值为 E_n，标准差为 H_e，即

$$f(y_i)=\frac{1}{\sqrt{2\pi}H_e}\exp\left[-\frac{(x-E_n)^2}{2H_e^2}\right] \tag{8.1}$$

步骤2：生成一个正态随机数 x_i，该值的期望值为 E_x，标准差为 y_i，即

$$f(x_i)=\frac{1}{\sqrt{2\pi}y_i}\exp\left[-\frac{(x-E_x)^2}{2y_i^2}\right] \tag{8.2}$$

步骤3：计算正态随机数 x_i 的隶属度 $\mu(x_i)$，即

$$\mu(x_i)=\exp\left[-\frac{(x_i-E_x)^2}{2y_i^2}\right] \tag{8.3}$$

步骤4：组成坐标点［x_i，$\mu(x_i)$］。

步骤5：重复以上步骤，至产生 n 个云滴为止。

(2) 逆向云发生器（BCG）是从定量值到定性概念的转变，如图8.4所示。在进行计算时，输入精确值 x_i 和隶属度 μ_i，输出相应的定性概念 E_x、E_n、H_e。

BCG是FCG的逆过程，输入某种分布的云滴，输出该云图对应的数字特征 E_x，E_n，H_e。一维逆向云发生器示意图如图8.5所示。

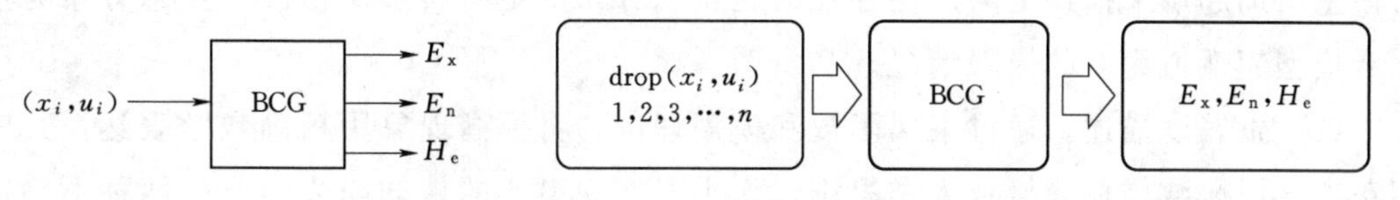

图8.4 逆向云发生器　　图8.5 一维逆向云发生器示意图

BCG(E_x，E_n，H_e，n）的具体计算步骤如下：

步骤1：根据 x_i 计算样本均值 $\overline{X}$ 和样本方差 s^2，即

$$\overline{X}=\frac{1}{n}\sum_{i=1}^{n}x_i \tag{8.4}$$

$$s^2=\frac{1}{n}\sum_{i=1}^{n}(x_i-\overline{X})^2 \tag{8.5}$$

为了让样本方差能更准确地表示总体方差，在实际应用过程中，必须要对样本方差 n 的有偏估计进行修正。修正后的样本方差估计为

$$s^2=\frac{1}{n-1}\sum_{i=1}^{n}(x_i-\overline{X})^2 \tag{8.6}$$

步骤 2：计算期望 E_x 为

$$E_x=\overline{X} \tag{8.7}$$

步骤 3：计算熵 E_n 为

$$E_n=\sqrt{\frac{\pi}{2}}\times\frac{1}{n}\sum_{i=1}^{n}|x_i-E_x| \tag{8.8}$$

步骤 4：计算超熵 H_e 为

$$H_e=\sqrt{s^2-E_n^2} \tag{8.9}$$

(3) 单条件单规则云发生器的实现过程如图 8.6 所示。它通常由 x 云发生器和 y 云发生器构成，也可以视为一种正向云发生器。区别在于，它是通过输入已知的 E_x、E_n、H_e，并给出特定的条件 x 或 y，然后输出隶属度。

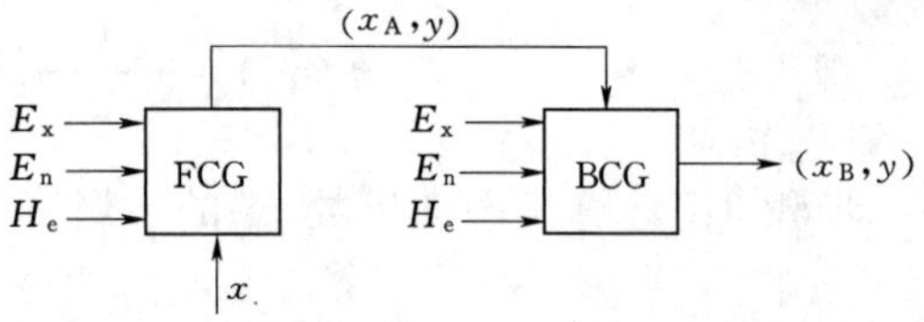

图 8.6　单条件单规则云发生器

8.1.3　云模型的普适性

由于云模型将随机性和模糊性结合，用三个特征数表达具有不确定性的程度，因而更具有普遍适用性，更简单，较好地完成了定性与定量之间的相互转换。具体原因如下：

(1) 正态分布以及正态云模型的普适性。实际的科学和社会现象分布符合或者近似符合正态分布，但是对其产生条件的要求也较高，对事件本身的描述也有所失真，云模型借助超熵来描述更为广泛存在的泛正态分布，更符合实际情况。正态分布为正态云模型超熵值为 0 的极限情况。

(2) 隶属度描述。通过隶属函数和模糊理论，将模糊现象用精确数学表达，其中用正态隶属函数描述最接近人类思维。人类对客观事实的认知与表达产生两种不确定性：模糊性，即边界的模糊性；随机性，每一次不同的意识主体的产生的意识的概率是随机的。云模型充分考虑两者，既有将自然语言中的定性概念用数值表达，也有可能将精确数值的定量转换为定性的概念。

云模型因为其较好地将定性与定量结合，同时考虑随机性与模糊性的特点，已经在以下方面获得了应用：

（1）预测。相比于数据分析法、机器学习法和BP神经网络法等精确预测方法，基于云模型的预测法可考虑到事件的模糊性和随机性，其结果更加符合实际。

（2）算法改进。例如在神经网络学习中，BP算法存在局部极值和学习速度恒定等不足。将云模型引入神经网络学习，帮助算法实现定性与定量的转换，达到算法优化。

（3）知识表示。知识表示是指把知识要素与知识在知识对象中关联，便于人的识别和理解。在人工智能领域，机器语言借助知识表示达到人机交流，如何将不确定，模糊的自然语言表达为定性概念转换为计算机可以分析的定量数值，以及保证人机双向交流时概念的内涵与外延不转移，是云模型在该领域的运用方向。

（4）综合评估。目前很多对定性概念的评估方法有主观性、随机性，缺少科学客观的评估，使评估结果偏离实际，导致对具体事物的认知产生偏差。云模型实现定性与定量之间的转换，并充分考虑评估过程中的主观性、模糊性，可以使评估更客观、真实。

8.2 风电场综合后评估云模型评估方法

8.2.1 基于云模型的风电场综合后评估模型介绍

风电场综合后评估云模型的评估步骤如图8.7所示。针对风电场的综合后评估，是建立在各项评估指标得分已知的情况下。根据评语集，通过正向云生成器生成标准云；根据各项指标得分，通过逆向云生成器生成指标的综合云。将两者进行相似度比较，最终确定后评估等级。风电场综合后评估云模型的具体实现过程如图8.8所示。

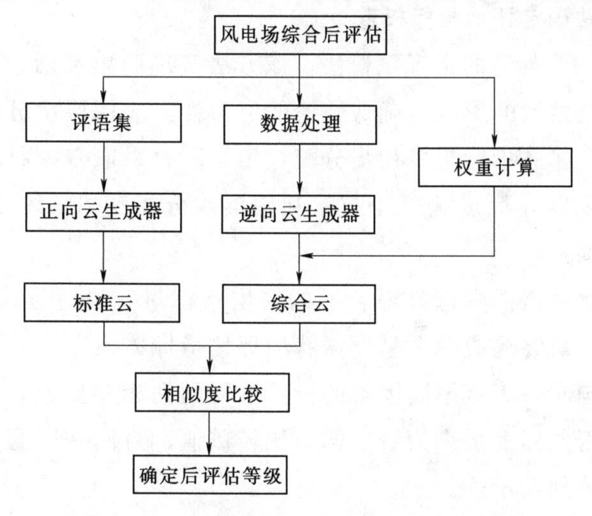

图8.7　风电场综合后评估云模型评估步骤

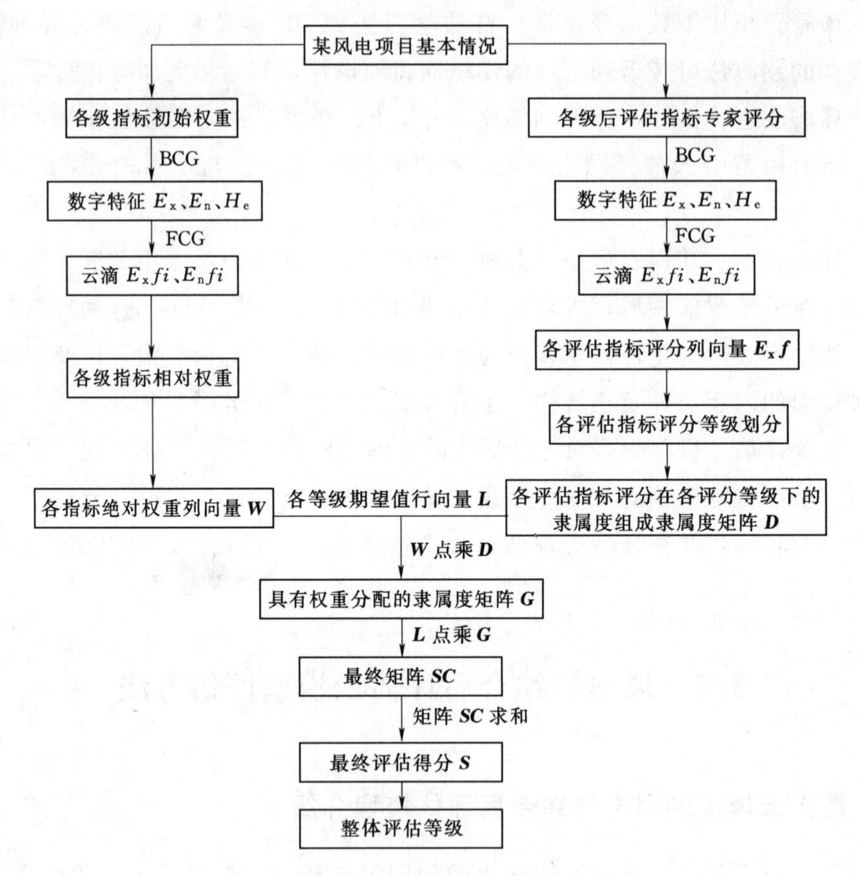

图 8.8　风电场后评估云模型实现流程图

8.2.2　基于云模型的风电场综合后评估模型步骤

8.2.2.1　层次分析法确定评估指标权重

层次分析法是一种典型的主观赋权法，该方法实现简单灵活。应用判断矩阵，可以避免在评估中主观因素的影响，确保结论的可靠性。应用层次分析法梳理影响评估目标的指标和因素，建立指标集并初步分配权重，同时采取专家打分法对权重进一步修正，专家打分时采取九标度法赋予权。利用层次分析法求系统各个指标量的权重值，主要有以下步骤：

(1) 在构建的评估指标中选择最合适的底层指标量，通过逐层内部的关联关系，逐一进行分层排列，最终构成一个呈倒树状的评估指标体系。

(2) 分别对影响同一等级不同因素的指标进行两两相互比较，根据指标对上层因素的重要程度，利用九标度法来为每次两两比较赋值，将同一因素的赋值构成一个集合，即得出该因素的判断矩阵。

(3) 逐一检验各个判断矩阵是否满足一致性要求，若矩阵一致性不能满足要求，

则重复步骤 2。

(4) 求出该判断矩阵的最大特征值及所对应的特征向量，根据特征向量，来进行指标重要性排序。

(5) 根据所有的特征向量排序，最终得出各指标层对目标的总排序。

采用 1～9 标度法（1～9 分别表示各个指标之间的相对重要程度）进行重要程度的分层分析，判断矩阵标度见表 8.1。决策人在根据历史经验对比两项指标重要性时，容易得出以下几种可能情况：指标 1 和指标 2 同样关键、指标 1 较指标 2 略微关键、指标 1 较指标 2 较为关键、指标 1 较指标 2 非常关键、指标 1 较指标 2 绝对关键，可以分别用数字 1、3、5、7 和 9 来对应表示以上五种相互比较的结果，其中 2、4、6 和 8 分别对应表示以上相邻结果的中间值。相反，指标 2 对指标 1 的重要程度，利用倒数表示即可。通过该方法将决策者的主观判断转换为一定定量值。用 1～9 标度法对各个指标进行权重赋值时，为避免产生较大的决策干扰，并考虑到决策者的可操作性，用层次分析法构造多重指标评估体系时应注意优化评估指标，保证同层下级指标个数不超过 9 个。

表 8.1　判断矩阵标度

标度	含　义
1	两两比较，重要性相同
3	两两比较，前者比较重要
5	两两比较，前者非常重要
7	两两比较，前者重要性更高
9	两两比较，前者重要性极高
2、4、6、8	表示前面相邻判断的中间数值
倒数	假设要素 i 与要素 j 的重要性比值为 a_{ij}，那么要素 j 与要素 i 重要性比值为 $a_{ji}=1/a_{ij}$

利用 9 标度法为所有指标赋予标度，将影响同一因素的所有指标标度集合有序排列，即为判断矩阵 $\boldsymbol{R}$。计算判断矩阵的最大特征值以及对应特征向量，以特征向量表示指标重要性程度，从而逐层向上推导出最底层对目标的重要性。为保证各层级之间的原始判断矩阵具有良好的一致性，采取平均一致性指标检验所有判断矩阵的好坏。

根据风电场后评估特点，选用层次分析法进行权重的确定，操作如下：

(1) 层次结构的建立。构建评估指标体系，确立一级指标及二级指标两个层次的内容。

(2) 构建各层次的判断矩阵。构建判断矩阵计算相对重要程度，构造见表 8.2 所示的判断矩阵。

通过求和法、特征向量法或方根法求得判断矩阵最大特征值 $\lambda_{\max}$ 及特征向量。以方根法为例。

表 8.2　判断矩阵例表

$\boldsymbol{B}_1$	$\boldsymbol{C}_1$	$\boldsymbol{C}_2$	…	$\boldsymbol{C}_n$
$\boldsymbol{C}_1$	a_{11}	a_{12}	…	a_{1n}
$\boldsymbol{C}_2$	a_{21}	a_{22}	…	a_{2n}
⋮	⋮	⋮	⋮	⋮
$\boldsymbol{C}_n$	a_{n1}	a_{n2}	…	a_{nn}

指标权重向量$\boldsymbol{W}=(W_1,W_2,\cdots,W_n)^{\mathrm{T}}$，其中

$$W_i=\frac{(\prod a_{ij})^{\frac{1}{n}}}{\sum_{i=1}^{n}(\prod^{n} a_{ij})^{\frac{1}{n}}},i=1,2,\cdots,n \tag{8.10}$$

(3) 一致性检验。对判断矩阵 $\boldsymbol{A}$，计算满足的特征根与特征向量，即

$$\boldsymbol{AW}=\lambda_{\max} \tag{8.11}$$

$\boldsymbol{A}$ 的最大特征根、特征向量分别为 $\lambda_{\max}$，$\boldsymbol{W}$。

同时为了验证指标权重的判断结果，需进行一致性检验。模型为

$$CI=\frac{\lambda_{\max}-n}{n-1} \tag{8.12}$$

$$CR=\frac{CI}{RI} \tag{8.13}$$

式中　CI——一致性指标；

RI——随机一致性指标，见表 8.3。

CI 值越小（越接近于0）表明判断矩阵的一致性越好。在进行计算时，需满足 $CR<0.10$。

表 8.3　与 n 阶矩阵对应的 RI 值

n	1	2	3	4	5	6	7	8	9
RI	0.00	0.00	0.58	0.90	1.12	1.24	1.32	1.41	1.45

8.2.2.2　确定评估标准云

根据现有工程经验，建立风电场后评估等级与标准，具体分为“极好”“较好”“一般”“较差”“极差”五个评估等级。

根据评分标准，利用反向云模型计算各评语对应的云模型数字特征。根据各个评语对应的标准数字特征，利用正向云生成相应的标准云。第 v 个评语等级对应的评分标准为 $[x_v^{\min},\ x_v^{\max}]$，相应的标准云的数字特征值为（$E_{x_v}$，$E_{n_v}$，$H_{e_v}$），其计算表达式为

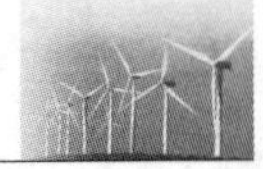

$$\left.\begin{aligned}E_{x_v}&=\frac{x_v^{\max}+x_v^{\min}}{2}\\E_{n_v}&=\frac{x_v^{\max}-x_v^{\min}}{6}\\H_{e_v}&=k\end{aligned}\right\}\tag{8.14}$$

式中　k——常数，根据实际工程进行调整，取值 $k=0.5$。

风电工程项目后评估推荐等级划分标准见表 8.4。

表 8.4　风电场综合后评估标准表

评语	评分标准	实际意义
极好	100～90	经济效益特别显著，有示范作用，应当继续鼓励扶持
较好	90～75	经济效益显著，对企业发展能产生有利影响
一般	75～60	有一定的经济效益，但是还有改进的空间
较差	60～40	经济效益不显著，可能还会对企业有负面作用
极差	40～0	经济效益差，负面影响大，需要整改

8.2.2.3　确定评估指标云和综合云

通过对各指标进行综合打分，从而得到指标评估矩阵 $\mathbf{Z}$。若 m 为评判次序，n 个评估指标，其中 z_{ij} 表示对第 j 个指标的第 i 次评估结果。$i=1,2,3,\cdots,m$；$j=1,2,3,\cdots,n$。指标评估矩阵为

$$\mathbf{Z}=\begin{bmatrix}z_{11}&z_{12}&\cdots&z_{1n}\\z_{21}&z_{22}&\cdots&z_{2n}\\\vdots&\vdots&\vdots&\vdots\\z_{m1}&z_{m2}&\cdots&z_{mn}\end{bmatrix}\tag{8.15}$$

利用反向云发生器计算第 j 个指标评估云 $C_j(E_{x_j},E_{n_j},H_{e_j})$，$j=1,2,3,\cdots,n$。

$$\left\{\begin{aligned}E_{x_j}&=\frac{1}{m}\sum\nolimits_{i=1}^{m}z_{ij}\\E_{n_j}&=\sqrt{\frac{\pi}{2}}\times\frac{1}{m}\sum\nolimits_{i=1}^{m}|z_{ij}-Ex_j|\\H_{e_j}&=\sqrt{|S_j^2-En_j^2|}\end{aligned}\right.\tag{8.16}$$

将综合评估权重 W_j 代入 C_j，得到风电场综合后评估评估云 $C(E_x,E_n,H_e)$，即

$$\left\{\begin{aligned}E_x&=\sum\nolimits_{j=1}^{n}(E_{x_j}W_j)\\E_n&=\sqrt{\sum\nolimits_{j=1}^{n}(E_{n_j}^2W_j)}\\H_e&=\sum\nolimits_{j=1}^{n}(H_{e_j}W_j)\end{aligned}\right.\tag{8.17}$$

根据上述参数得到风电场的综合评估云图，将其与风电场的指标评估标准云进行

比较，从而确定风电场后评估的最终等级。

风电场综合评估云模型使用云的三个参数（E_x，E_n，H_e）来表示，并用概率论的形式来描述，分别表示综合评估结果的期望值、方差及方差的方差。H_e 是方差 E_n 的不确定度量，体现了综合评估结果不确定度的凝聚性，间接反映了结果的分散程度。H_e 越大，影响最终评估结果的因素的累积不确定度越大，最终评估结果的不确定度越高。

8.3　风电场综合后评估实证研究

8.3.1　确定指标集

风电场综合后评估作为最终的评估对象，用 U 来表示，建立相应的一级指标因素集和二级指标因素集：将一级指标风电场过程后评估、所在地风况及微观选址后评估、主要部件运行状态及质量后评估、效益后评估、风电项目影响及持续性后评估作为第一层，二级指标作为最底层，其指标集见表 8.5。

表 8.5　风电场综合后评估指标集

目　标　层	一　级　指　标	二　级　指　标
风电场综合后评估	项目过程后评估 A1	前期工作后评估 B1
		实施阶段后评估 B2
		项目投资后评估 B3
		生产运营阶段后评估 B4
	所在地风况及微观选址后评估 A2	风况后评估 B5
		机位变动 B6
		上网电量情况 B7
		功率曲线 B8
	主要部件运行状态及质量后评价 A3	机组容量系数 B9
		风电机组可利用率 B10
		齿轮箱油温 B11
		振动情况 B12
		三相不平衡 B13
	项目效益后评估 A4	财务内部收益率 B14
		财务净现值 B15
		投资回收期 B16
	项目影响及持续性后评估 A5	影响后评估 B17
		持续性后评估 B18

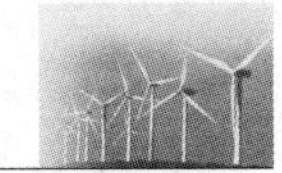

8.3.2　确定指标权重

选择层次分析法来确定风电场综合后评估的指标权重。得到表8.6～表8.11。

表8.6　U-A判断矩阵及权重和一致性检验结果

U	A1	A2	A3	A4	A5	W_i	CR
A1	1	1/8	1/5	1/7	1	0.0425	
A2	8	1	3	3	7	0.4680	
A3	5	1/3	1	1/3	5	0.1610	0.0461
A4	7	1/3	3	1	7	0.2859	
A5	1	1/8	1/5	1/7	1	0.0425	

表8.7　A1-B判断矩阵及权重和一致性检验结果

A1	B1	B2	B3	B4	W_i	CR
B1	1	2	2	1/3	0.2259	
B2	1/2	1	1	1/3	0.1328	0.0177
B3	1/2	1	1	1/4	0.1264	
B4	3	3	4	1	0.5149	

表8.8　A2-B判断矩阵及权重和一致性检验结果

A2	B5	B6	B7	B8	W_i	CR
B5	1	3	1	2	0.3461	
B6	1/3	1	1/4	1/5	0.0781	0.0471
B7	1	4	1	1	0.3049	
B8	1/2	5	1	1	0.2709	

表8.9　A3-B判断矩阵及权重和一致性检验结果

A3	B9	B10	B11	B12	B13	W_i	CR
B9	1	1/2	1/3	1/3	1	0.1024	
B10	2	1	1/2	1/2	1	0.1589	
B11	3	2	1	1	2	0.3001	0.0088
B12	3	2	1	1	2	0.3001	
B13	1	1	1/2	1/2	1	0.1384	

表8.10　A4-B判断矩阵及权重和一致性检验结果

A4	B14	B15	B16	W_i	CR
B14	1	1	1/2	0.2564	
B15	1	1	1	0.3203	0.0318
B16	2	1	1	0.4233	

表 8.11　A5-B 判断矩阵及权重和一致性检验结果

A5	B17	B18	W_i	CR
B17	1	1/2	0.3333	0
B18	2	1	0.6667	

将上述计算结果进行归一化处理，得到各指标的权重见表 8.12。

表 8.12　层次分析法确定的风电场后评估指标权重统计表

目标层	一级指标	权重	二级指标	权重	归一化权重 W_j
风电场综合后评估	项目过程后评估 A1	0.0425	前期工作后评估 B1	0.2259	0.0096
			实施阶段后评估 B2	0.1328	0.0056
			项目投资后评估 B3	0.1264	0.0054
			生产运营阶段后评估 B4	0.5149	0.0219
	所在地风况及微观选址后评估 A2	0.468	风况后评估 B5	0.3461	0.162
			机位变动 B6	0.0781	0.0366
			上网电量情况 B7	0.3049	0.1427
			功率曲线 B8	0.2709	0.1268
	主要部件运行状态及质量后评价 A3	0.161	风电机组容量系数 B9	0.1024	0.0165
			风电机组可利用率 B10	0.1589	0.0256
			齿轮箱油温 B11	0.3001	0.0483
			振动情况 B12	0.3001	0.0483
			三相不平衡 B13	0.1384	0.0223
	项目效益后评估 A4	0.2859	财务内部收益率 B14	0.2564	0.0733
			财务净现值 B15	0.3203	0.0916
			投资回收期 B16	0.4233	0.121
	项目影响及持续性后评估 A5	0.0425	影响后评估 B17	0.3333	0.0142
			持续性后评估 B18	0.6667	0.0283

8.3.3　确定评语集并计算评估标准云

根据表 8.13 所确定的评估标准表，利用式（8.14）～式（8.16）计算得到评估的云模型特征参数。

表 8.13　评估标准等级划分对应云模型

评语	评分标准/分	云模型特征参数
极好	100～90	(95，1.7，0.5)
较好	90～75	(82.5，2.5，0.5)
一般	75～60	(67.5，2.5，0.5)

续表

评语	评分标准/分	云模型特征参数
较差	60～40	(50, 3.3, 0.5)
极差	40～0	(20, 6.7, 0.5)

根据云模型特征参数生成各评估等级相对应的标准云图如图 8.9 所示。

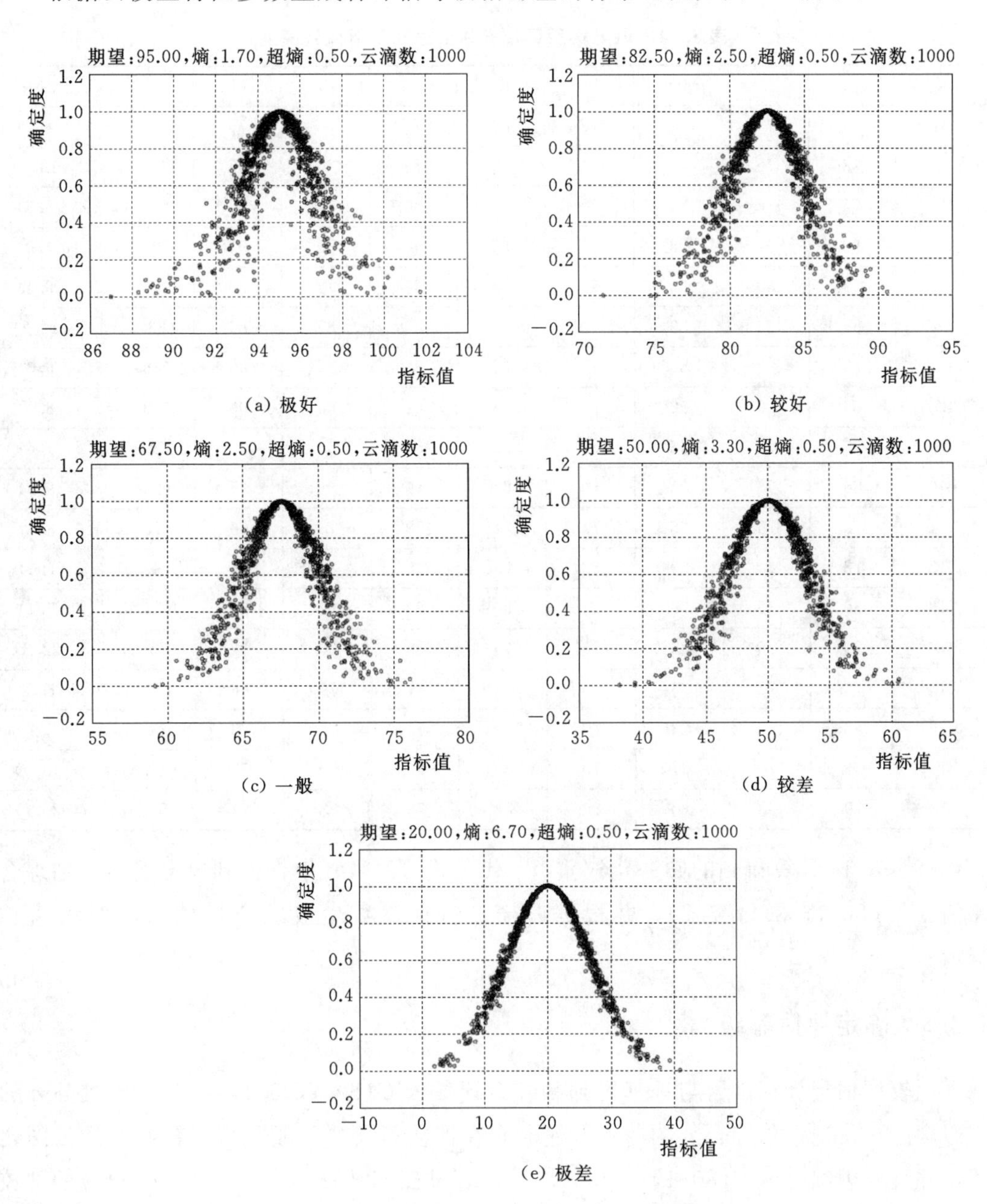

图 8.9 风电场综合评估等级标准云图

8.3.4　计算评估指标云和综合云

在进行风电场后评估时，应对各项指标判断打分，满分为100分，各指标等级划分见表8.4。根据打分构建评估矩阵，通过反向云发生器计算得到各级指标的数字特征，结合上述计算得到的指标权重，得到最终评估云，见表8.14。

表8.14　风电场后评估评估汇总及各指标云模型

指标	P1	P2	P3	P4	P5	P6	P7	P8	C_j
B1	75	78	73	78	80	76	70	75	(75.6，3.0，8.2)
B2	78	76	80	84	85	78	76	85	(80.3，4.2，12.5)
B3	75	76	85	82	78	80	77	82	(79.4，3.6，9.8)
B4	88	90	95	92	92	90	89	93	(91.1，2.3，4.0)
B5	75	80	72	76	75	78	78	80	(76.8，2.8，6.1)
B6	88	83	80	89	80	86	85	80	(83.9，3.9，11.2)
B7	90	92	86	85	92	86	87	90	(88.5，3.1，6.3)
B8	86	90	92	90	88	82	86	90	(88.0，3.1，8.4)
B9	89	90	88	89	92	89	88	92	(89.6，1.6，1.6)
B10	80	88	85	80	82	80	88	85	(83.5，3.8，9.8)
B11	72	75	68	74	72	78	76	76	(73.9，3.0，8.1)
B12	78	84	80	82	78	85	82	76	(80.6，3.3，8.1)
B13	80	85	78	85	80	83	82	80	(81.6，2.7，5.1)
B14	72	75	83	76	75	84	70	72	(75.9，4.8，22.3)
B15	70	72	73	75	78	72	70	68	(72.3，2.9，8.2)
B16	68	70	73	70	69	71	70	73	(70.5，1.7，2.1)
B17	66	76	77	70	69	80	70	73	(72.6，4.9，18.9)
B18	79	88	80	80	82	77	88	74	(81.0，4.7，20.7)

将表8.14计算得到的归一化权重W_j代入式（8.17）中，得到风电场后评估综合评估云C(80.1，3.1，7.7)，并根据云模型特征参数生成综合评估云，如图8.10所示。

8.3.5　确定评估等级

比较评估指标标准云与计算得到的综合评估云C(80.1，3.1，7.7)。比较各云的相似度后，发现评估综合云的散点普遍分布在评估等级“一般”与“较好”的云图之间，并且发现综合云C(80.1，3.1，7.7）与标准云$C2$(82.5，2.5，0.5）对应的“较好”等级最为相似。所以，可以得到的结论为：某风电场综合评估等级结果为“较好”。将其与工程实际情况进行对比，结果一致，说明该模型具有较强的实用性。

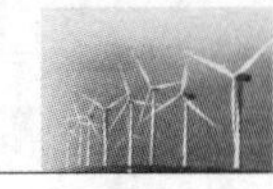

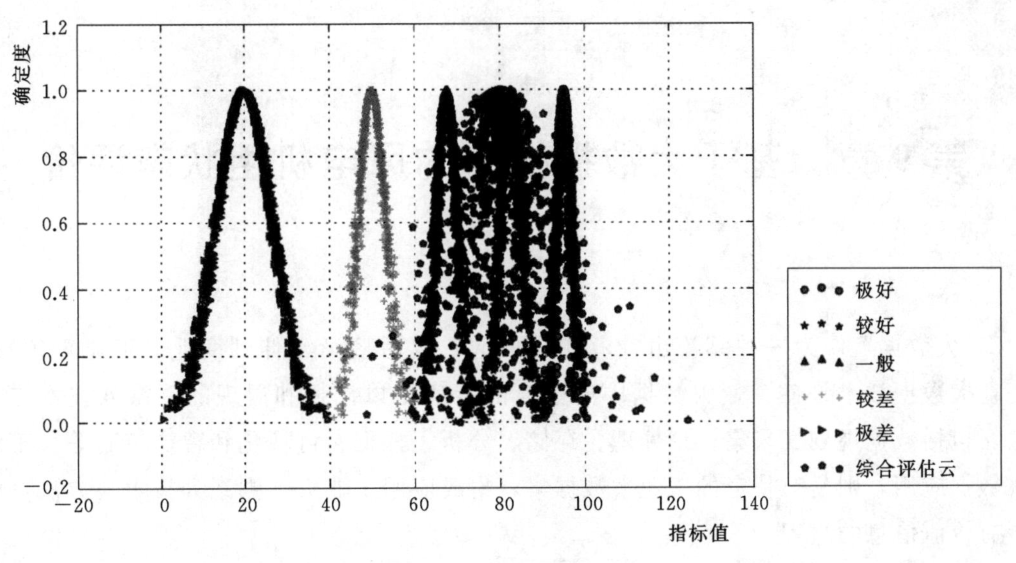
确定度
1.2
1.0
0.8
0.6
0.4
0.2
0.0
−0.2
−20
0
20
40
60
80
100
120
140
指标值
极好
较好
一般
较差
极差
综合评估云

图 8.10 综合评估云

第9章　基于大数据技术的风电机组状态评价

"大数据"作为一种潮流由计算领域发起，之后逐渐延伸到商业、工业等领域。工业大数据技术是使工业大数据中所蕴含的价值得以挖掘和展现的一系列技术与方法，包括数据规划、采集、预处理、存储、分析、挖掘、可视化和智能控制等。工业大数据应用，则是对特定的工业大数据集，集成应用工业大数据系列技术与方法，获得有价值信息的过程。

在风电工程项目的运营过程中，往往伴随着海量的数据累积，基于传统的数据思维模型和数学模型的数据分析已难以适应大数据时代的数据处理需求。大数据分析可以从前所未有的大规模数据中发现隐藏的模式、未知的相关性和其他重要的关系，其依赖的理论和方法主要包括传统的统计学、机器学习、数据挖掘，以及近年来发展的深度学习方法。大数据技术的引入，可以为风电工程项目带来额外的价值。

9.1　大数据与云计算

9.1.1　大数据与数据挖掘

9.1.1.1　大数据概述

大数据从表面上看是指数据规模庞大、数据类型众多的数据集。但是到目前为止，我们可以从不同的角度对大数据进行不同的理解。百度百科认为大数据是指需要新处理模式才能具有更强的决策力、洞察发现力和流程优化能力的海量、高增长率和多样化的信息资产。目前对大数据概念比较有代表性的是 Grobelnik M. 提出的 3V 特性，具体如下：

（1）规模性（volume）。这是大数据最直接的特征体现，在互联网行业，每天都会产生海量的数据，数据量达 TB 甚至 PB 级。比如对于电力系统来说，电力数据中心目前日均新增数据记录 5000 万余条，如果再将区域性间歇性能源的基础调控数据不断的接入电力系统，同时考虑企业资源技术、调度自动化、状态监测、空间地理、气象等系统的数据，那么数据的规模将会更加庞大。

（2）多样性（variety）。除了传统关系型数据库中的结构化数据以外，大数据的

多样性还包括一些半结构化或无结构化的数据。对于间歇性能源的能量管理来说，除了有大量的关系型数据外，还包括日志文件、图像视频文件、气象数据等数据，数据来自多种数据源，数据的种类和结构呈现多样性的特点。

(3) 高速性 (velocity)。大数据每时每刻都将产生大量的数据，对于间歇性能源的能量管理来说，由于调控算法的要求使系统数据分辨率提高，数据量的膨胀速度也会加快，处理速度将直接影响到调控策略的执行。

除了大数据的3V特性外，也有关于大数据的第4V特性说法，即增加大数据的价值型 (value)。随着企业积累得越来越多的数据，如何采用适当的方法，去挖掘大数据中蕴含的价值，给企业提出了很大的挑战。

9.1.1.2 数据挖掘方法

数据被定义为被记录下的事实，信息则是隐藏在记录事实的数据后的一系列模式和预期，数据挖掘则为采用数据分析方法提取出数据中有价值的信息。在这个信息化智能化的时代，数据的存储形式已由原先的"文字"转变为代码，如在超市数据库中每一条代码都代表着一位顾客的交易记录。随着数据库的膨胀，仅仅依靠机器承担数据搜索工作的效率变得很低。此时，数据挖掘技术成为开启数据宝藏的一把钥匙。数据挖掘知识从功能上和不同的应用角度可分为描述型知识、关联知识、聚类知识和分类知识、预测型知识四大类型。

(1) 描述型知识。它是对类别特征的概括，根据数据的微观特性发现其表征的、带有普遍性的、较高层次概念的、中观和宏观的知识，反映同类事物共同性质，是对数据的概括、精炼和抽象，描述型知识的发现方法和实现技术有很多，如数据立方体，面向属性的归约，基于概念的聚类等。

(2) 关联知识。它是描述数据库中字段与记录值间的相关性，若存在两个或多个变量，它们的取值之间存在一定规律性，就称为它们是关联的；关联知识分为简单关联知识、时序关联知识。简单关联知识揭示的是数据库中的项集之间的有趣联系，知识的实现技术是关联分析，主要是寻找频繁集及在频繁集的基础上生成强关联规则。一般要由外界输入两个因子：支持度阈值和置信度阈值。时序关联知识是事物之间在时间上的相关性，它的基础是时序数据库，是数据库中的值或事件与时间变化有关的。主要的实现技术是趋势分析、相似性搜索等。

(3) 聚类知识和分类知识。把整个数据库分成不同的类，同类之间的数据则尽量相似，而类与类之间差别相对明显。聚类通常需要一定形式的标准函数，如距离函数、相关性函数等，满足给定阈值的就形成同一类。类的形成是一个反复迭代的过程，如 k-means 算法等，聚类知识只是对已有的数据进行归纳整理，把知识的粒度增大。分类主要体现类与类之间的显著区别的特征，所有的操作都是基于同一个样本空间，常用的分类算法有决策树、分类统计、神经网络、粗糙集、SVM 算法等。

（4）预测型知识。为了预测、预报而产生的，回归分析是预测知识的实现手段之一，回归分析中最常见的是线性回归、多元线性回归、最小二乘法回归、非线性回归等，还有一类预测知识与时间维有关，其实现手段是时间序列分析，时间序列知识也可以认为是以时间为关键属性的关联知识。

随着数据挖掘在各行各业的广泛应用，数据挖掘技术得到飞速发展，不同的应用领域分别出现或采用了不同数据挖掘方法。

9.1.2　云计算概述

对于云计算的定义，有很多种说法，比较流行的定义是：云计算是一种新兴的计算模型，具备很多优势，能够有效利用集群卓越的计算能力，快速、高效、可靠的处理海量数据，同时能够保证系统的可扩展性。

从云计算提供的服务层次不同来看，主要可以分为基础设施即服务（IaaS）、平台即服务（PaaS）和软件即服务（SaaS），其中：IaaS能够为用户提供实际所需的硬件资源，能够根据业务的需求，随时进行硬件资源的减少和配置的增加；PaaS能够为用户提供平台级的运行环境，在此环境下，能够根据业务的需要，进行灵活的开发，并能够根据平台所提供的访问接口，按需访问存储与计算资源；SaaS为用户提供已经开发完善的软件，用户只需要进行简单的个性化配置，即可使用。

随着云计算的发展，不同的需求产生了三个分支，即公有云计算、私有云计算和两者结合的混合云。公有云计算通常指第三方运营商为用户提供的IaaS、PaaS、SaaS三个层次的云计算服务，一般通过Internet使用，可能是免费或成本低廉的。公有云的核心属性是共享资源服务。目前可选的公有云平台解决方案很多，如阿里云平台、亚马逊云平台、微软云平台、新浪云平台等。私有云计算使企业可以利用自有的硬件资源，根据自身发展的需求，进行硬件资源的合理配置，实现计算资源规模的动态伸缩，充分发挥硬件资源的存储和计算能力，满足应用与需求规模的变化；通过采用开源的云平台框架，能够实现企业级私有云平台的搭建，打造企业级的基础硬件平台、软件开发平台，并能够提供成熟软件服务。通过虚拟化技术，能够实现硬件资源的统一管理，实现数据访问的统一接口，能够使企业应用从任意位置、使用多样的终端各自获取资源，而无须了解各个资源的具体位置与布置方式，同时，统一的数据访问和资源利用接口，为构建多样化的应用提供了可能。云平台框架往往具有容错功能，通过将数据进行多副本存储与容错检测，以及资源节点的冗余配置，相对于传统的资源配置方式，大大提高了企业平台的可靠性。私有云平台除了能够满足企业内部需求外，还可以对外提供资源接口，实现平台的外延功能，获取更多的收益。混合云是公有云和私有云的一种结合，如果企业服务主要面向内部用户，出于系统隔离的考虑，私有云是比较理想的选择。但如果同时希望使用公有、私有云的资源，混合云是一个

很好的选择，它通过安全接口将公有云和私有云进行混合，在成本控制和系统安全方面获得最佳的组合效果。

9.2 深度学习的起源和历程

深度学习（deep learning，DL）属于机器学习的重要分支，也是大数据技术中最主流的数据处理及分析手段。其主要机制是在于建立与模拟人脑的神经网络进行学习，从而可以分析解释输入的数据。近年来，深度学习发展迅猛，伴随着人工智能的一次次新的突破，在国内外掀起了与之相关的研究热潮。而在历史上，已经有三次深度学习的发展浪潮，分别为20世纪40年代到60年代的控制论，20世纪80年代到90年代的连接机制以及自2006年开始命名的深度学习。

1. 深度学习的起源阶段（20世纪40年代到60年代）

1943年，神经科学家W. S. McCilloch和数学家W. Pitts发表了论文《神经活动中内在思想的逻辑演算》，其中提出了神经网络的概念并建立了数学模型的表达形式，称为MCP模型。该概念主要涉及生物神经元的生物学构造以及工作原理，将其在生物体内运作的方式迁移应用于此概念，构造出一个相对简化的模型，即把生物的神经元模型转化为了可量化操作的数学模型，开启了人工神经网络的时代，并为后续神经网络模型的发展奠定了基础。

1958年，美国计算机科学家Rosenblatt在神经元概念的基础上，将多个神经元相互连接，构造出一个由双层神经元构成的神经网络，并将该网络称之为感知器（perceptrons）。该模型的提出引发了不小的关注，其第一次将MCP模型用于具体数据的分类，能够实现对输入的多维数据进行二分类，算法方面则是使用梯度下降法来进行相关权值的自动更新。理论与实践效果在该模型上得到证实体现，引发第一次神经网络的研究浪潮。

随着对感知器模型的深入研究，1969年，“AI之父”Marvin Minsky在其著作《感知器》中证明感知器的本质是线性模型。单层感知器仅能用于处理线性分类问题，一旦面对线性不可分问题以及非线性问题，则该模型无法解决。出于该致命的缺陷，人们对神经网络的研究热度衰减，神经网络进入寒冬期。

2. 深度学习的过渡阶段（20世纪80年代到90年代）

1982年，物理学家John Hopfield提出了Hopfield神经网络的模型，是一种可以结合存储系统与二元系统的循环神经网络，该模型可实现较多功能，但存在易陷入局部最小值的缺陷，使得该算法未能引起较大轰动。

1986年，神经网络之父Geoffrey Hinton提出了适用于多层感知器（MLP）的反向传播算法，BP（Back Propagation）算法，该算法中采用了Sigmoid函数为激活函数进行非线性映射，有效地解决了感知器无法解决的非线性分类问题，再一次激起大众对神经网络的兴趣，从而引发神经网络的第二次热潮。

1991年，BP算法经过近五年的研究和使用，不足之处被人们挖掘出并推上了风口浪尖，即其存在梯度消失的问题。受制于当时较低的计算机硬件配置，使得在使用计算机进行相关较大数量的数据计算时速度缓慢，甚至无法计算，在面对庞杂的神经网络输入数据时更为明显，导致利用神经网络分类的准确率下降，出现梯度消失，制约了BP神经网络的发展。而在同一时期，另一种算法流派，以支持向量机（SVM）算法为代表的浅层机器学习算法被提出，且在分类等问题上的应用可取得较好的效果。此算法以统计学为基础，与神经网络的原理大相径庭，大部分人开始放弃神经网络的研究转向SVM的应用，使得人工神经网络的发展再次陷入瓶颈期。

3. 深度学习的发展爆发阶段（2006年至今）

2006年，时任多伦多大学教授的Geoffrey Hinton和他的学生Ruslan Salakhutdinov正式提出深度学习这一概念，将相关内容与其算法汇总后在《科学》杂志上发布，文章中详细地阐述了对于深层网络训练中梯度消失问题的解决方案：利用无监督的学习方法逐层训练算法，再使用有监督的反向传播算法进行调优。此文在学术圈引起巨大反响，并使得以斯坦福大学、多伦多大学为代表的诸多世界名校投入大量的精力进行深度学习领域的相关研究，随之在工业界中也掀起深度学习的浪潮。

此后，深度学习迅速地发展着，2011年，ReLU激活函数被提出，运用该激活函数可以有效应对梯度消失的问题。而后，微软研究院和Google的语音识别研究人员先后将深度学习应用于语音识别领域并取得重大突破。2012年DNN技术在图像识别领域取得惊人成果。2016年3月，由Google旗下公司基于深度学习开发的AlphaGo机器人初露锋芒，与围棋世界冠军的人机大战，展现了人工智能与深度学习的力量，使其声名远播。

随着计算机水平的不断发展，工业大数据逐渐成为了可能。大数据通常是指对一类问题的描述，当数据情况满足数据量大，数据种类丰富，数据获取速度极快等特点时，便符合了大数据的特征。在这一背景下，数据处理建模的复杂度与海量数据计算资源的消耗都将大大提高。深度学习方法作为大数据分析手段的一种，因其深层的网络结构使非线性组合数量水平大幅提高，多种类的网络结构可以满足不同领域，不同类型数据的分析处理，可以对数据特征与数据间隐含联系进行有效的挖掘提取，帮助人们获取海量高维数据的内在相关信息。

目前，工业中比较有代表性的研究方法包括卷积神经网络（CNN）、深度置信网络（DBN）、循环神经网络（RNN）以及堆叠自编码网络（SAE）等。其中，CNN属于前馈神经网络的一种，网络通过卷积层及池化层交替计算提取数据特征最终输出。卷积层由多个卷积核组成，通过卷积核窗口在输入数据上滑动计算，提

取输入数据特征，池化层则进一步提取特征和降维。赵翰驰等构建的卷积神经网络，包括两层卷积层，两层池化层，后接三层全连接层，样本为风电机组属性特征图片，通过训练，可以识别故障发生时变化的属性类别，从而进行故障识别。曲建岭等提出基于卷积神经网络的层级化智能故障诊断算法，模型基于 keras 深度学习库建立，数据来源为凯斯西储大学（Case Western Reserve University，CWRU）轴承振动数据库，将时频域信号作为一维卷积神经网络的输入来训练网络，通过测试数据验证了模型的有效性。

DBN 是最早被提出的深度学习网络之一，由多个受限玻尔兹曼机（RBM）组成。DBN 网络的核心是通过逐层贪婪学习算法来调节网络的连接权重，首先使用无监督训练方式，提取信号中故障特征，再通过反向有监督微调来调整网络参数，最终实现 DBN 的故障诊断。Prasanna 等基于 DBN 对多传感器进行健康程度诊断，首先对数据进行分类预处理，加入数据标签信息，并划分为训练集与测试集。其次将处理后的训练集数据放入 DBN 网络中进行训练，最后通过网络在测试集数据的表现来验证模型的有效性。

SAE 方法在近年来受到了更多关注，通过多个自动编码器（AE）的堆叠，SAE 可以有效提取数据低维特征，由于网络中同时存在编码器与解码器，SAE 网络在同样的训练样本情况下往往有着更高的预测精度。Demethual 等对原料处理系统信号进行采集，通过 AE 与扩散图（DM）等相结合的方法对信号特征进行提取，利用基于 gustafson kessel 的分类方法进行故障诊断，解决了原料处理系统中独特的非线性问题。

经过近年来的飞速发展，深度学习的优势逐渐展露。相对于其他网络算法，深度学习更好地模拟了人类大脑传递与处理信息的方法，通过分层处理的方式提取输入数据的特征。此外，深度学习在表达复杂目标函数、信息迁移共享等方面也有着绝对的优势，它可以轻松实现复杂高维函数的表示，处理大量无标签数据，在训练过程中获取的多重水平特征及网络最优参数，均可重复应用于类似任务当中。在故障诊断和状态分析领域，深度学习的应用可以使故障特征的提取等更加灵活有效，对设备的故障诊断也将更为准确、可靠。

9.3 典型深度学习原理

深度神经网络（Deep Neural Networks，DNN）的发展基于人工神经网络（Artificial Neural Network，ANN），作为最基础也是最经典的深度学习网络之一，DNN 从结构上看是对 ANN 隐含层数的加深。传统的 ANN 一般为单隐层结构，DNN 在其中加入了更多的隐含层，这样的多层次结构从生物学角度来看，更接近于人类大脑皮层处理信息的过程，也意味着网络可以通过更多的非线性计算组合逼近目标函数。在

特征学习及非线性问题的处理上，DNN往往有着更好的适用性，当训练样本数量较大时，DNN通过深层非线性的网络学习，能够对有价值的样本特征及特征间内在的联系信息进行准确提取，最终通过构建复杂的逼近函数，对输入数据进行输出响应。

9.3.1 深度置信网络原理

深度置信网络（Deep Belief Network，DBN）是Geoffrey Hinton在2006年提出的一个生成模型。相比于其他类型的深度学习网络，其采用的是概率学习方式进行训练，结构与一般的神经网络基本相同，由多层神经元构成，这些神经元中则包含有用于接受输入的显性神经元，以及用于提取特征的隐性神经元。将DBN进行拆分的话，其组成元件则是单个受限的玻尔兹曼机（Restricted Boltzmann Machines，RBM），其训练过程是一层一层进行的，利用显层的数据来推断隐层的数据，完成之后则将该隐层的数据作为下一层输入，依次进行计算。由于DBN可以拆解成多个RBM，因此，先从RBM的运行机理进行分析。

1. 受限玻尔兹曼机（RBM）的实现

RBM虽作为DBN的组成元件，是一种基于能量的概率分布模型，但其单独拿出来是可以进行计算的，甚至在一些特殊的场合和数据对象，可以直接使用RBM模型进行分析。这种类型的网络起源于Holpfield网络，最初的模型是全连接网络，即除了层与层直接是相互连接的，层内直接的神经元同样也是连接的。从统计力学角度出发的玻尔兹曼机（Boltzmann Machines，BM）也随之开始流行，具有强大的非监督学习能力，可以发现数据中潜在的规则关系，但由于整个网络采用的是全连接模型，也使得其计算量远远高于其他非全连接的模型，使得该模型虽然可以得到优秀的结果，但其计算效率低下，制约了该模型的发展。至于后来，Smolensky去掉了其中层内的连接，提出了RBM模型，使得该模型的优点得到传承，同时计算量大的缺点，随着取消了全连接，则变得高效起来。

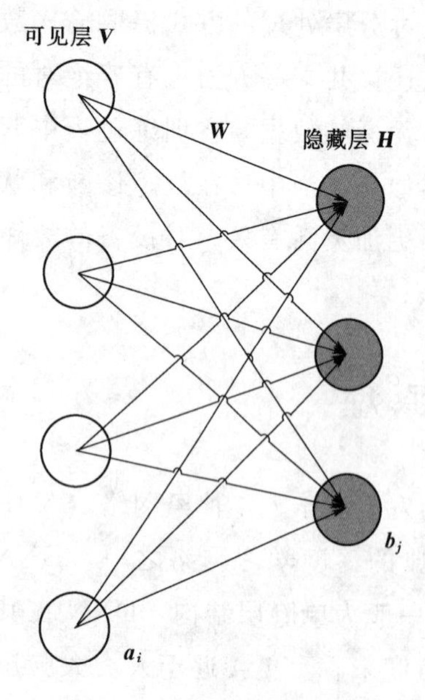

图9.1 RBM网络示意图

如图9.1所示，RBM是由可见层与隐藏层组成，隐藏层与可见层之间是全连接的，层内互不相连。用j维向量$\boldsymbol{H}$表示隐藏层神经元的值$\boldsymbol{H}=(h_1,h_2,\cdots,h_j)^{\mathrm{T}}$，用$i$维向量$\boldsymbol{V}$表示可见层神经元的值$\boldsymbol{V}=(v_1,v_2,\cdots,v_i)^{\mathrm{T}}$。二层之间的权重则用矩阵$\boldsymbol{W}$表示，$w_{ij}$则表示可见层的第$i$个神经元到隐藏层的第$j$个神经元所对应的权向量。此外，还有偏倚系数向量$\boldsymbol{a}_i$和$\boldsymbol{b}_j$，用于计算其对应的向量。

由于 RBM 是基于能量的概率分布模型，其一旦给定了 h 和 v，则可计算出 RBM 的能量函数，即

$$E(v,h \mid \theta)=-\sum_{i \in \text{visible}} a_i v_i-\sum_{j \in \text{hidden}} b_j h_j-\sum_{i,j} v_i w_{ij} h_j \tag{9.1}$$

其中 θ 是关于 w、a、b 的函数，即 $\theta=(w_{ij},\ a_i,\ b_j)$，网络则可以通过该函数对可见层向量和隐藏层向量分配概率，即两个向量之间的联合概率则为

$$p(v,h|\theta)=\frac{1}{Z}\mathrm{e}^{-E(v,h|\theta)} \tag{9.2}$$

式中 Z——归一化因子。

通过对所有可能的可见层和隐藏层向量进行求和而得到最终的值，其具体公式为

$$Z=\sum \mathrm{e}^{-E(v,h|\theta)} \tag{9.3}$$

根据能量函数，当有样本数据输入该模型时，隐藏层第 j 个单元被激活的概率为

$$P(h_j=1|v,\theta)=f(w_{ij}v_i+b_j) \tag{9.4}$$

其中 f 为激活函数，此处用到的是 Sigmoid 函数，即

$$f(x)=\frac{1}{1+\mathrm{e}^{-x}} \tag{9.5}$$

由于隐藏层和可见层的状态相互独立，因而可见层第 i 个单元被激活的概率同理可求得

$$P(v_i=1|h,\theta)=f(w_{ij}h_j+a_i) \tag{9.6}$$

可见层向量的概率则可以通过对所有隐藏层的向量求和获得，即可见层的边缘分布为

$$p(v \mid \theta)=\frac{1}{Z}\sum_{n}\mathrm{e}^{-E(v,h|\theta)} \tag{9.7}$$

而在 RBM 的训练学习过程当中，采用的最大似然函数进行拟合训练，则有

$$L(\theta)=\prod p(v|\theta) \tag{9.8}$$

对于参数 θ 的求解，则是采用梯度上升法进行计算，其计算公式为

$$\theta=\theta+\eta\frac{\partial \ln p(v|\theta)}{\partial \theta} \tag{9.9}$$

其中，η 为学习率，但当数据维度较高时，使用梯度上升法求解往往较为困难，难以实现，因而此时则使用 CD-k 算法对于重构数据进行 Gibbs 计算，从而可以提高其训练效率，即

$$\langle v_i h_j\rangle_{\text{data}}-\langle v_i h_j\rangle_{\text{recon}}=\frac{\partial \ln p(v|\theta)}{\partial w_{ij}} \tag{9.10}$$

式中 $\langle v_i h_j\rangle_{\text{data}}$——训练数据集的数学期望；

$\langle v_i h_j\rangle_{\text{recon}}$——重构模型的数学期望。

因而此时可以求得 RBM 的训练过程各参数的更新准则，即权值 $\boldsymbol{W}$ 和偏倚系数向

量 $\boldsymbol{a}$，$\boldsymbol{b}$ 的更新过程，其更新公式为

$$
\begin{aligned}
\Delta w_{ij} &= \eta(\langle v_i h_j \rangle_{\text{data}} - \langle v_i h_j \rangle_{\text{recon}}) \\
\Delta a_i &= \eta(\langle v_i \rangle_{\text{data}} - \langle v_i \rangle_{\text{recon}}) \\
\Delta b_j &= \eta(\langle h_j \rangle_{\text{data}} - \langle h_j \rangle_{\text{recon}})
\end{aligned}
\tag{9.11}
$$

此时，可以通过多次迭代训练，将 RBM 的各参数值调整到相应的适合值，从而使得该模型最优化。

2. DBN 预测模型

深度学习通常是训练层数较多的神经网络，而深度信念网络（DBN）则是深度学习中常用的模型之一。该模型是一个概率生成模型，相比于传统的判别模型的神经网络，概率生成模型则是建立一个观察数据（Observation）和标签（Label）之间的联合分布，对这两者均做评估。

DBN 神经网络是由多个 RBM 堆叠组成，即将 RBM 的隐藏层层数增加若干层，使其变为多个 RBM 网络相连，将上一层隐藏层的输出则是作为下一层可见层的输入；而在网络的顶端，若采用监督学习，则可以连接一个 BP 神经网络，将多层 RBM 的输出进行误差反馈，从而对整个深度学习网络进行微调。其原理如图 9.2 所示。

对于 RBM 层上的计算，可参考式（9.4）与式（9.6）确定隐藏层和可见层的 v_i 和 h_j，其联合概率分布则是采用式（9.2）进行确定。而至于 RBM 之间的参数确定，即相关的权值和偏倚系数值，则可以通过式（9.10）与式（9.11）确定。而至于深度学习层末端的 BP 神经网络，则参考常规的误差反传算法确立。因此，DBN 的训练步骤则是分为两步：第一步则是分别对 RBM 层进行无监督的训练，由于各层的 RBM 网络是相互独立的，仅靠上一层的隐藏层输出作为下一层可见层的输入进行关联，因而各层的 RBM 网络是相对固定的，变动不大；第二步则是通过 BP 神经网络对之前经过多层 RBM 网络训练后的参数进行有监督的训练，利用 BP 网络的反馈机制，将微小误差由上往下传播，优化了 RBM 网络本身的误差传播方式，同时也借由 RBM 网络提高了 BP 神经网络的优化速度和使用效率。

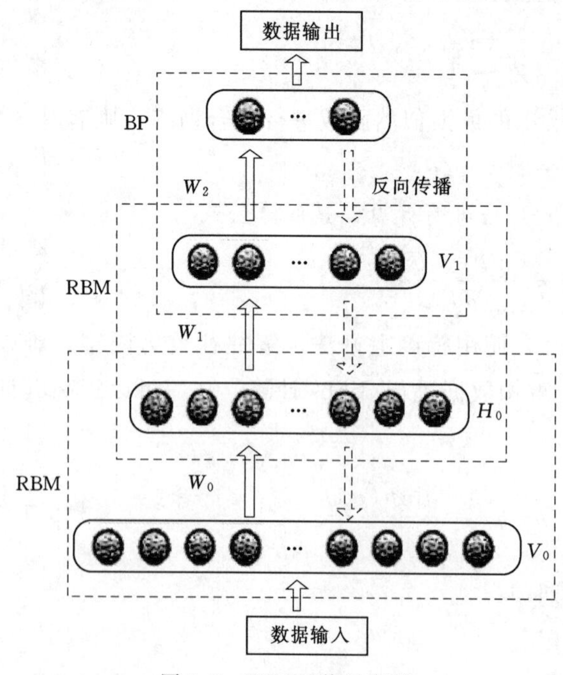

图 9.2　DBN 网络示意图

经过近年来的飞速发展，深度学习的优势逐渐展露。相对于其他网络

算法，深度学习更好地模拟了人类大脑传递与处理信息的方法，通过分层处理的方式提取输入数据的特征。

9.3.2 卷积神经网络

卷积神经网络（CNN）属于前馈网络的一种，是深度学习中应用最为广泛的代表性算法之一，网络通过独有的卷积操作对输入数据进行特征学习和分类处理。由于其对数据的处理具有平移不变性，也被称作平移不变神经网络。

早在20世纪80年代，人们就开展了对CNN的研究，最早的代表性网络是LeNet-5。进21世纪以来，随着计算机技术的不断进步，大数据处理和分析方法有了质的改变，众多深度学习理论被提出，CNN也进入了快速发展阶段。目前，CNN主要应用于图像的处理、识别以及自然语言处理领域，通过模仿生物感知机构来进行有监督学习或无监督学习。CNN内部卷积核具有参数共享与稀疏连接的特性，这也使得CNN在训练计算的过程中有着更少的计算量和更稳定的训练效果。图9.3为CNN训练过程示意图。

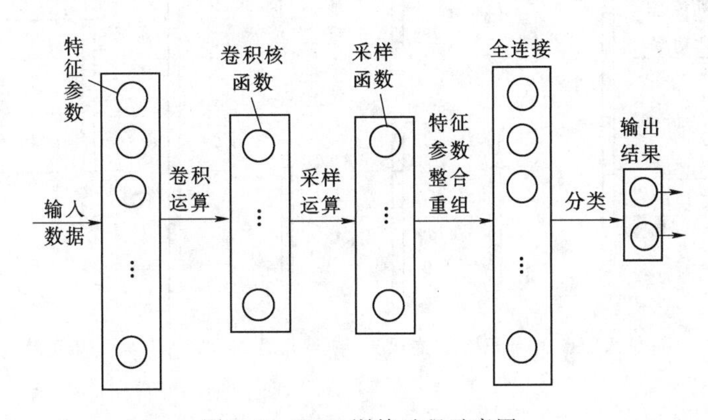

图9.3 CNN训练过程示意图

CNN的主要组成结构包括输入层、交替出现的卷积层与池化层、全连接层及最后的输出层，样本输入后，经过卷积、池化的多次交替运算，最终扩展到全连接层进行输出。CNN中最关键的一步是对输入数据进行卷积运算，卷积运算就是以卷积核作为窗口，在输入数据上滑动取值，最终计算出新的特征矩阵，每一个卷积核的卷积计算结束后，就完成了对应数据的特征提取。通过卷积操作，CNN可以将原始的样本数据转化为多个部分的局部特征数据，再针对每一个部分进行特征处理，这样做可以使计算复杂度降低，提高网络的收敛速度。

通常情况，可以通过改变层数、卷积核、池化因子以及全连接层的节点，构建各种不同的卷积神经网络，它的常用架构模式为

$$网络结构=INPUT\rightarrow(C*N\rightarrow S)*M\rightarrow F*K\rightarrow OUTPUT \tag{9.12}$$

式中　　C——卷积层；

　　　　S——池化层；

　　　　F——全连接层；

N、M、K——对应层或结构循环出现的次数。

图 9.4 为针对于风电机组 SCADA 数据构建的一维 CNN 结构示意图，网络输入为多维特征向量，包含风速、电机转速、有功功率等信息，经过一层卷积层与一层池化层运算后扩展至全连接层。网络卷积层中卷积核以及对应的池化算子数量需进行训练分析后确定，池化层选择均值池化方法，隐含层激活函数均选择 ReLU 激活函数。网络最终经过卷积运算扩展至全连接层，输出层通过 softmax 回归方法激活输出，网络损失函数选择交叉熵损失。

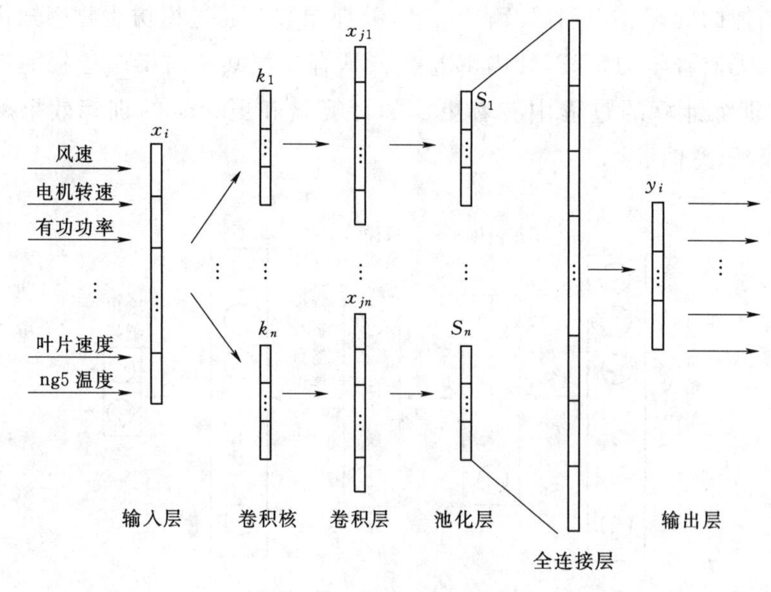

图 9.4　CNN 结构示意图

选择 CNN 的训练为有监督训练，通过对样本数据的前向传播计算和误差反向传播，不断迭代，最终实现网络分类的训练目标。前向传播是指输入样本在网络中逐层计算，输出层输出对输入数据的反馈结果；反向传播是指构建合理的代价函数，计算网络实际输出值与期望输出值的偏差，并将这个偏差值沿网络反向传播直到输入层。通过计算各层损失值，可以求得各层参数的更新梯度，以此为依据对 CNN 中卷积核以及全连接层进行参数更新，多次迭代直到网络最终误差满足收敛要求。

卷积层在 CNN 中起到了最为重要的特征提取作用。假设样本数据的输入为 x，共有 n 个特征元素，卷积层内的卷积核数量为 h，大小为 $m\times1$，则卷积核经过卷积运算之后输出的信息向量大小为 $(n+1-m)\times1$，输入层与卷积层之间的连接总个数为 $(n+1-m)\times(m+1)\times h$。用 x_j 表示第 k 个卷积核在前一层数据样本上对应的第

j 个元素，$G_{k,j}$代表第 k 个卷积核的第 j 个元素，b_k 是卷积层的对应偏置值，f 为卷积核对应的激活函数。则层内第 k 个卷积核的计算结果为

$$a_{i,k}^{k}=f(\sum_{j=1}^{m}G_{k,j}x_j+b_k) \tag{9.13}$$

池化层是CNN中除卷积层外的另一个重要结构，起着特征提取与降维的作用，常见的池化方法包括平均池化与极大值池化，通过对卷积层的输出结果进行池化计算，可以有效减小特征向量的维度。池化操作的前提是将输入向量划分为大小相同的无重叠向量，均值池化计算每个向量区域的平均值，作为结果输出。极大值池化则是选择区域内的最大值作为结果输出。本次CNN训练选择平均池化方法，则上述第 k 个卷积核对应的采样层 S 的输出结果为

$$a_{j,k}^{S}=\frac{\sum_{i=jp-p+1}^{jp}a_{i,k}}{p} \tag{9.14}$$

在CNN的训练中，误差反向传播是使网络收敛、减少误差的重要过程。反向传播的实质是通过反复迭代训练，不断优化网络参数，使得最终网络误差函数达到最小。假设网络的样本总数为 m，输入样本为 x_i，y_i 为样本对应的理论输出，实际网络的输出值为 $F(x_i)$。则最终的目标函数为

$$L=-\frac{1}{m}\sum_{i=1}^{m}y_i\log[F(x_i)] \tag{9.15}$$

误差项是反向传播训练中，衡量网络每一层节点输入值对最终误差函数影响的指标。设 y 为样本 x 所对应的理论输出值，$F(x)$ 为与样本 x 对应的网络实际输出，$\boldsymbol{M}$ 为网络权重。则输出层的误差项计算为

$$\beta=-[y-F(x)] \tag{9.16}$$

若网络中第 n 层和 $n+1$ 层全连接，则第 n 层的误差项为

$$\beta^n=\boldsymbol{M}^{\mathrm{T}}\beta^{n+1}f(z^n) \tag{9.17}$$

若卷积层和池化层相连时，通过反向采样的方法，池化层的计算误差会平均传递至卷积层的特征向量区。设 upsample 代表了反向的均值采样，k 代表第 k 个卷积核，z_k^n 为第 n 层第 k 个卷积核的输入值，$f(\cdot)$ 为对应激活函数的求导；则卷积层的误差项计算公式为

$$\beta=\mathrm{upsample}(\beta_k^{l+1})f(l_k) \tag{9.18}$$

设 a_n 为第 n 层输出，则目标函数对权重 M 及偏置 d 的偏导为

$$\frac{\partial}{\partial M}L=a^n\beta^{n+1} \tag{9.19}$$

$$\frac{\partial}{\partial d}L=\beta^{n+1} \tag{9.20}$$

设 α 为学习率，$0\leqslant\alpha\leqslant1$，则更新偏置参数 d 和迭代权重 M，即

$$M^n=M-\alpha\cdot\frac{\partial}{\partial M^n}L \tag{9.21}$$

$$d^n=d^n-\alpha\cdot\frac{\partial}{\partial d^n}L \tag{9.22}$$

9.4　典型深度学习方法在风电机组状态评价中的应用

9.4.1　卷积神经网络算法的应用

本节数据源于中国信息通信研究院工业大数据竞赛数据，针对机组变桨系统齿形带断裂故障，选出风电机组 SCADA 系统中相关记录参数进行分析。数据记录时间为 2014 年 2 月 16 日至 2014 年 3 月 9 日，数据采集步长为 6s，数据类型包括风速、发电机转速、叶片角度、变桨电机温度等 28 个参数。数据关键时间节点见表 9.1。其中，T_3 为齿形带断裂时间；$(1,\ T_0]$ 为齿形带断裂低风险区间；$(T_1,\ T_2]$ 为齿形带断裂高风险区间；$T>T_3$ 时间段为故障修复后健康运行区间。

表 9.1　关键时间节点

节点	T_0	T_1	T_2	T_3
时刻	2014-2-27 22：13：26	2014-2-28 16：13：26	2014-3-3 16：03：26	2014-3-3 16：13：24

首先对样本数据进行异常值及缺失值处理分析，通过 SPSS 数据分析软件对数据缺失值进行搜索，填充方法为临近值填充；然后通过偏差检测的 k-means 聚类算法，即提出最小类的方法做进一步的数据筛选。通过统计指标分析以及主成分分析法，对特征变量进行降维选择，选择数据波动小、对主成分贡献度高的特征变量；最终将系统导出的 28 维数据降维至 16 维。

表 9.2　数据信息描述

信　息	最小值	最大值	均值	标准偏差	方差	偏度	峰度
风速/(m/s)	1.10	17.34	5.85	2.15	4.64	0.95	1.453
风轮转速/(rad/min)	9.53	18.08	13.38	2.89	8.35	0.16	−1.54
网侧有功功率/kW	0.60	1521.21	416.08	373.26	1393.64	1.36	1.281
对风角/(°)	−38.41	38.27	−0.49	7.73	59.78	0.13	0.524
25s 平均风向角/(°)	115.80	282.87	179.51	12.27	150.51	0.03	0.417
偏航位置/(°)	−619.56	169.64	−277.73	136.54	186.81	0.53	1.316
偏航速度/(°/s)	−7.99	4.24	−0.01	0.28	0.08	−8.18	153.287
叶片 1 角度/(°)	−0.42	7.18	−0.10	0.63	0.40	6.49	45.104

续表

信 息	最小值	最大值	均值	标准偏差	方差	偏度	峰度
叶片2角度/(°)	−0.37	7.24	−0.09	0.63	0.40	6.50	45.273
叶片3角度/(°)	−0.37	7.20	−0.08	0.63	0.40	6.53	45.487
叶片1变桨速度/[(°)/s]	0.12	18.32	0.00	0.68	0.46	0.67	90.092
叶片2变桨速度/[(°)/s]	0.08	18.28	0.00	0.68	0.47	0.71	89.806
叶片3变桨速度/[(°)/s]	0.14	18.00	0.00	0.64	0.42	0.85	99.782
变桨电机1温度/℃	0.21	4.39	1.24	0.67	0.45	2.00	5.153
变桨电机2温度/℃	0.20	4.85	1.25	0.73	0.54	2.27	6.520
变桨电机3温度/℃	0.22	4.63	1.27	0.70	0.50	2.15	5.921
x方向加速度/(m/s^2)	−0.07	0.05	0.00	0.01	0.00	0.11	1.399
y方向加速度/(m/s^2)	−0.08	0.04	−0.02	0.01	0.00	−0.11	2.434
环境温度/℃	0.50	17.30	10.67	3.77	14.20	−0.04	−0.539
机舱温度/℃	0.60	21.40	9.48	3.34	11.17	−0.12	−0.571
ng5_1温度/℃	1.23	3.45	2.40	0.47	0.23	−0.31	−0.508
ng5_2温度/℃	1.22	3.43	2.40	0.48	0.23	−0.32	−0.489
ng5_3温度/℃	1.25	3.38	2.43	0.48	0.23	−0.32	−0.515
ng5_1充电器直流电流/A	−4.00	3.64	0.48	1.24	1.55	0.45	−0.808
ng5_2充电器直流电流/A	−4.44	5.24	1.40	1.94	3.77	−0.14	−1.105
ng5_3充电器直流电流/A	−4.04	3.96	0.9569	1.31443	1.728	0.026	−0.978

由表9.2可知，方差在0附近的变量，数据波动幅度较小，主要包括偏航速度、叶片角度、叶片速度、变桨电机温度、x方向加速度、y方向加速度以及ng5温度。在统计学中，峰度衡量实数随机变量概率分布的峰态，峰度高就意味着方差增大是由低频度的大于或小于平均值的极端差值引起的。对于上述变量，偏航速度、叶片角度和叶片速度峰度值较大。

图9.5可以看出在第7个主成分后的特征值趋于平缓，前7个主成分作为降维后特征可以涵盖原始数据集的大部分信息，累计贡献度达到90.675%，满足占比要求。为避免因数据降维带来的关键信息缺失，本书将结合数据前期统计描述及主成分分析方法，对原始数据进行特征分析选择。表9.3为主成分的特征根及贡献度表。

表9.3 主成分特征根及贡献度表

主 成 分	初始特征值	方差百分比/%	贡献度/%
1	5.455	33.719	33.719
2	3.632	25.790	59.509
3	1.797	7.812	67.321
4	1.707	7.421	74.742

续表

主 成 分	初始特征值	方差百分比/%	贡献度/%
5	1.506	6.549	81.291
6	1.133	4.925	86.216
7	1.025	4.458	90.675

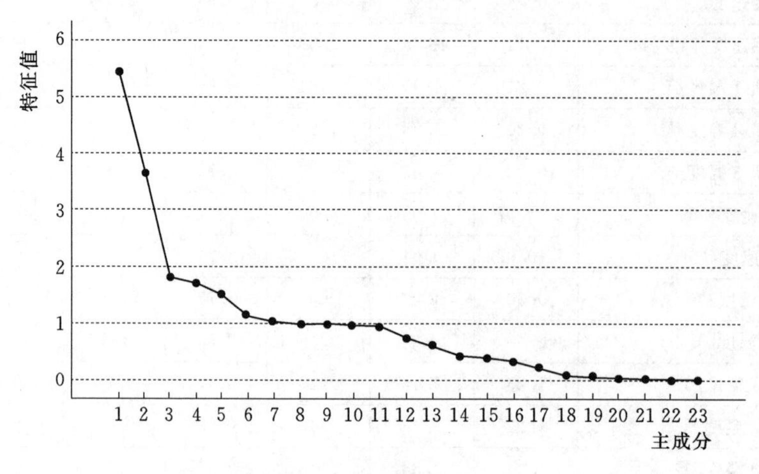

图 9.5 主成分特征值

结合最终的特征参数对于主成分的贡献度分析，偏航位置特征对于所有主成分影响均较小，偏航速度虽然对主成分 4 影响权重为 0.404，但从其数据分布规律来看，方差小，峰度高，总体来说表现较差，删去偏航位置与偏航速度特征。变桨电机温度均值与温度均方根值基本没有差距，因此删去变桨电机温度均值，同理删掉叶片角度均值和 ng5 温度均值。对风角与 25s 平均风向角特征信息重复，删去影响较低的 25s 平均风向角特征。x、y 方向加速度特征信息重复，数据方差计算为 0，因此取平方和开根后的值，作为综合加速度值代替 x、y 方向加速度特征。最终得到风速、网侧有功功率、叶片角度均方根、机舱温度等 16 维特征向量作为后续网络模型的输入参数。

CNN 网络结构较为特殊，在构建一维卷积网络模型时需要考虑层数，卷积层中卷积核的大小与数量，池化方法以及全连接层的节点数量。同样在学习率为 0.01 的情况下对不同网络结构进行训练分析，由于 CNN 网络计算量较大，适当减少迭代次数，令迭代次数为 700 次。分别设置卷积核大小为 3×1、5×1、7×1，令卷积核个数分别等于 4、6、8、10，多次训练求预测准确率均值作为最终的预测准确率如表 9.4。

对比表 9.4 中数据，综合考虑计算代价后确定 CNN 网络结构，选择卷积核尺寸为 5×1，卷积核数量为 6。最终的隐含层网络结构为 C(6@5×1)→S(6@2×1)→C(32@3×1)→32→24。确定网络结构之后再对不同学习速率的网络误差函数进行比较选择，结果如图 9.6 所示。

表 9.4　不同结构 CNN 预测准确率

卷积核数量	卷积核尺寸		
	3×1	5×1	7×1
4	0.81	0.942	0.818
6	0.91	0.964	0.942
8	0.842	0.948	0.946
10	0.9	0.946	0.964

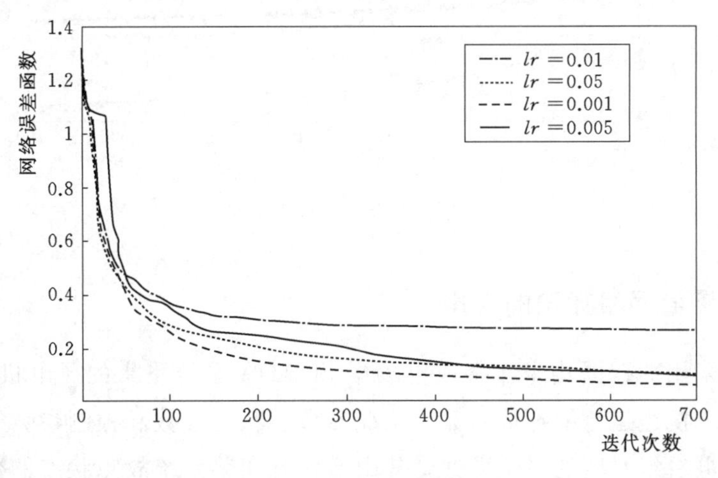

图 9.6　CNN 学习率对比

可以看出，CNN 网络整体训练过程较为平稳，lr(学习率)＝0.01 时网络收敛速度快，但精度较低，损失值较大，lr＝0.001 时训练过程稳定，收敛速度快且最终损失值降到最低，因此 CNN 训练最佳学习率选择 0.001。

为体现 CNN 网络分类的有效性，针对其与 BP 网络和 DNN 网络进行对比，训练过程如图 9.7 所示，训练结果见表 9.5。

表 9.5　不同算法模型预测准确率对比

算法	BP	SVM	CNN	DNN
预测准确率	0.876	0.907	0.974	0.944

从图 9.7 可以看出 BP 网络的收敛速度较快，但最终误差损失值较高，DNN 在迭代次数 230 次左右网络精度超过 BP 网络，CNN 的表现最好，训练过程损失值稳定下降，在迭代 700 次后误差降至 0.1 以下，效果最好。

表 9.5 为每种算法在最优结构下训练 5 次的预测准确率均值，可以看出深度学习方法最终的预测精度要高于 BP 网络和 SVM 分类方法。单从准确率方面来看，CNN 最终的预测准确率能达到 97.4%，可以对不同状态区间的数据进行准确的预测，在测试集样本数量为 500 时，平均预测错误的测试样本数为 10 个左右，可靠性较高。

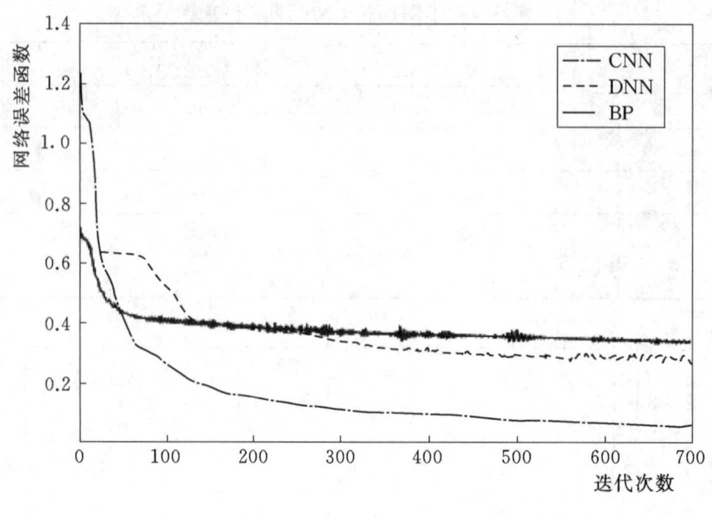

图 9.7　网络训练过程对比

9.4.2　深度置信网络算法的应用

本节案例采用的数据均来自某风电场中 SCADA 系统采集的风电机组运行参数，其中包含有风电机组运行的环境参数、工况参数、状态参数和控制参数等。参数选用同一规格的风电机组对应的多组数据，其中包含有变桨系统故障状态的数据，分别为齿形带断裂故障，变桨运行模式故障和变桨桨距不对称故障，将这三类故障分别简记为故障 1、故障 2 和故障 3，加上风电机组正常的运行状态，对风电机组变桨系统的运行状态则分为四类：故障 1、故障 2、故障 3 和正常。将每一个状态的参数数据进行划分并随机排序，将其分为训练集和测试集，见表 9.6。

表 9.6　风电机组变桨系统的运行状态参数

变桨系统状态	训练集样本数	测试集样本数
正常	26949	11550
故障 1	4044	1733
故障 2	772	331
故障 3	3580	1534

本案例中采用 DBN 对采集到的变桨系统运行状态参数进行特征提取。将上述随机划分的数据作为原始输入数据作为可见层，经第一层 RBM 网络学习后输出至隐藏层，并作为第二层 RBM 网络的可见层输入，依次向下逐层传递。为能进一步表达 DBN 的故障特征自提取能力，在多个堆叠的 RBM 网络末端不进行顶层网络的构建与分类处理，而是将最后一层 RBM 网络的隐藏层学习结果导入解码网络，重构原始输入数据。

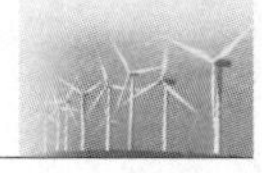

假设原始输入数据为 x，RBM 网络隐藏层输出（编码函数）定义为

$$h=\frac{1}{1+\exp(-Wx-b)} \tag{9.23}$$

相应的解码函数定义为

$$\hat{x}=\frac{1}{1+\exp(-W^{\mathrm{T}}h-a)} \tag{9.24}$$

式中 $\hat{x}$——重构数据。

同时，本案例从定性和定量两方面去评估原始输入数据和重构数据的差异大小，假设原始输入数据 $x\_(i=1:n)\hat{}(j=1:m)$，重构数据为 $\hat{x}\_(i=1:n)\hat{}(j=1:m)$，$n$ 为样本数目，m 为特征数目。定义在单一特征下，所有原始输入数据样本及重构数据的均值分别为

$$\mathrm{mean}(x^j)=\frac{x_1^j+x_2^j+\cdots+x_n^j}{n} \tag{9.25}$$

$$\mathrm{mean}(\hat{x}^j)=\frac{\hat{x}_1^j+\hat{x}_2^j+\cdots+\hat{x}_n^j}{n} \tag{9.26}$$

在进行了上述的定义表述基础后，以原始输入数据的特征数 m 为横坐标，以 $[\mathrm{mean}(\hat{x}_1),\mathrm{mean}(\hat{x}_2),\cdots,\mathrm{mean}(\hat{x}_m)]$ 为纵坐标构建原始输入曲线，同样以 $[\mathrm{mean}(\hat{x}_1),\mathrm{mean}(\hat{x}_2),\cdots,\mathrm{mean}(\hat{x}_m)]$ 构建重构曲线。

定量评估方法则是采用相对均方差值定义失真度 S，并结合均方根误差（Root Mean Square Error，RMSE）从两个指标进行评估，即

$$S=\frac{\sum_{i=1}^{n}\sum_{j=1}^{m}(x_i^j-\hat{x}_i^j)^2}{mn\sqrt{\sum_{i=1}^{n}\sum_{j=1}^{m}x_i^2}} \tag{9.27}$$

$$RMSE=\sqrt{\frac{\sum_{i=1}^{n}\sum_{j=1}^{m}(x_i^j-\hat{x}_i^j)^2}{mn}} \tag{9.28}$$

DBN 模型采用经典的 4 层网络，一个输入层，两个隐藏层与一个输出层。输入层节点数 130，由原始数据特征数决定，中间的两层隐藏层节点数均为 100，输出层的节点数为 40。RBM 的学习参数设置如下：学习率为 0.01，最大迭代次数为 50。图 9.8 为节点数 130－100－100－40 的 DBN 模型训练后，原始输入数据曲线与重构曲线的定性结果。

表 9.7 给出了不同输出层节点数下，两者的定量评估指标。由表 9.7 可知，节点数从 20 变化到 100，重构效果越来越好，当输出层节点数为 100 时，DBN 重构数据与原始输入数据的 $RMSE$ 和失真度最小，可以表明 DBN 高层特征可以低失真度地恢复原始输入数据，即提取到的深层次特征在一定程度上可以表征原始输入，进而说明 DBN 具有很强保持原有数据细节的能力，也在一定程度上解释了深度学习无须人工

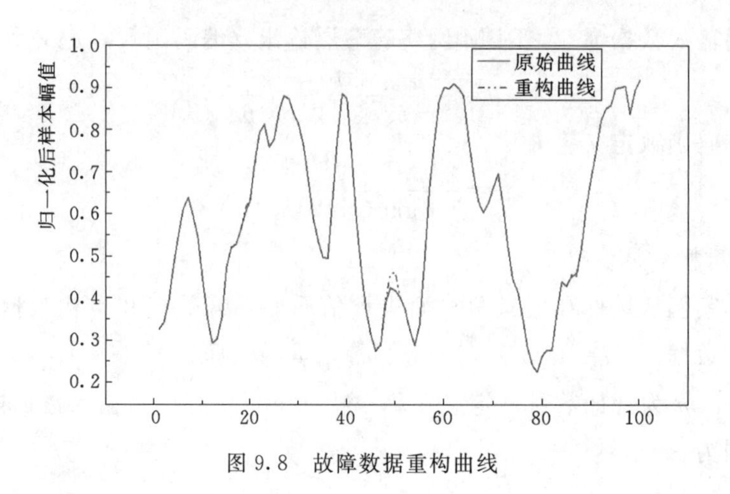

图 9.8　故障数据重构曲线

特征提取过程却拥有自主学习相关特征的能力。

表 9.7　不同输出层节点差异性定量评估结果

输出层节点数	*RMSE*	失真度（$\times 10^{-3}$）
20	0.24354	0.30393
40	0.24296	0.30249
60	0.24263	0.30169
80	0.24239	0.30109
100	0.24220	0.30060

在进行了故障特征子提取研究的基础上，将多堆叠 RBM 输出节点设置为 40，DBN 模型其他参数设置不变，输入到顶层 softmax 分类器中，进行风电机组变桨系统故障诊断。对原始数据集进行预处理之后，使用主成分分析技术提取主要故障特征，采用故障数据集总数的 70%作为训练集进行模型的训练与学习，而总数的 30%则是作为测试集对 DBN 模型的分类进行验证，从而得到准确率。

经计算，对包含 15148 组数据的总样本进行分类测试，其中 DBN 模型正确分类的组数为 14480 组，其准确率高达 95.59%。

第 10 章　风电场工程后评估和风电机组状态评价软件开发

随着计算机技术和信息技术快速发展，已渗透在国民经济的各个领域中。采用软件实施对业务流程的管理，采用图像和对话框等方式实现与用户的信息交互，并可实现动态查询，对于计算结果，能够生成报表和分析图呈现给用户，从技术上实现方便快捷的信息呈现。这些功能使其在解决实际应用问题时成为高效工具，越来越多的企业将其引入到工程项目后评估中。

依据《风电场工程后评价规程》（NB/T 10109—2018）中相关规定和要求，风电场后评估工作应通过对项目设计文件和研究报告及项目核准文件的主要内容与项目建成后的实际运行情况进行对比分析，对项目建设的效果和经验教训及时进行总结分析。项目后评估指标应包括：风资源评估的有效性、风电机组选型的正确性、风电机组功率曲线的一致性、风电机组/风电场可利用率、发电量、风电机组的可靠性和运行维护成本等方面。风电场后评估计算繁琐、评估项目种类多、时间跨度长、工程量巨大。开发相关后评价软件可大大减少工作量，提高后评估指标计算及综合后评估的准确性，提高工作效率。

10.1　软件系统设计

10.1.1　总体设计

由于风电场后评估涉及的内容复杂，需要处理的数据复杂且专业性强，人工进行统计计算的工作量巨大，且不准确，开发一套风电场后评估软件（Wind farm post e-valuation，WFPE）具有一定的工程应用价值。

风电场后评估软件 WFPE 采用 Python 程序设计语言，图 10.1 为该软件系统的设计流程。图 10.2 为 WFPE 软件首页。

软件总体的设计思路是利用 Python 编程将风电工程项目各项数据资料导入到程序中，并在软件中实现风电场后评估各项指标参数的计算及评估，绘制相关图表并将其保存，最后进行风电场综合后评估。要求系统能够保证风电场后评估过程的一体化

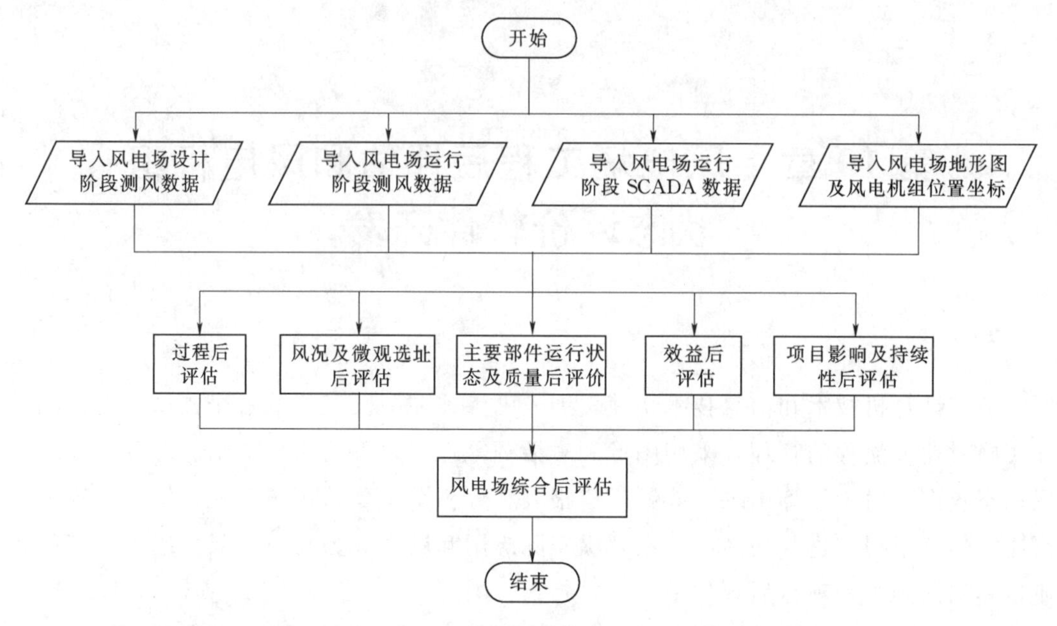

图 10.1　风电场后评估软件总体设计流程图

图 10.2　WFPE 软件首页

与便捷性，确保输出结果的准确性和实用性。

10.1.2　开发工具简介

Python 2.7 是一种面向对象、解释型计算机程序设计语言，由 Guido van Rossum 于 1989 年底发明，首次公开发行于 1991 年，Python 源代码同样遵循 GPL（GNU General Public License）协议。Python 语法简洁而清晰，具有丰富和强大的类库。它常被称为胶水语言，能够把用其他语言制作的各种模块（尤其是 C/C＋＋）很轻松地联结在一起。

Python 具备以下特点：

（1）简单。Python 是一种代表简单主义思想的语言。阅读一个良好的 Python 程序就感觉像是在读英语一样，它使你能够专注于解决问题而不是去搞明白语言本身。

（2）易学。Python 极其容易上手，因为 Python 有极其简单的语法。

（3）免费、开源。Python 是 FLOSS（自由/开放源码软件）之一。使用者可以自由地发布这个软件的拷贝，阅读它的源代码，对它做改动，把它的一部分用于新的自由软件中。FLOSS 是基于一个团体分享知识的概念。

（4）高层语言。用 Python 语言编写程序的时候无须考虑诸如如何管理你的程序使用的内存一类的底层细节。

（5）可移植性。由于它的开源本质，Python 已经被移植在许多平台上（经过改动使它能够工作在不同平台上）。这些平台包括 Linux、Windows、FreeBSD、Macintosh、Solaris、OS/2、Amiga、AROS、AS/400、BeOS、OS/390、z/OS、Palm OS、QNX、VMS、Psion、Acom RISC OS、VxWorks、PlayStation、Sharp Zaurus、Windows CE、PocketPC、Symbian 以及 Google 基于 linux 开发的 android 平台。

（6）解释性。一般来说，一个用编译性语言比如 C 或 C++写的程序可以从源文件（即 C 或 C++语言）转换到当前计算机使用的语言（二进制代码，即 0 和 1），这个过程通过编译器和不同的标记、选项完成，运行程序的时候，连接器软件把程序从硬盘复制到内存中并且运行。而 Python 语言写的程序不需要编译成二进制代码。用户可以直接从源代码运行程序。在计算机内部，Python 解释器把源代码转换成为字节码的中间形式，然后再把它翻译成计算机使用的机器语言并运行。这使得使用 Python 更加简单，也使得 Python 程序更加易于移植。

（7）面向对象。Python 既支持面向过程的编程也支持面向对象的编程。在面向过程的语言中，程序是由过程或仅仅是可重用代码的函数构建起来的。在面向对象的语言中，程序是由数据和功能组合而成的对象构建起来的。

（8）可扩展性。如果需要一段关键代码运行得更快或者希望某些算法不公开，可以部分程序用 C 或 C++编写，然后在 Python 程序中使用它们。

（9）可嵌入性。可以把 Python 嵌入 C 或 C++程序中，从而向程序使用者提供脚本功能。

（10）丰富的库文件。Python 标准库庞大。它可以帮助处理各种工作，包括正则表达式、文档生成、单元测试、线程、数据库、网页浏览器、CGI、FTP、电子邮件、XML、XML-RPC、HTML、WAV 文件、密码系统、GUI（图形用户界面）、Tk 和其他与系统有关的操作。这被称作 Python 的功能齐全理念。除了标准库以外，还有许多其他高质量的库，如 wxPython、Twisted 和 Python 图像库等。

（11）规范的代码。Python 采用强制缩进的方式使得代码具有较好可读性。而

Python 语言写的程序不需要编译成二进制代码。

本软件应用工具包 PyQt4 进行界面设计，该工具包已经有超过 300 个类和 6000 个函数与方法，是一个运行在所有主流操作系统上的多平台组件，包括 Unix，Windows 和 Mac OS。

10.1.3　功能设计

该软件需要实现的功能有：导入设计阶段和实际运行阶段的相关文件后，可实现对风电场过程、风电场所在地风况、微观选址、风电场设备主要部件运行状态及质量、风电场效益、风电场影响及持续性等内容进行后评估，并在此基础上进行风电场的综合后评估。

依据系统设计目标，将系统功能划分项目概况、风电场过程后评估、风电场所在地风况后评估及微观选址后评估、风电场主要部件运行及质量后评估、风电场效益后评估、风电场影响及持续性后评估、风电场综合后评估等模块。

（1）项目概况。对项目概况、项目总投资、主要经济技术指标、项目工期、项目主要前期工作过程、资金来源、运维模式、效益现状、周边关系等方面进行描述。

（2）风电场过程后评估。对风电工程项目前期工作、实施阶段、项目投资、生产运营阶段等进行简述及评估。

（3）风电场效益后评估。输入风电场基本信息及基础财务信息，对财务评估的财务内部收益率、财务净现值及投资回收期等指标进行计算。

（4）风电场所在地风况及微观选址后评估。风况评估、微观选址评估、上网电量及功率曲线情况、评价及分析。

（5）风电场主要部件运行状态及质量后评价。输入风电设备及其故障信息输入，对风电场运行情况进行汇总分析，得到风电场运行各系统曲线图，计算得到油温、振动及三相不平衡等指标数值及变化趋势图。

（6）风电场影响及持续性后评估。对风电场的影响及持续性进行描述。其中影响后评估包括：环境、经济、社会的影响评估。风电场持续性后评估包括，外部因素可持续性评估、内部因素可持续性评估。

（7）风电场综合后评估。输入专家评估权重表、专家评估分数表，得到综合评估云图及最终云模型参数。

10.2　后评估子模块的实现

10.2.1　风电场项目概况子模块

在进行风电场后评估时，应先对项目进行描述。描述内容包括在项目简述部分介

绍风电场地理位置、风资源情况、风电机组选型、电气与并网和基础建设情况等；在项目总投资及主要经济技术指标部分介绍项目各项财务指标，如总投资、总成本、平均电价、项目投资、财务内部收益率等；其他内容有项目工期、项目主要前期工作过程、资金来源、运维模式、效益现状及周边关系。该部分内容以文本形式输入。风电场工程概况子模块界面如图 10.3 所示。

图 10.3　风电场工程概况子模块界面

10.2.2　风电场过程后评估子模块

风电场过程后评估内容包括前期工作评估，具体为立项条件是否完全满足、前期勘察设计工作是否充分，项目开工准备工作是否满足；将预计建设工期与实际工期对比，研究其是否存在工期延误现象和具体原因，对施工质量进行复查；对风电场的生产运营情况进行分析，针对后评估过程中发现的风电场运营及管理问题给出建议。该部分内容根据前期收集到的资料由评估人员根据专业知识作出分析后以文本形式输入。风电场过程后评估子模块界面如图 10.4 所示。

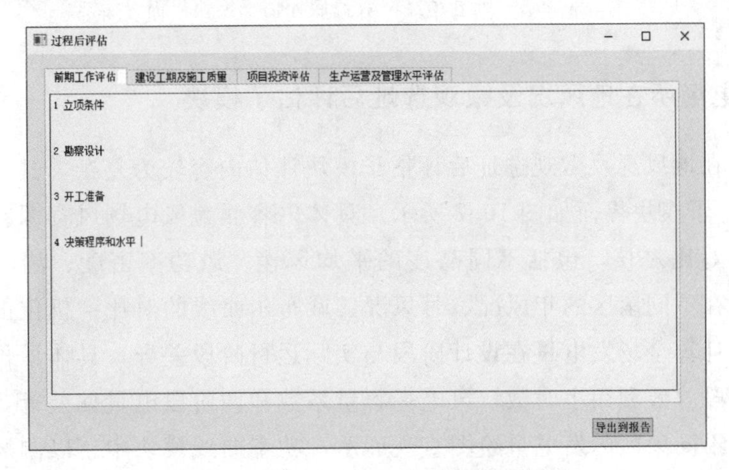

图 10.4　风电场过程后评估子模块界面

10.2.3　风电场经济效益后评估子模块

在进行经济效益后评估时，应输入计算所需要的风电场关键财务指标数值，如风电场的总装机容量、含税上网电价、年运行小时数、增值税税率、电站定员、年人均工资、单位千瓦投资等。软件为部分数据提供了默认值，单击“计算”按键后，可以得到财务内部收益率、投资回收期和最大资产负债率值，以这三项指标来衡量风电场经济效益情况。该部分内容均以数值形式进行输入，经内置程序计算后以表格形式输出。风电场经济效益后评估子模块界面如图 10.5 所示。

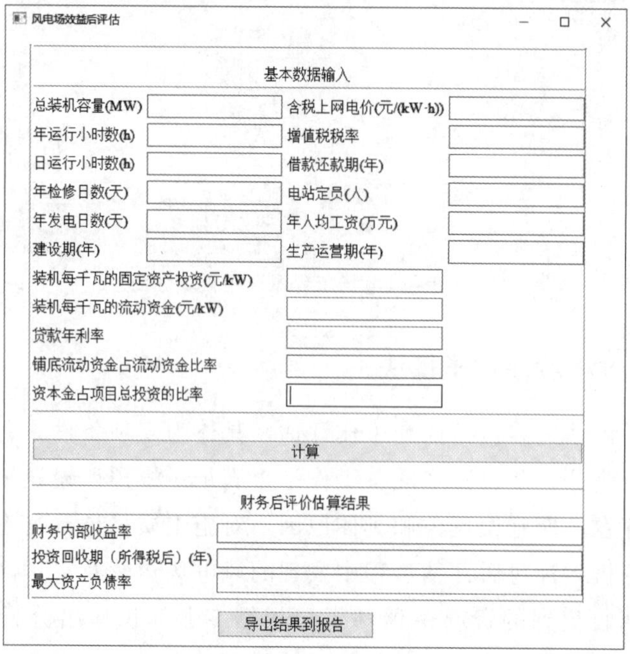

图 10.5　风电场经济效益后评估子模块界面

10.2.4　风电场所在地风况及微观选址后评估子模块

风电场所在地风况及微观选址后评估子模块评估内容较为复杂，其工作流程图如图 10.6 所示，子模块界面如图 10.7 所示。具体内容涵盖风电场风资源在设计阶段与实际运行期的对比复核，包括不同高度的平均风速、风功率密度、湍流强度、风切变、不同机组在不同扇区的年风况、月风况、威布尔曲线的对比；机位的对比；发电量部分将复核计算全场发电量在设计阶段与实际运行阶段差异，具体评价指标包括上网电量、两阶段等效利用小时数、风电场容量系数和两阶段电量偏差等，对单台机组在不同时间、不同扇区的发电量绘图直观展示；功率曲线模块中，以测风塔和各台风电机组在实际运行中 SCADA 系统记录的数据为依据，校核计算发电功率，对单台机

组的实际功率做出分析，包含不同机组在不同时间尺度下、不同时间段内和不同扇区的运行情况；发电量校验将依据实际运行阶段风资源计算正常应发电量与设计阶段进行对比。该部分各项输入除风电场区域地图外均以表格形式输入，经计算后通过绘制风玫瑰图、地形图、威布尔曲线、风速—发电量曲线和功率曲线等直观现实结果，方便分析。

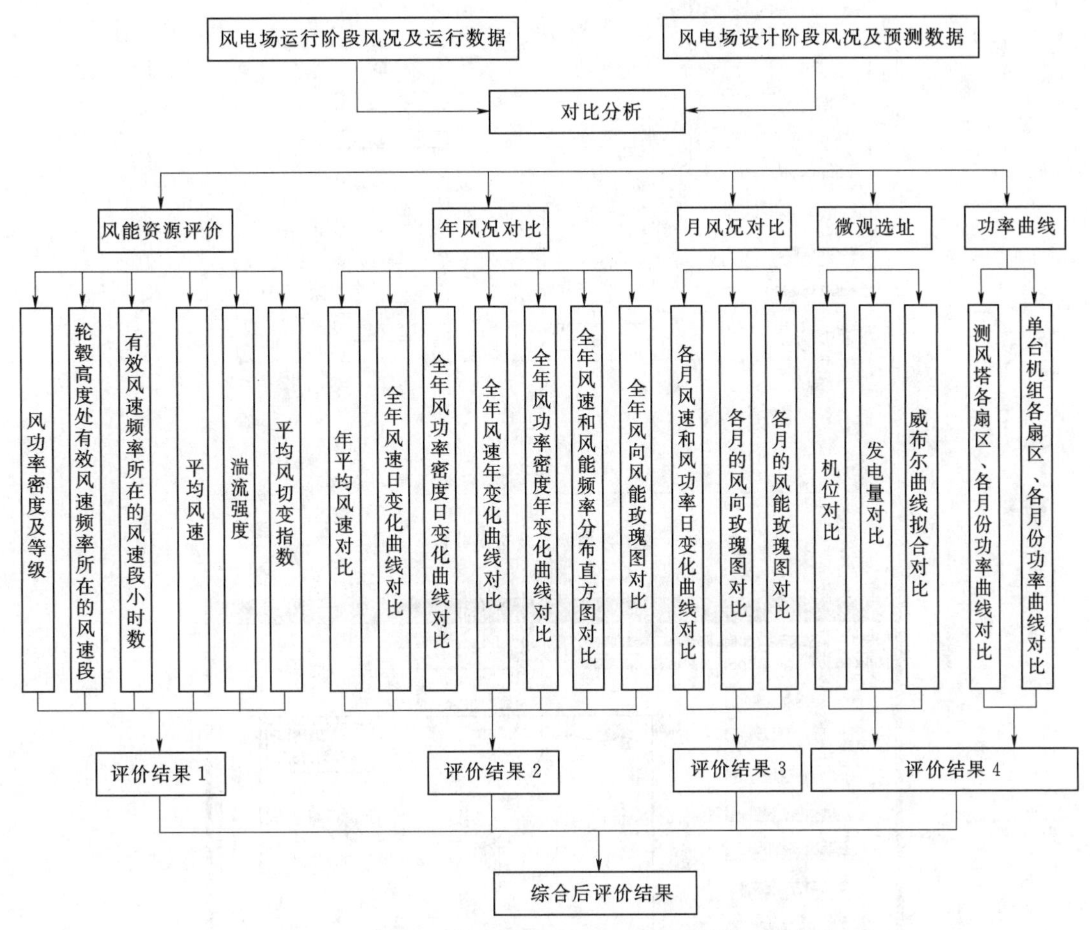

图 10.6　风电场所在地风况及微观选址后评估工作流程

10.2.5　风电场主要部件运行状态及质量后评估子模块

在进行此模块后评估时，需填写风电设备基本信息，包括发电设备简介、升压变电设备简介、控制保护设备简介及配套设备简介，并输入设备运行故障信息表、机组状态信息表。软件可实现绘制各机组故障时间柱状图、各机组维护时间柱状图、油温散点图、各机组塔架振动及驱动链振动，并计算机组容量系数、机组可利用率、齿轮箱油温超高比率、三相电流不平衡度等指标值。风电场主要部件运行及质量后评价子模块界面如图 10.8 所示。

(a) 数据输入及全局分析

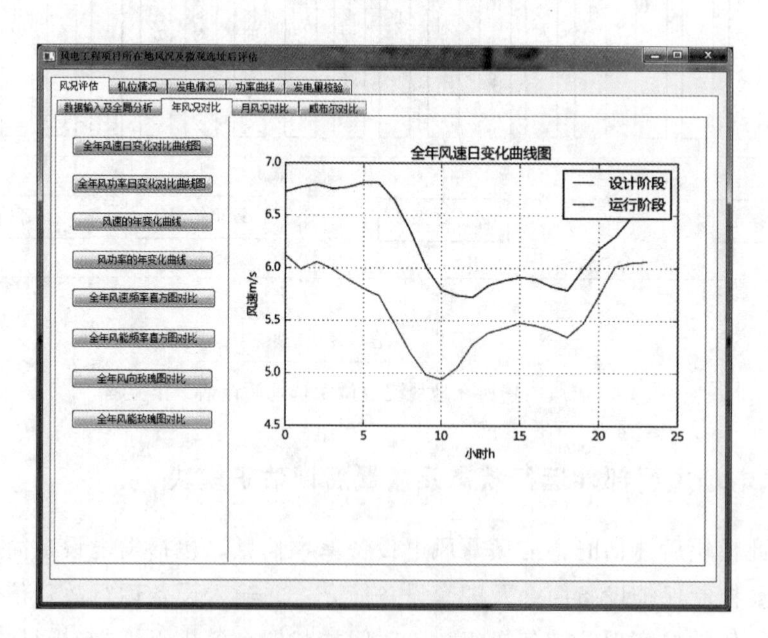

(b) 全年风速日变化曲线图

图 10.7（一）　风电场所在地风况及微观选址后评估子模块界面

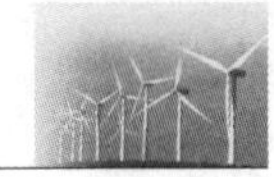

风电工程项目所在地风况及微观选址后评估

风况评估 机位情况 发电情况 功率曲线 发电量校验 导出报告

数据输入及全局分析 年风况对比 月风况对比 威布尔对比

风速日变化曲线 风功率日变化曲线

一月 二月 三月 四月 五月 六月 七月 八月 九月 十月 十一月 十二月

风能玫瑰图 风向玫瑰图

(c) 月风况对比

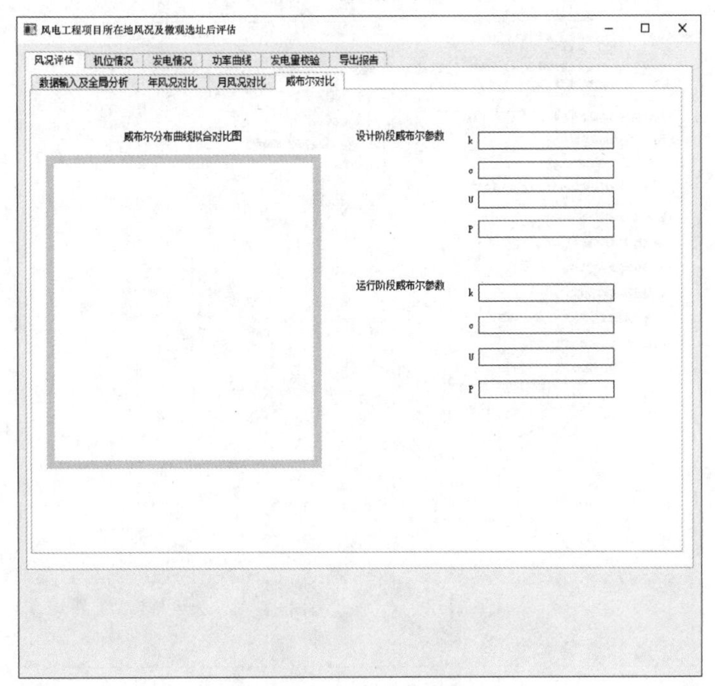

(d) 威布尔分布拟合曲线对比

图 10.7（二） 风电场所在地风况及微观选址后评估子模块界面

风电工程项目所在地风况及微观选址后评估

风况评估　机位情况　发电情况　功率曲线　发电量校验　导出报告

数据输入

风电场地形图　...　设计风机位置坐标　...　实际风机位置坐标　...

show

(e) 机位情况

风电工程项目所在地风况及微观选址后评估

风况评估　机位情况　发电情况　功率曲线　发电量校验　导出报告

数据录入　单台机组发电量

设计阶段单台机组理论发电量　...　风机额定功率曲线　...　计算

运行阶段单台机组发电量　...　风电场SCADA系统上网电量数据　...

设计阶段及实际运行期的上网电量对比

设计阶段上网电量/(万kWh)	
实际运行期上网电量/(万kWh)	
设计阶段等效小时数/(h)	
实际运行期等效小时数/(h)	
设计阶段设计容量系数	
实际运行期容量系数	
上网电量与设计值偏差/%	

年上网电量曲线图

(f) 发电量数据录入及统计

图 10.7（三）　风电场所在地风况及微观选址后评估子模块界面

(g) 发电量查询界面

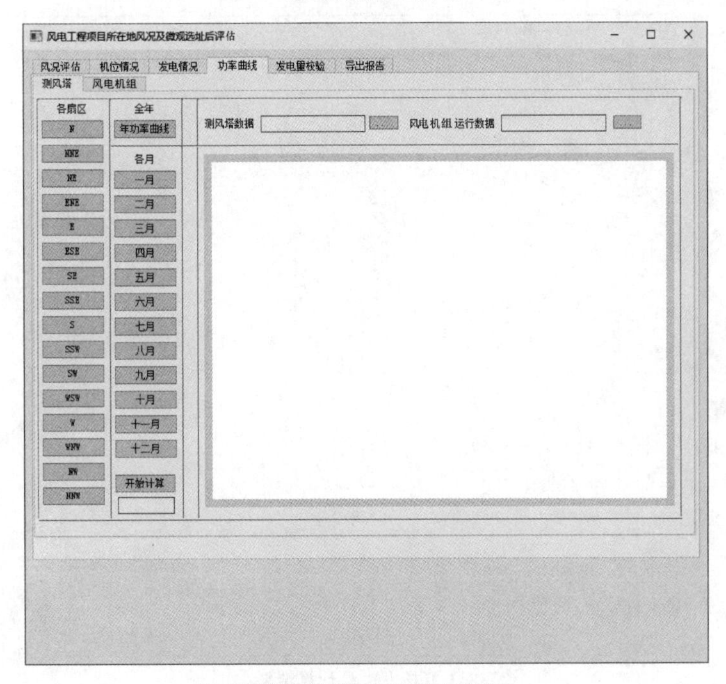

(h) 测风塔处风资源计算的功率曲线

图 10.7（四） 风电场所在地风况及微观选址后评估子模块界面

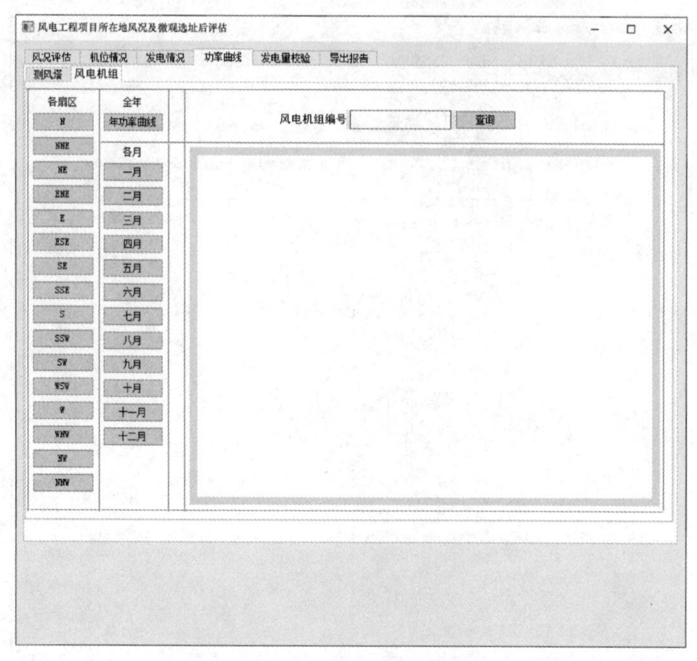

(i) 风电机组 SCADA 测风数据计算的功率曲线

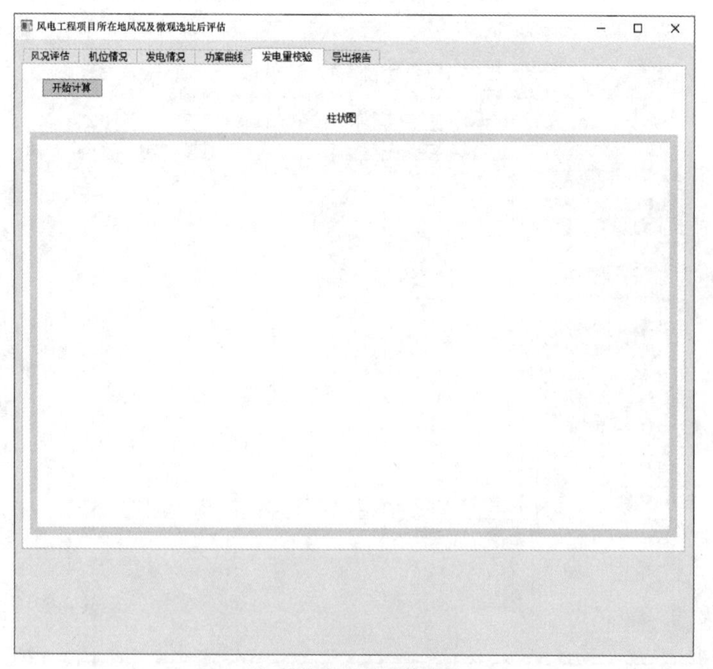

(j) 复核发电量计算结果

图 10.7（五）　风电场所在地风况及微观选址后评估子模块界面

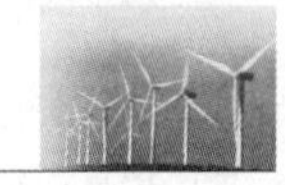

(a) 风电设备及故障信息输入

(b) 风电场运行故障及出力状况

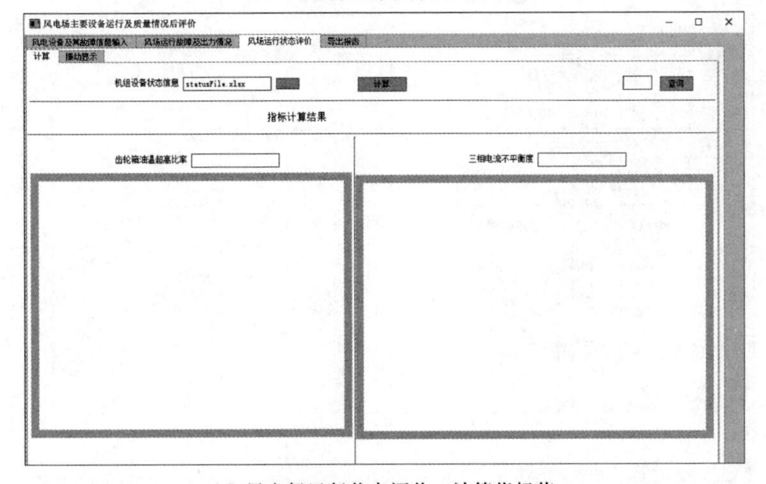

(c) 风电场运行状态评价—计算指标值

图 10.8（一）　风电场主要部件运行及质量后评价子模块界面

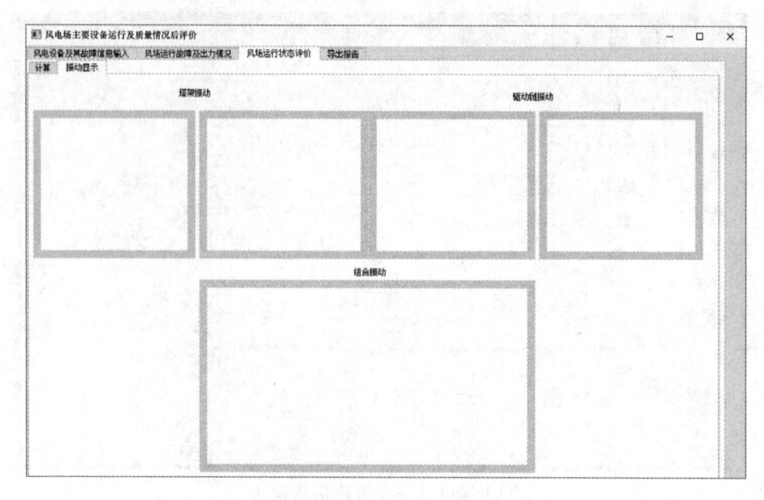

(d) 风电场运行状态评价—振动显示

图 10.8（二）　风电场主要部件运行及质量后评价子模块界面

10.2.6　风电场影响及持续性后评估子模块

该部分主要内容是该风电工程项目的影响后评估和持续性后评估。影响后评估主要从环境影响、经济影响和社会影响三方面进行，分别描述该项目对生态环境、土地资源、自然景观和水质等造成的影响，描述该项目产生的经济影响和社会影响；从内部因素和外部因素两方面分析该工程项目的可持续性。该部分内容以文本形式输入，依靠从业人员根据专业知识进行分析。风电场影响及持续性后评估子模块界面如图 10.9 所示。

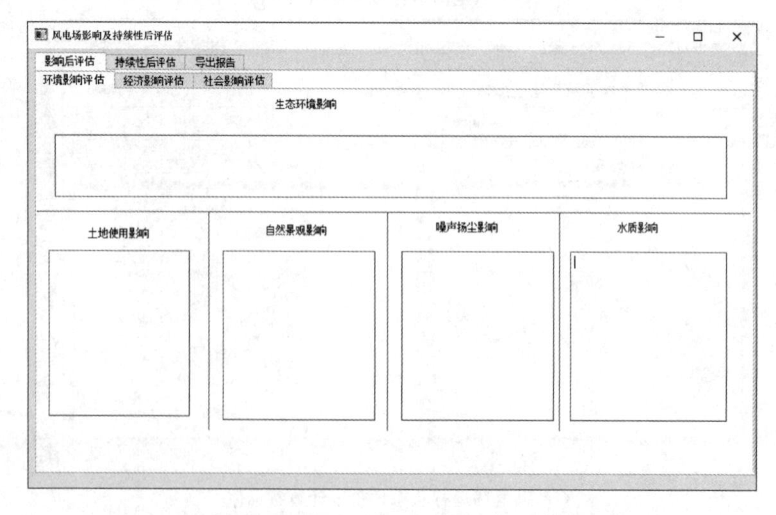

图 10.9　风电场影响及持续性后评估子模块界面

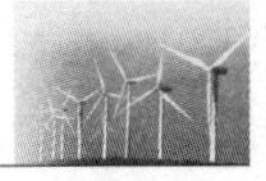

10.2.7 风电场综合后评估子模块

该部分内容是在前面模块的基础上，对整场进行综合评估。对风电场进行综合后评估时，应用层次分析方法计算各级指标权重并对各指标赋予分数。应用云模型理论绘制云图，展示项目综合评估等级。风电场综合后评估子模块界面如图 10.10 所示。

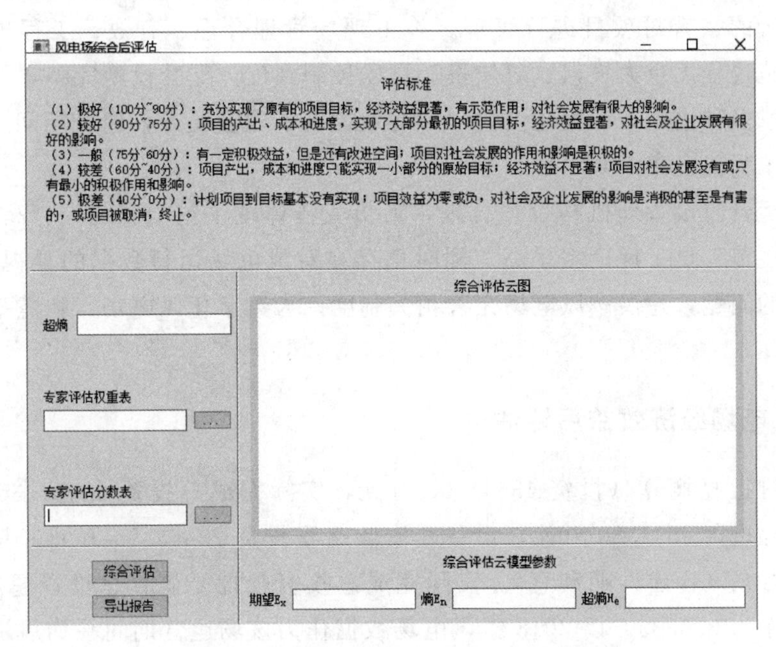

图 10.10 风电场综合后评估子模块界面

10.3 算例及分析

以某风电场 2018 年运行情况为例，通过 WFPE 软件对相关数据进行分析，得到后评估分析报告。通过分析项目前期施工与投资，设计阶段与运行阶段风资源、发电量，风电机组设备运行状况以及项目影响及持续性等内容对该风电场进行后评价工作。以下为该软件部分计算结果。

10.3.1 工程概况

该风电场装机容量 50MW，有 25 台单机容量 2000kW 机组，采用一机一变，每台风电机组配有一台 35kV 箱式变压器；以 3 回集电线路接入新建 110kV 升压站，设计阶段年上网电量为 9874.87 万 kW·h，总投资 44961.36 万元。场址处于山地地区，典型的中山地貌，场址海拔在 1110.00～1385.00m 之间，属于亚热带季风气候，场址区域风能资源较好，轮毂高度处年平均风速可达到 5.0m/s 以上。

10.3.2 风电场过程后评估

该风电场在前期工作实施过程中，可行性研究报告客观、准确；规划设计合理；审批流程合法、合规；招投标公开、公平、公正，在建设施工过程中，建设单位会同监理公司共同组织，科学推进；从勘察设计到施工，均按照严抓安全、确保工程进度、严控造价的宗旨对项目进行管理。施工现场管理合理、有效；工程项目按期竣工，工程实施过程无重大失误，对质量、进度控制到位。配套设施完备，服务功能齐全。通过采取多种措施，工程建设过程中有效控制了建设质量，建设期间未发生质量事故，单位工程优良率 100%。

在生产运营阶段管理机构设置合理，人员安排体现了精干、统一、高效的原则，风电场制度规范、员工理论水平高。同时也存在对风电场运行数据的重视程度不够、利用率不高的问题，建议该风电场完善相关制度，为数字化风电场、智慧型风电场建设做好准备。

10.3.3 风电场经济效益后评估

风电项目批复概算总投资 43641.05 万元，实际完成总投资 44961.36 万元，其中：建筑工程投资 9341.80 万元，设备及安装工程投资 28663.53 万元，其他费用投资 6956.03 万元（含建设期利息）。实际完成总投资较批复概算总投资超出 1320.31 万元，超支率为 3.03%。以 2018 年风电场数据作为该场运营期间平均风资源情况可以粗算得到项目投资回收期约为 8.2 年，与设计可研报告中的 9.53 年相比，时间缩短约 14%。

10.3.4 风电场所在地风况及微观选址后评估

以 2008 年测风塔测风数据和 2018 年实际运行期测风数据复核相关风况参数，见表 10.1，展示了风电场实际运行期和早期测风阶段测量差异。

表 10.1 可研及运行阶段风况参数

属　性	可研阶段	运行阶段
风功率密度（低层高度）/(W/m^2)	228.89	302.44
风功率密度（高层高度）/(W/m^2)	300.63	351.85
有效风速利用小时数（高层高度）/h	6523.33	6992.82
平均风速（低层高度）/(m/s)	4.74	5.41
平均风速（高层高度）/(m/s)	6.34	6.32
平均风切变	0.196	—

根据复核结果，该风电场所在地区风资源情况较好，轮毂高度处平均风速能够达

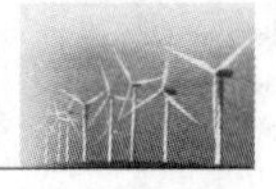

到 5.86m/s，年平均风功率密度为 300W/m² 以上，略好于早期测风阶段风资源情况。

根据早期测风数据与实际运行期测风数据，绘制基本风况参数对比图如图 10.11 和图 10.12 所示。

由图 10.11 和图 10.12 可以看出：风速年内季节性变化主要以春夏季风速相对较大，秋冬季风速相对较小。年内风功率密度变化规律与风速变化规律有所出入。风速和风功率密度年内变化幅度较大，85m 代表高度年平均风速在 3.6～7.3m/s 之间，年平均风功率密度在 90～460W/m² 之间；早期测风阶段年平均风速在 4.5～7.4m/s 之间，年平均风功率密度在 120～460W/m² 之间。年平均风速与年平均风功率密度均较可研设计预期有所降低，说明风电场内平均风速较高的同时，风速日变化、年变化都较大。早期测风阶段高风速时间集中在 2 月、3 月和 7 月，平均风速大于 6.5m/s，实际运行期内高风速集中在 3—5 月。

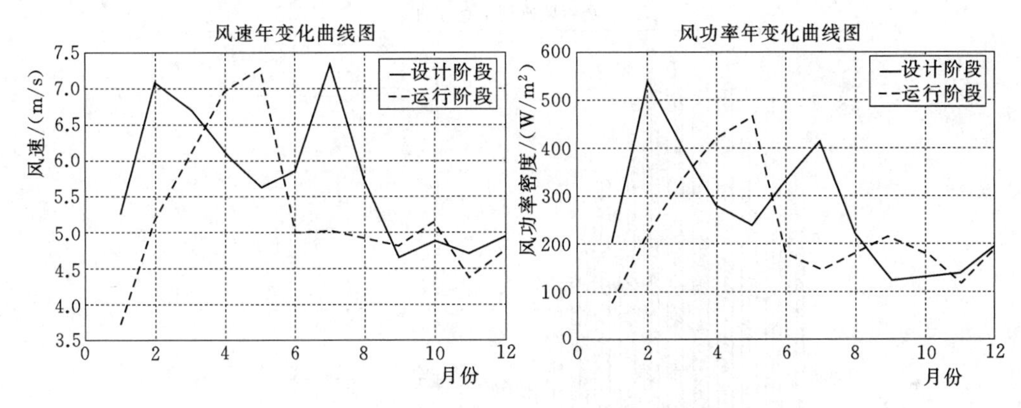

图 10.11 风速及风功率年变化对比图

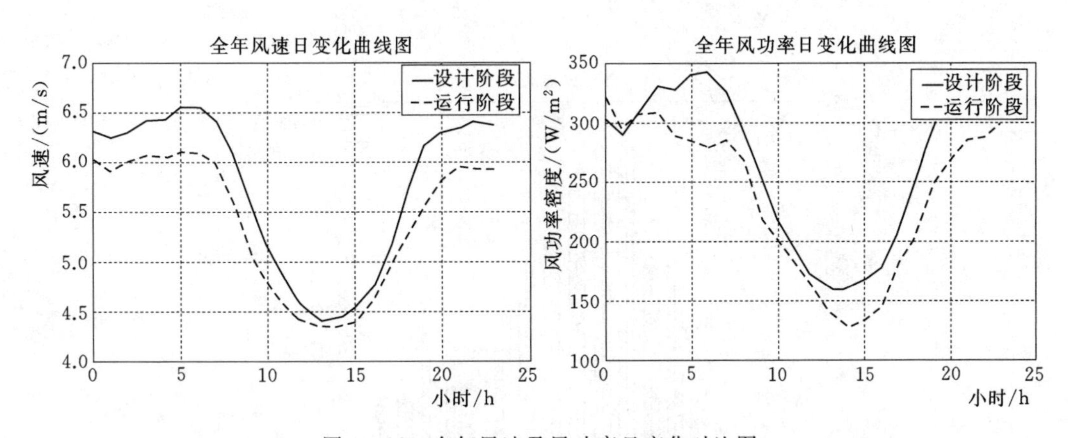

图 10.12 全年风速及风功率日变化对比图

实际运行期内年风速日变化范围在 4.4～7.3m/s 之间，在可研预期 3.4～8.0m/s 区间内，符合风速预期；风功率密度在 130～460W/m² 之间，在可研预期 58.6～495W/m² 区间内，最大平均风速和最大平均风功率密度在 22—24 时刻内，与可研预

期一致。日平均风速偏差较大时刻为 6 时与 22 时，达到 8%，这两个时刻为每日风速最大的两个时刻，由于风电场日平均风速变化稍大，早期测风时期日平均风速变化超过 2.1m/s，实际运行期日平均风速变化范围超过 1.7m/s；同样，风功率密度偏差最大值也出现在这两个时刻，偏差达到 17%。每天的 19 时至翌日 7 时是风电场平均风速最高，平均风功率密度最大的时间段。

如图 10.13 所示：可研阶段风速分布在 2.0～7.0m/s 之间，实际运行阶段分布在 2.0～7.0m/s 之间，风速好于预期，6～7m/s 风速频率超出可研预期，大于 10%，在风能分布趋势与风速一致，设计运行期与可研预期相符。如图 10.14 所示，对比可研阶段资料，平均风速、主风向以及主风能风向与设计阶段存在一定偏差，早期测风阶段主风向分布在 SSW - WSW 扇区，次主风向在 ESE 扇区，实际运行期主风向在 SW

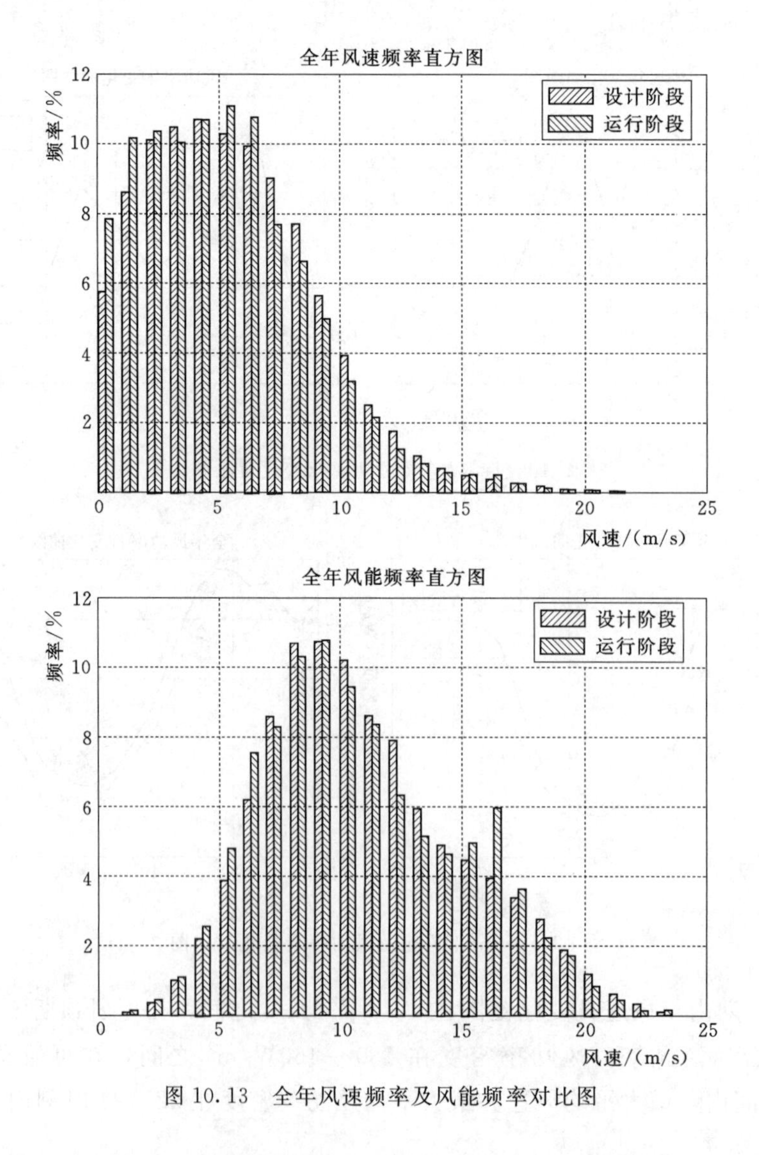

图 10.13　全年风速频率及风能频率对比图

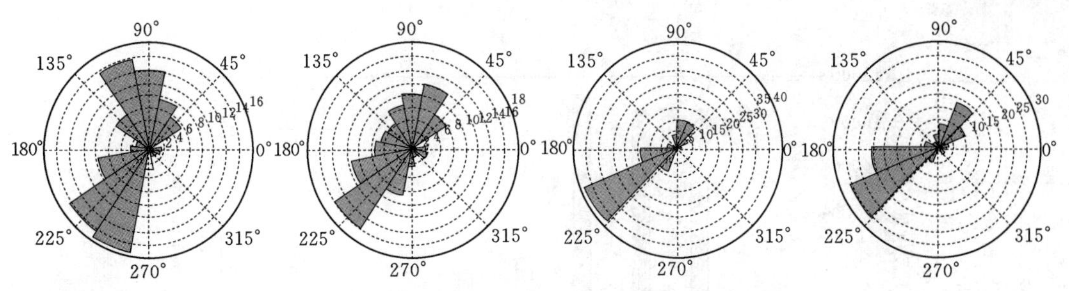

图 10.14 全年风向及风能玫瑰图对比

扇区，次主风向在 ENE 扇区，且方向分布要更分散；主风能频率在 SW－S 扇区更为集中，次主风能方向上分布较少。

图 10.15 对比了设计阶段与可研阶段风速概率密度的差异。采用双参数威布尔分布对风速分布进行拟合。从曲线形状看，实际运行期风速概率分布与设计阶段非常相似，运行阶段的低风速（小于 4m/s）频率稍稍低于可研设计阶段。两阶段的 k 值均小于 1.75，k 越小，年平均风速变化范围越大，此风电场 k 值小于 2，年平均风速变化较大。

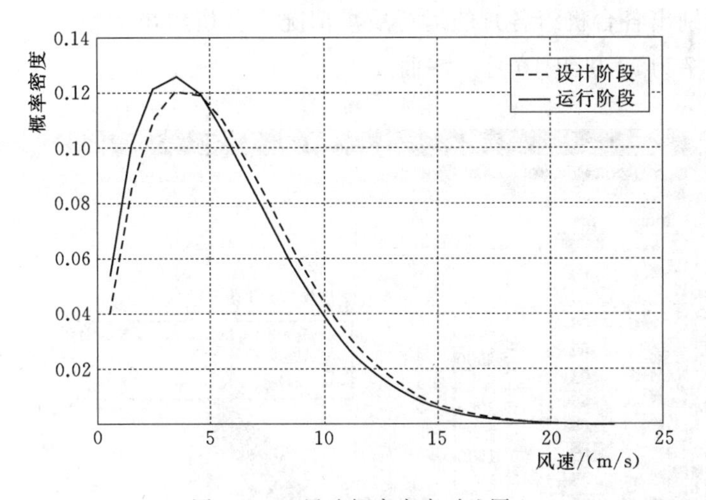

图 10.15 风速概率密度对比图

利用 SCADA 系统记录的风电机组相关参数，对风电场 2018 年全年全场单台风电机组逐月逐扇区进行复核，得到相关参数如下：此风电场设计阶段的理论发电量为 9874.87 万 kW・h，等效小时数为 1975h，容量系数为 0.225。实际运行过程中，发电量为 11150 万 kW・h，各月发电量如图 10.16 所示。年等效利用小时数为 2230h，容量系数为 0.255，实际发电量与设计值偏差为 12.9%。

以每台风电机组 SCADA 数据记录的风速、发电量为基准，绘制每台风电机组逐月各个扇区的功率曲线图。各个风电机组的实际运行阶段的拟合功率曲线与静态功率

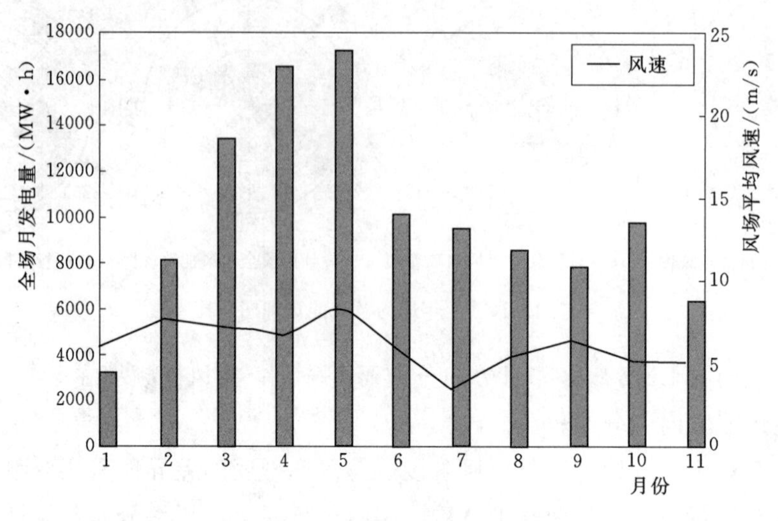

图 10.16　各月份发电量

曲线吻合良好，同时各月的发电功率的情况也有该月发电量统计的情况具有一一对应的关系，即高发电量的月份其达到高功率甚至额定功率的次数更多。由功率曲线形状能够很好地辨别出各台机组各月的运行质量情况，各机组出力情况好，达到可研设计要求。图 10.17 为 1# 机组 10 月功率曲线。

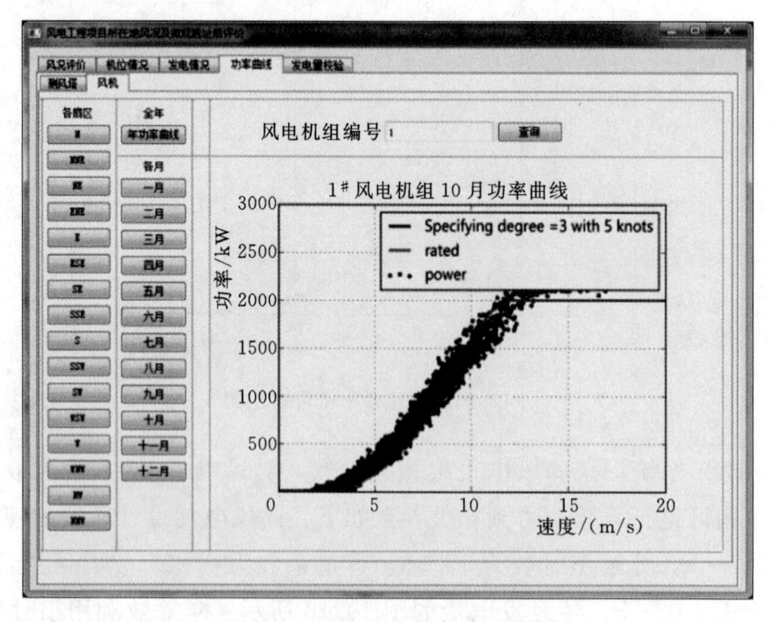

图 10.17　1# 机组 10 月功率曲线图

针对风电设备运行状况，基本良好，除个别风电机组外，故障时长和维护时长较低，风电场容量系数为 0.255，机组可利用率为 0.92。

10.3.5 风电场主要部件运行状态及质量后评价

结合风电场运维数据及SCADA历史运行数据，得到风电场运营指标见表10.2。

表10.2 风电场运营指标

等效满发小时数/h	2229.4868	机组容量系数	0.255
故障停机小时数/h	1847.49	机组可利用率	0.920
非被考核对象责任导致的停机小时数/h	316.77		

在分析该风电场设备运营情况时，发现1#风电机组存在在某扇区运行时振动值明显增加情况。对比图10.18中风电场地形和机位排布图可以看出，2#、3#风电机组位于1#风电机组的西南方向，3#风电机组与1#风电机组位置的海拔分别为1201.00m和1151.00m，风电场主风向为S－SW扇区，当风从西南方向吹来时，1#风电机组受地形及2#、3#风电机组尾流影响，湍流增大，机组振动也随之增大，导致风电机组频繁振动超限停机。1#风电机组综合振动情况如图10.19所示。

图10.18 风电场地形与机位图

10.3.6 环境影响及持续性后评估

结合项目可行性研究报告和实际运行时风电场及其周边环境情况，对该项目的环境影响及持续性后评估部分结论如下：

该工程建设过程中，较好地执行了建设项目环境保护“三同时”制度。在施工过程中对区域动植物产生了一定的影响，经采取水土保持和生态修复措施后，基本完成环评及水保报告提出的水土流失和保持措施，整体而言项目施工和运营对区域生态环

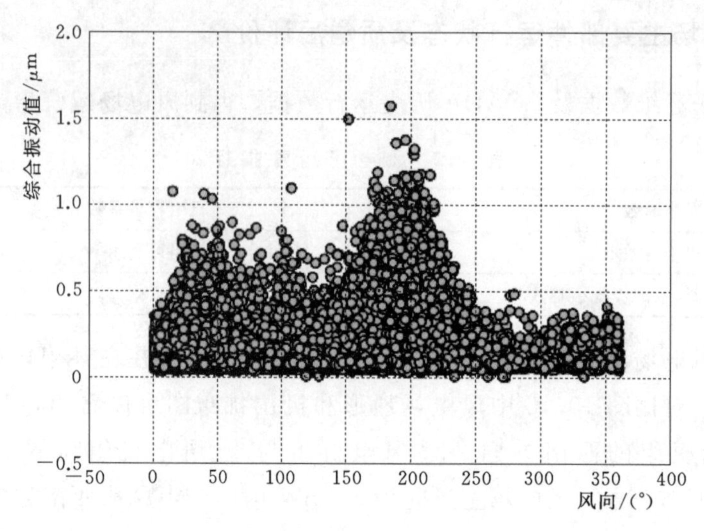

图 10.19　1# 风电机组综合振动情况

境的影响与环评阶段预测是相符的。

工程在设计期、施工期和运营期采取了有效的生态保护和污染防止措施，施工废水、粉尘、噪声、固体废物排放未对周边环境影响造成环境污染，对周边环境影响较小；项目环评报告表及批复文件提出的环保措施基本得到了落实。该工程具备竣工环境保护验收条件，满足竣工环境保护验收要求。

该工程需继续加强运营阶段水土保持设施管理工作，完善相关的管理规定；针对道路两侧部分存在滑坡可能的边坡，采取必要的工程措施和生态修复措施以防止暴雨天气时雨水冲刷造成的水土流失；完善风电场突发事件应急预案；加强日常监测，定期委托环境监测部门对周边环境进行监测，掌握污染动态，自觉接受环境管理部门的监督检查，配合做好各项污染防治与治理工作。

10.3.7　风电场综合后评估

最后进行风电场综合后评估，首先通过层次分析法来确定风电场综合后评估的指标权重，通过基于云模型的风电场综合后评估模型对风电工程项目进行直观评分。模型利用正向云生成器得到该指标体系的评估标准云模型，利用反向云生成器计算得到各指标的评估云，并绘制相应云图。比较综合评估云图与标准评估云，从而判断项目的最终评估等级。

图 10.20 为该场综合后评估云图，对比评估云图可知该风电场最终综合得分为 81，评价等级结果为较好。综合风电场内各指标分析结果可知，该风电场实际运行期内风资源状况良好，发电量达到预期，设备健康状况满足生产要求，可持续性与经济方面指标超出设计阶段期望值，整体表现较好。

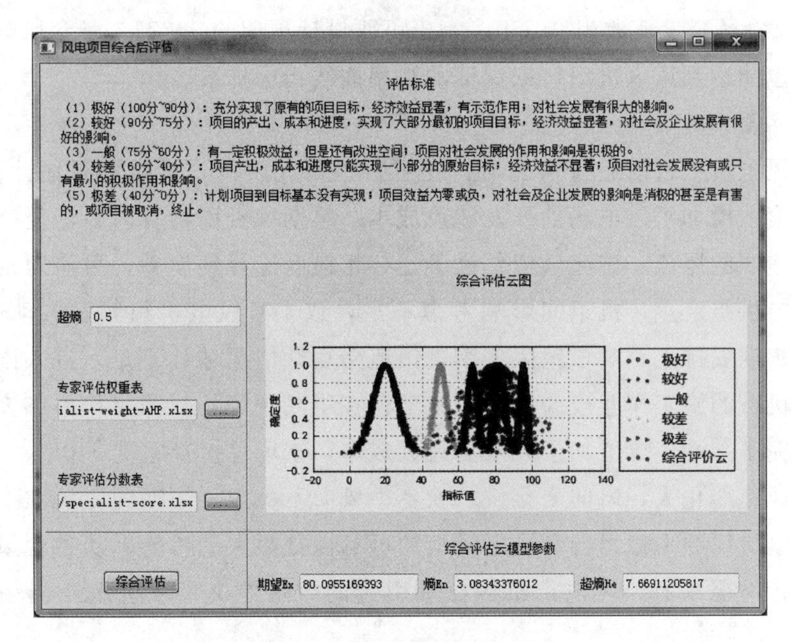

图 10.20　综合后评估云图

10.3.8　总体结论

1. 项目主要经验

（1）技术方面，该风电场在升压站设计中优化了集电线路的布置；根据山地地形情况，优化平面布置，满足站内巡视、操作、维护、修试及消防和生产辅助及生活配套等各项要求；在风电机组选型环节中，根据现场情况更换了风电机组型号，采用了全寿命周期内安全可靠、性价比高的风电机组，合理确定设备型式及参数，远近期结合，避免了设备在寿命周期内更换；采取措施节约资源、保护环境，该风电场处于国家森林公园内，风电场在设计建设与运营期内，做到了与环境协调，节地、节能、节水、节材，减少土石方量，完成了植被恢复保护工作。

（2）管理方面，工程总体质量优良、建筑、安装在国内属于优良水平，建筑单位工程和安装单位工程的优良率均达到了100%，完工后迅速完成了植被恢复工作并通过了环保复查；在施工时最大限度地减少安装平台的面积，减少开挖量；工程完工后，及时采取挂网喷播、人工植被等措施，对道路边坡、风电机组安装平台进行了复绿工作。

（3）经济方面，得益于该风电场所在区域优越的风资源条件，该场发电情况良好，10个月即完成全年生产任务，部分风电机组年等效利用小时数超过3000h，根据风电机组后评估时期运行情况，可在8.2年内收回投资成本，较可行性研究预期缩短14%。后评估结果显示，该风电场实际年等效利用小时数超过2100h，高于设计预期的 1975h；风电场容量系数为 0.255，大于可研设计预期的 0.225。各台风电机组的动态功率曲线也能达到风电机组厂家保证的功率曲线指标标准。

2. 项目主要问题

就分析风电机组目前运行情况看，在可行性研究阶段，对风资源估计偏于保守，这在一定程度上增加了风电场的开发建设成本。早期风资源计算时对于复杂地形中山包等障碍物造成的尾流、湍流效应估计不足，粗糙度选择精度差，可研对现场观测地形、微调风电机组定点，机组间影响考虑不足，致 1 号风电机组频发振动超限故障；在风电场的工期安排上，对该地区冬季进山道路复杂情况估计不足，进入雨季和结冰期后，大型机械的施工作业极为困难，施工存在中断现象，保障工作不够充分，风电场未能如期完工并网，也增加了风电场建设成本，该场总投资超支 3.03%；该风电场所处区域日风速变化大，风向变化快，秋冬季风向不稳定，短期内主风向变化范围较大，这对风电机组的平稳运行和风电机组的可靠性是很大的考验，从各台风电机组故障情况和维护情况来看，风电机组因振动引起的故障停机是致机组停机频次最高的原因。

风电场附近的气象站与风场测风风资源关联性弱，可研并未对风电场投产的未来 20 年进行长期风资源评估，缺乏中长期预测；未就不同区域测风塔不同高度空气密度分开计算，致所计算风功率密度偏差大；测风塔代表性差，依据测风塔计算的发电量低于实际发电量，且实际运行期内测风塔存在倒塔情况，未及时更换新塔。

3. 建议

针对复杂地形风电场的微观选址工作，需要在前期投入更长的时间和更多精力来获取有价值的风资源数据，充分考虑山地风电场的加速效应及障碍物造成的尾流、湍流效应，对于特别复杂的地形，应采取人工和计算软件结合的方式进行风资源评估。

对于复杂山地类型风电场，风电机组选型和各类设备应充分考虑防雷防冰条件，设备安装、道路建设都要考虑到雷雨天气、冰冻天气的影响；注意与环境的和谐相处，尤其处于国家风景名胜区环境的风电场，要做到环境保护和项目可持续发展并举。

该风电场在风电场的运维工作上亟待改进。风电场运维操作流程记录存在缺失，部分人员对风电场生产环节不够熟悉，对风电场运行的关键指标理解不够，不重视运维数据的收集和存储工作，存在故障消缺记录混乱、丢失情况，建议风电场加强标准化管理，严格执行各项生产操作规程，做到安全生产；由于该风电场所在地区交通条件较差，冬季风电场进入结冰期后，大部件更换、特定部件的检修、更换基本无法完成。随着风电场运行年限的增长，对于运维工作要提高重视，制定好风电场运维计划与方案。

在未来，主导项目收益的关键因素是项目的年利用小时数。要加强度电必争意

识，提高设备可利用率，推行发电量对标和抢发电量激励政策，加强风电场的设备治理，积极做好设备缺陷处理工作，保证发电期间设备的可靠性；进一步细化预算管理，加大预算执行力度；强化成本费用预算的刚性控制；积极进行税收策划，争取政策支持。

第11章 总结与展望

11.1 总 结

在风电工程项目的后评估工作中，相关部门曾经出台过一些规定和指导办法。如《风电场工程后评价规程》（NB/T 10109—2018）是近期与后评估直接相关的政策文件之一。虽然有相关的政策性文件、管理办法，但是大多数还只是在政策上面，说明了风电工程项目后评估工作的必要性，但后评估的具体内容及其规范化和标准化尚未有明确规定。因此，本着解决这一问题为主要目标，本书从风电场工程后评估方法和风电机组运行状态评估技术两方面出发，介绍了当前学术界针对这两项工作的研究进展，结合所做工作完成了风电工程项目后评估技术的评估方法和技术方案设计，对所开发风电场后评估软件进行了介绍和算例展示。本书的主要成果如下：

（1）介绍了风电机组状态监测及评价技术的研究现状。对传统的监测方法和智能监测与诊断方法进行对比；对参数预测技术、异常辨识技术和状态评价技术做了介绍；同时也对工程评估技术研究现状做出阐述，结合风电工程项目进行了说明。

（2）介绍了风电场后评估工作中所需数据的收集和预处理工作。风电场的后评估所需数据和资料的收集是很重要的工作，实际操作中，经常面临风电场可行性研究论证时期的过程文件缺失，部分风电场的资料管理及存档混乱无法使用，各参与方的资料共享难度大，因传感器、系统故障原因造成的不合理数据也是风电场后评估工作中的难点问题。介绍了后评估工作中需要处理的数据及其处理方法，如早期测风数据和风电机组 SCADA 系统记录的运行数据，介绍了常见的数据清洗、聚合方法，以某风电场一个完整年数据为例，对风速、风向和风功率数据进行了数据验证和清洗、插补处理的示范。

（3）介绍了风电机组的动态功率曲线模型及其测试方法。风电机组的动态功率曲线是机组在实际生产过程中生产质量的重要体现，动态功率曲线的准确建模对把握风电场生产水平至关重要。从对功率曲线的影响因素、功率曲线的功率特性测试方法、功率曲线建模方法和功率曲线聚合方法四方面进行了阐述，并给出了一个采用样条插值方法拟合的某风电场各台风电机组功率曲线计算案例。结合风电场风功率曲线的测试规范，介绍了风电场风功率曲线的测试方法。

（4）针对目前行业内缺少风电工程项目后评估详细标准，在建设项目后评估内容要求的基础上，结合风电工程项目特性，建立了风电场后评估指标体系。从风电场工程过程后评估、风电场所在地风况及微观选址后评估、风电场主要部件运行状态及质量后评估、风电场效益后评估、风电场影响及持续性后评估以及风电场综合评估6个方面建立详细指标体系。

（5）介绍了常规风电机组的结构特征以及SCADA系统的监测参数类型与监测位置，根据机组子部件分类，总结了风轮、齿轮箱、发电机、电气设备以及其他部件的常见故障并对其进行了机理性分析，随后根据相关机构对于风电机组各部件故障的统计信息和状态评价指标的选取依据，制定了风电机组运行健康状态的评价体系。根据历史故障信息统计和现场可用信息建立风电机组运行健康状态的评价体系，能够了解机组整体健康状况，帮助合理安排机组运维任务，有利于及时发现机组的早期故障征兆、延长其工作寿命、降低场内运营维护成本。

（6）根据风电机组运行特性以及参数辨识的方法，提出了机组健康运行状态下的自预测模型、耦合关系模型、LRRBF神经网络模型等三种参数预测模型，并通过部分算例验证了预测模型的准确性和适用性，最后基于滑动窗口法对参数的预测值和实际值之间的残差进行分析，实现了机组关键部件的异常辨识。

（7）基于模糊综合评判理论，提出了一种新的风电机组运行健康状态评价方法，涉及了因素集和评估语集的界定、隶属度函数的计算、权重向量的分配、模糊算子的选择、劣化度的归一化、评估方案的建立等多方面，并在最后通过实例分析验证了评估结果的准确性以及对故障定位的新方法探索。

（8）在云模型的基本理论及计算方法基础上，建立了基于云模型的风电场综合后评估模型。模型首先应用层次分析法计算各级评估指标权重，然后利用正向云生成器得到该指标体系的评估标准云模型，利用反向云生成器计算得到各指标的评估云，结合各指标权重，得到风电场综合后评估标准云，并绘制相应云图。比较综合评估云图与标准评估云，从而判断项目的最终评估等级。应用云模型方法对某风电场进行综合后评估，得到该风电场综合评估结果。该评估结果与项目实际情况相符，说明该模型具有较强的实用性。

越来越多的风电从业人员进行大数据和神经网络与风电融合技术的研究，这是风电工程项目评估的一个重要趋势。在介绍了大数据、数据挖掘技术和云计算原理和发展趋势的，同时，也介绍了深度学习网络，将卷积神经网络和深度置信网络应用到风电机组的运行状态评估中。

在以上基础上，开发了风电场后评估和风电机组状态评价的软件。该软件在所建立的风电场后评估指标体系上，依次实现对风电场各个子项进行评估，即对风电项目工程过程、所在地风况、微观选址、主要部件运行状态及质量、经济效益、项目影响及持续性等后评估指标的计算与图表展示，并完成基于云模型的风电场综合后评估。以湖南某风电场为例，展示了其部分后评估结果，提出了风电场运营存在的问题并给出了一些建议，同时验证了软件的功能与效果。

11.2 展　望

本书完成了风电工程项目后评估和设备状态评价的方案设计，创建了风电场后评估指标体系和方法，开发了相应的软件工具，但同时也有很多需要继续研究的内容。

针对不同的风电场，其建设目的及特性不同，所建立评估指标体系是否具有普适性，这还需要大量的实际数据进行验证；随着风电机组单机容量的提升，一些技术也在发生改变，评估指标体系也要跟随变化，对所建立指标体系进行动态完善，考虑更多因素指标，提高评估模型的精确程度。

对风电场不同项目进行评估时，可提供可选方案，针对不同特点风电场，对不同项目采用不同评估方案，提高评估针对性和准确性。在确定指标权重时，未完全脱离主观性，在后续的工作中，挖掘新的权重计算方法，或采用多种权重计算方法结合，减少主观性对评估的影响，更加准确地确定各指标权重。

深层神经网络和大数据技术的不断发展，使得风电机组参数预测算法呈现出更多的可能性，将风电机组参数预测融入风电场后评估中，这对风电机组状态评价和风电场后评估有重要补充作用，评价的同时提出技改方案，运维建议是一项重要工作，要结合风电场后评估在风电工程项目中的实际应用，积累经验，完善此项工作。

目前，所开发设计后评估软件只在一些区域的风电场实现了应用，对不同地貌特征下风电场的适用性还需要实际验证。同时该后评估软件可实现各级指标的计算及图表展示，但暂未实现对指标计算结果的动态描述和评估，因此在后续开发中将继续探索该功能实现可能性，提升后评估软件的智能化水平。

参 考 文 献

[1] 王海明，李红刚，董志宝，等. 基于PowerPC的风电机组在线振动状态监测系统设计 [J]. 电子设计工程，2017，25 (19)：170 - 173.

[2] 牛东晓，宋宗耘. 基于熵值法和物元可拓模型的核电站安全运行状态评价 [J]. 安全与环境学报，2015，15 (5)：25 - 29.

[3] 刘任改，向文平，喻永松，等. 基于变权层次分析的水电机组运行状态评估 [J]. 水电站机电技术，2015 (4)：55 - 59.

[4] Hwang，Ching - Lai，Yoon，Kwangsun Multiple Attribute Decision Making：Methods and Applications [M]. Berlin：Springer - Verlag，1981：4 - 11.

[5] Gregory A J，Jackson M C. Evaluation Methodologies：A System for Use [J]. Journal of the Operational Research Society，1992，43 (1)：19 - 28.

[6] Eldukair Z A，Ayyub B M. Multi - attribute fuzzy decisions in construction strategies [J]. Fuzzy Sets and Systems，1992，46 (2)：155 - 165.

[7] Wang M J J，Sharit J，Drury C G. Fuzzy set evaluation of inspection performance [J]. International Journal of Man - Machine Studies，1991，35 (4)：587 - 596.

[8] Maeda H，Murakami S. A fuzzy decision - making method and its application to a company choice problem [J]. Information Sciences，1988，45 (2)：331 - 346.

[9] Salles A C N，Melo A C G，Legey L F L. Risk analysis methodologies for financial evaluation of wind energy power generation projects in the Brazilian system [J]. Probabilistic Methods Applied to Power Systems，2004 International Conference，2004：457 - 462.

[10] CastroR，Ferreira L. A Comparison Between Chronological and Probabilistic Methods to Estimate Wind Power Capacity Credit [J]. IEEE Power Engineering Review，2007，21 (10)：62 - 62.

[11] Sergio B B，Felipe I C，Valencia A. Evaluation of methodologies for remunerating wind power \" s reliability in Colombia [J]. Renewable & Sustainable Energy Reviews，2010，14 (7)：2049 - 2058.

[12] 霍志红，郑源，等. 风电机组控制 [M]. 北京：中国水利水电出版社，2014.

[13] 杨锡运，郭鹏，岳俊红，等. 风电机组故障诊断技术 [M]. 北京：中国水利水电出版社，2015.

[14] Lu T，Guo Y，Jiang H，et al. Application of the Value Analysis Method on Economic Operation E-valuation of Wind Farm [C]. Wuhan：Asia - pacific Power & Energy Engineering，2009：1 - 4.

[15] Ahmed R. Abul' Wafa. Reliability cost evaluation of a wind power delivery system [J]. Electric Power Systems Research，2011，81 (4)：873 - 879.

[16] Gass V，Strauss F，Schmidt J，et al. Assessing the effect of wind power uncertainty on profitability [J]. Renewable and Sustainable Energy Reviews，2011，15 (6)：2677 - 2683.

[17] Ajayi A E. Evaluation of the social factors affecting wind farms [D]. Dissertations & Theses - Gradworks，2011.

[18] Kim J Y，Oh K Y，Kang K S，et al. Site selection of offshore wind farms around the Korean Peninsula through economic evaluation [J]. Renewable Energy，2013，54：189 - 195.

[19] Latinopoulos D，Kechagia K. A GIS - based multi - criteria evaluation for wind farm site selection. A

regional scale application in Greece [J]. Renewable Energy, 2015, 78: 550 - 560.

[20] Bridget D, Martin B. Development of cumulative impact assessment guidelines for offshore wind farms and evaluation of use in project making [J]. Impact Assessment and Project Appraisal, 2018: 1 - 15.

[21] 倪枫杰，黄金枝. 工程项目后评价研究综述 [J]. 建筑技术开发，2004，31 (11)：103 - 106.

[22] Bo W. Important Issues to China's Wind Power Development [C]. 北京：北京国际风能大会，2010：60 - 65.

[23] 冯超. 风电建设项目后评价指标体系研究 [J]. 科技信息，2012 (7)：287 - 287.

[24] Wu Y, Li Y, Ba X, et al. Post - evaluation indicator framework for wind farm planning in China [J]. Renewable & Sustainable Energy Reviews, 2013, 17 (1): 26 - 34.

[25] 沈又幸，范艳霞，谢传胜. 基于 FAHP 法的风电项目后评估研究 [J]. 电力需求侧管理，2008，10 (6)：16 - 18.

[26] 李晟，蒋维，胡国良. 基于 ANP 的模糊多层次分析法的风电项目后评价研究 [J]. 安徽电力，2009 (4)：83 - 86.

[27] 李金颖，徐一楠，田俊丽. 东北电网风电项目可持续性后评价研究 [J]. 华东电力，2011 (7)：1041 - 1044.

[28] Li Z, Ye L, Zhao Y, et al. Short - term wind power prediction based on extreme learning machine with error correction [J]. Protection & Control of Modern Power Systems, 2016, 1 (1): 1.

[29] Tascikaraoglu A, Uzunoglu. A review of combined approaches for prediction of short - term wind speed and power [J]. Renewable and Sustainable Energy Reviews, 2014, 34 (1): 243 - 254.

[30] 张颖超，王雅晨，邓华，等. 基于 IAFSA - BPNN 的短期风电功率预测 [J]. 电力系统保护与控制，2017，45 (7)：58 - 63.

[31] 杨茂，黄宾阳. 基于灰色缓冲算子-卡尔曼滤波双修正的风电功率实时预测研究 [J]. 可再生能源，2017，35 (1)：101 - 109.

[32] Yang W, Jiang J. Wind turbine condition monitoring and reliability analysis by SCADA information [C] // International Conference on Mechanic Automation & Control Engineering. IEEE, 2011: 1872 - 1875.

[33] Li H, Hu Y G, Yang C, et al. An improved fuzzy synthetic condition assessment of a wind turbine generator system [J]. International Journal of Electrical Power & Energy Systems, 2013, 45 (1): 468 - 476.

[34] Schlechtingen M, Santos I F, Achiche S. Wind turbine condition monitoring based on SCADA data using normal behavior models. Part 1: System description [J]. Applied Soft Computing Journal, 2013, 13 (1): 259 - 270.

[35] Kusiak A, Li W. The prediction and diagnosis of wind turbine faults [J]. Renewable Energy, 2011, 36 (1): 16 - 23.

[36] Kusiak A, Verma A. Analyzing bearing faults in wind turbines: A data - mining approach [J]. Renewable Energy, 2012, 48 (6): 110 - 116.

[37] Schlechtingen M, Santos I F. Comparative analysis of neural network and regression based condition monitoring approaches for wind turbine fault detection [J]. Mechanical Systems & Signal Processing, 2011, 25 (5): 1849 - 1875.

[38] Yan Y, Li J, Gao D W. Condition Parameter Modeling for Anomaly Detection in Wind Turbines [J]. Energies, 2014, 7 (5): 3104 - 3120.

[39] 安学利，蒋东翔. 风电机组运行状态的混沌特性识别及其趋势预测 [J]. 电力自动化设备，2010，30 (3)：15 - 19.

[40] 李辉，李学伟，胡姚刚，等. 风电机组运行状态参数的非等间隔灰色预测 [J]. 电力系统自动化，2012，36 (9)：29 - 34.

[41] 王爽心，李朝霞，刘海瑞. 基于小世界优化的变桨距风电机组神经网络预测控制 [J]. 中国电机工程学报，2012，32 (30)：105 - 111.

[42] Yang W，Court R，Jiang J. Wind turbine condition monitoring by the approach of SCADA data analysis [J]. Renewable Energy，2013，53 (9)：365 - 376.

[43] 赵洪山，胡庆春，李志为. 基于统计过程控制的风电机组齿轮箱故障预测 [J]. 电力系统保护与控制，2012 (13)：67 - 73.

[44] 郭鹏，姜漫利，李航涛. 基于运行数据和高斯过程回归的风电机组发电性能分析与监测 [J]. 电力自动化设备，2016，36 (8)：10 - 15.

[45] 李大中，毛小丽，尹鹏娟，等. 基于 NSET 的风力发电机后轴承温度预警方法 [J]. 科学技术与工程，2016，16 (24)：205 - 209.

[46] 孙鹏. 风电机组状态异常辨识广义模型与运行风险评估方法研究 [D]. 重庆：重庆大学，2016.

[47] Zaher A S，Mcarthur S D J. A Multi - Agent Fault Detection System for Wind Turbine Defect Recognition and Diagnosis [C]//Power Tech，2007 IEEE Lausanne. IEEE，2007：22 - 27.

[48] Chuanyang YU，Baojie XU，Guoxin WU，et al. A fault prediction algorithm of wind turbine generator [J]. Journal of Beijing Information Science & Technology University，2013.

[49] 姚万业，李新丽. 基于状态监测的风电机组变桨系统故障诊断 [J]. 可再生能源，2016，34 (3)：437 - 440.

[50] Ata R. Artificial neural networks applications in wind energy systems：a review [J]. Renewable & Sustainable Energy Reviews，2015，49：534 - 562.

[51] Kusiak A，Verma A. A Data - Driven Approach for Monitoring Blade Pitch Faults in Wind Turbines [J]. IEEE Transactions on Sustainable Energy，2010，2 (1)：87 - 96.

[52] Meik Schlechtingen，Ilmar Ferreira Santos. Wind turbine condition monitoring based on SCADA data using normal behavior models. Part 2：Application examples [J]. Applied Soft Computing，2014，14 (1)：447 - 460.

[53] Garcia M C，Sanz - Bobi M A，Pico J D. SIMAP：Intelligent System for Predictive Maintenance：Application to the health condition monitoring of a windturbine gearbox [J]. Computers in Industry，2006，57 (6)：552 - 568.

[54] Ebrahimi B M，Faiz J，Roshtkhari M J. Static -，Dynamic -，and Mixed - Eccentricity Fault Diagnoses in Permanent - Magnet Synchronous Motors [J]. IEEE Transactions on Industrial Electronics，2009，56 (11)：4727 - 4739.

[55] 赵洪山，郭伟，邵玲，等. 基于子空间方法的风电机组齿轮箱故障预测算法 [J]. 电力自动化设备，2015，35 (3)：27 - 32.

[56] 臧红岩. 基于 Rosetta 的粗糙集神经网络在风电机组故障诊断中的应用 [J]. 可编程控制器与工厂自动化，2011 (5)：79 - 80.

[57] 颜永龙，李剑，李辉，等. 采用信息熵和组合模型的风电机组异常检测方法 [J]. 电网技术，2015，39 (3)：737 - 743.

[58] 孙鹏，李剑，寇晓适，等. 采用预测模型与模糊理论的风电机组状态参数异常辨识方法 [J]. 电力自动化设备，2017，37 (8)：90 - 98.

[59] 刘胜先，李录平，余涛，等. 基于振动检测的风电机组叶片覆冰状态诊断技术 [J]. 中国电机工程学报，2013，33 (32)：88 - 95.

[60] 刘秀丽，徐小力. 基于深度信念网络的风电机组齿轮箱故障诊断方法 [J]. 可再生能源，2017，35 (12)：1862 - 1868.

[61] He D, Wang X, Li S, et al. Identification of multiple faults in rotating machinery based on minimum entropy deconvolution combined with spectral kurtosis [J]. Mechanical Systems & Signal Processing, 2016, 81: 235-249.

[62] Mohanta D K, Sadhu P K, Chakrabarti R. Fuzzy reliability evaluation of captive power plant maintenance scheduling incorporating uncertain forced outage rate and load representation [J]. Electric Power Systems Research, 2004, 72 (1): 73-84.

[63] 罗毅，周创立，刘向杰. 多层次灰色关联分析法在火电机组运行评价中的应用 [J]. 中国电机工程学报，2012，32 (17)：97-103.

[64] 付忠广，王建星，靳涛. 基于投影寻踪原理的火电厂状态评估 [J]. 中国电机工程学报，2012，32 (17)：1-6.

[65] 唐伟锋. 火电厂运行优化系统效益评价方法研究 [J]. 电气时代，2017 (8)：54-56.

[66] Ridwan M I, Talib M A, Ghazali Y Z Y. Application of Weibull-Bayesian for the reliability analysis of distribution transformers [C]// Power Engineering and Optimization Conference. IEEE, 2014: 297-302.

[67] 邱玉婷，李济沅，邓旭，等. 基于改进 TOPSIS-RSR 法的电能质量综合评价 [J]. 高压电器，2018，54 (1)：44-50.

[68] Gill S, Stephen B, Galloway S. Wind Turbine Condition Assessment Through Power Curve Copula Modeling [J]. IEEE Transactions on Sustainable Energy, 2012, 3 (1): 94-101.

[69] Herp J, Pedersen N L, Nadimi E S. Wind turbine performance analysis based on multivariate higher order moments and Bayesian classifiers [J]. Control Engineering Practice, 2016, 49: 204-211.

[70] Kusiak A, Zheng H, Song Z. On-line monitoring of power curves [J]. Renewable Energy, 2009, 34 (6): 1487-1493.

[71] 梁涛，张迎娟. 基于风电机组功率曲线的故障监测方法研究法 [J]. 可再生能源，2018，36 (2)：302-308.

[72] Dai J, Yang W, Cao J, et al. Ageing assessment of a wind turbine over time by interpreting wind farm SCADA data [J]. Renewable Energy, 2017.

[73] Zaher A, Mcarthur S D J, Infield D G, et al. Online wind turbine fault detection through automated SCADA data analysis [J]. Wind Energy, 2009, 12 (6): 574-593.

[74] 吴晖. 基于健康样本和趋势预测的风电机组齿轮箱健康状态评估方法的研究 [D]. 北京：华北电力大学大学，2017.

[75] 颜永龙. 风电机组运行状态评估与短期可靠性预测方法研究 [D]. 重庆：重庆大学，2015.

[76] 黄丽丽. 基于 SCADA 的风电机组故障预测与健康管理技术研究 [D]. 成都：电子科技大学，2015.

[77] 黄必清，何焱，王婷艳. 基于模糊综合评价的海上直驱风电机组运行状态评估 [J]. 清华大学学报（自然科学版），2015 (5)：543-549.

[78] L. Li, Y. Ou, Y. Wu, Q. Li and D. Chen. Research on feature engineering for time series data mining [C]. 2018 International Conference on Network Infrastructure and Digital Content (IC-NIDC). Guiyang, 2018: 431-435.

[79] 程学旗，靳小龙，王元卓，等. 大数据系统和分析技术综述 [J]. 软件学报，2014，25 (09)：1889-1908.

[80] Han J, Kamber M, Pei J. Data mining: concepts and techniques [M]. Morgan Kaufmann Publishers, 2006.

[81] Hartigan J A, Wong M A. Algorithm AS 136: A K-means clustering algorithm [J]. Journal of

the Royal Statistical Society，1979，28 (1)：100 - 108.

[82] Li J，Zhang Y，Xie P. A new adaptive cascaded stochastic resonance method for impact features extraction in gear fault diagnosis [J]. Measurement，2016，91：499 - 508.

[83] 曹杰. 大数据审计中的特征工程 [J]. 江苏商论，2019，(9)：31 - 34.

[84] Hemanth Mithun Praveen，Divya Shah，Krishna Dutt Pandey. PCA based health indicator for remaining useful life prediction of wind turbine gearbox [J]. Vibroengineering PROCEDIA，2019，29：31 - 36.

[85] 顾婷. 风电场后评估功率曲线的讨论 [C]//中国农业机械工业协会风力机械分会第六届中国风电后市场交流合作大会论文集. 2019.

[86] 陈庆斌. 风电机组和风电场的功率特性测试研究 [D]. 重庆：重庆大学，2008.

[87] 张泽龙. 大型风电机组功率曲线测试与评估方法研究 [D]. 北京：华北电力大学，2019.

[88] 杨茂，杨琼琼. 风电机组风速-功率特性曲线建模研究综述 [J]. 电力自动化设备，2018，038 (002)：34 - 43.

[89] 张虎成，魏浪，张习传. 水利水电建设项目后评价研究现状与发展趋势 [J]. 贵州水力发电，2007，21 (5)：12 - 15.

[90] 孟建英. 工程建设投资项目后评价理论方法与应用研究 [D]. 天津：天津大学，2004.

[91] 李雷. X风电场三期工程项目后评价研究 [D]. 北京：华北电力大学，2016.

[92] 朱学敏. 滨海山地风电场工程项目后评价 [J]. 能源与环境，2012 (3)：24 - 25.

[93] 冯超. 大唐科右前旗风电场一期工程项目后评价研究 [D]. 北京：华北电力大学，2012.

[94] 李磊. HH风电场项目后评价研究 [D]. 济南：山东大学，2017.

[95] 戴闻天. 大唐新能源六鳌风电项目后评价研究 [D]. 长春：吉林大学，2015.

[96] Stam A，Silva A P D. On multiplicative priority rating methods for the AHP [J]. European Journal of Operational Research，2003，145 (1)：92 - 108.

[97] 李常春. 风资源评估方法研究 [D]. 呼和浩特：内蒙古工业大学，2006.

[98] 高绍凤. 应用气候学 [M]. 北京：气象出版社，2001：51.

[99] Clive,Peter. Non - linearity in MCP with Weibull Distributed Wind Speeds [J]. Wind Engineering，2008，32 (3)：319 - 323.

[100] Peng H，Feng C，Liu F. Post - evaluation of the design of a wind farm in inner Mongolia [J]. Power System & Clean Energy，2009，25 (11)：66 - 69.

[101] Xia H，Jia N. Notice of RetractionPost - evaluation of the design on wind resource [C]. Wuhan：IEEE Power Engineering and Automation Conference，2011：295 - 299.

[102] Ehsani A，Fotuhi M，Abbaspour A，et al. An Analytical Method for the Reliability Evaluation of Wind Energy Systems [C]. Melbourne：TENCON 2005 - 2005 IEEE Region 10，2005. 1 - 7.

[103] Kaiser K，Langreder W，Hohlen H，et al. Turbulence Correction for Power Curves [J]. Wind Energy，2007：159 - 162.

[104] 卞恩林. 风电项目后评价中的发电量评价问题 [J]. 风能，2012 (12)：82 - 86.

[105] 王庆伟，苏梅，于文革. 基于17799曲线的风电机组功率曲线评价方法研究 [J]. 发电与空调，2016，37 (2)：9 - 12.

[106] 卢胜，吴莎. 基于SCADA数据的风电场后评估方法 [J]. 电子测试，2016 (1)：41 - 43.

[107] Karki R，Hu P，Billinton R. A Simplified Wind Power Generation Model for Reliability Evaluation [J]. IEEE Transactions on Energy Conversion，2006，21 (2)：533 - 540.

[108] Yong- Hong Y，Xian - Dong L I. Study of Theory and Method for Post - Evaluating of Wind Power [J]. Journal of North China Electric Power University，2008 (3)：6 - 9.

[109] Zhao X，Wang S，Li T. Review of Evaluation Criteria and Main Methods of Wind Power Forecas-

ting [J]. Energy Procedia，2011 (12)：12：761-769.

[110] 陈雪峰，李继猛，程航，等. 风力发电机状态监测和故障诊断技术的研究与进展 [J]. 机械工程学报，2011，47 (9)：45-52.

[111] 闫宇. 浅谈风电机组齿轮箱油温高故障的处理方法 [J]. 建筑工程技术与设计，2018，(12)：1526.

[112] 邢作霞，姚兴佳，陈雷，等. 基于成本模型的1MW变速风电机组的参数优化设计分析 [J]，太阳能学报，2007，28 (5)：538-544.

[113] 吕跃刚，关晓慧，刘俊承. 风电机组状态监测系统研究 [J]. 自动化与仪表，2012，27 (01)：6-10.

[114] 姚兴佳，刘光德，邢作霞. 大型变速风电机组总体设计中的几个问题探讨 [J]，沈阳工业大学学报，2006，28 (2)：196-201.

[115] 郭鹏，徐明，白楠，等. 基于SCADA运行数据的风电机组塔架振动建模与监测 [J]. 中国电机工程学报，2013，33 (5)：128-135，20.

[116] 任岩，胡雷鸣，黄今. 基于SCADA数据的风电机组振动的相关性分析与研究 [J]. 水力发电，2019，45 (4)：106-109.

[117] Juchuan Dai，Wenxian Yang，Junwei Cao，Deshun Liu，Xing Long. Ageing assessment of a wind turbine over time by interpreting wind Farm SCADA data [J]. Renewable Energy，2017，116 (B)：199-208.

[118] 黄广义. 1.5MW三相电流不平衡故障分析 [J]. 中小企业管理与科技，2018，(26)：166-167.

[119] 狄海龙，梁振飞，王波. 双馈异步风电机组定子三相电流不平衡原因分析 [J]. 华电技术，2012，34 (1)：73-75.

[120] Zhang J，Chowdhury S，Messac A，et al. Economic Evaluation of Wind Farms Based on Cost of Energy Optimization [C]. Texas：AIAA/ISSMO Multidisciplinary Analysis Optimization，2010：9244.

[121] 陈文晖. 工程项目后评价 [M]. 北京：中国经济出版社，2009.

[122] Pereira，A. J. C.，Saraiva，J. T.. Economic evaluation of wind generation projects in electricity markets [C]. Madrid：International Conference on the European Energy Market，2010：1-8.

[123] 张宏春. 肥城风电场项目设计方案综合评价研究 [D]. 北京：华北电力大学，2013.

[124] 迟冰. 基于运行数据的风电机组在线状态评估 [D]. 北京：华北电力大学，2016.

[125] 吴佳梁，王广良，魏振山. 风电机组可靠性工程 [M]. 北京：化学工业出版社，2010.

[126] 李若昭. 风电机组综合性能评估与运行特性分析 [D]. 北京：华北电力大学，2009.

[127] Abouhnik A，Albarbar A. Wind turbine blades condition assessment based on vibration measurements and the level of an empirically decomposed feature [J]. Energy Conversion & Management，2012，64 (4)：606-613.

[128] 李学伟. 基于数据挖掘的风电机组状态预测及变桨系统异常识别 [D]. 重庆：重庆大学，2012.

[129] 张新燕，何山，张晓波，等. 风电机组主要部件故障诊断研究 [J]. 新疆大学学报，2009，26 (6)：140-144.

[130] 蒋东翔，洪良友，黄乾，等. 风电机组状态监测与故障诊断技术研究 [J]. 电网与清洁能源，2008，24 (3)：40-44.

[131] 赵振宙，郑源，陈星莺，等. 海上风电机组主要机械故障机理研究 [J]. 水利水电技术，2009，40 (9)：32-45.

[132] Rauert T，Herrmann J，Dalhoff P，et al. Fretting fatigue induced surface cracks under shrink fitted main bearings in wind turbine rotor shafts [J]. Procedia Structural Integrity，2016，(2)：3601-3609.

[133] 谢源，强珏娴. 大型兆瓦级风电机组状态监测研究 [J]. 上海电机学院学报，2009，12 (4)：271-275.

[134] 董文婷. 基于大数据分析的风电机组健康状态的智能评估及诊断 [D]. 上海：东华大学，2016.

[135] HAHN B，DURSTEWITZ M，ROHRIG K. Reliability of wind turbines [M]. Berlin，Germany：Springer，2007：329-332.

[136] Ribrant J，Bertling L M. Survey of Failures in Wind Power Systems With Focus on Swedish Wind Power Plants During 1997 - 2005 [J]. IEEE Transactions on Energy Conversion，2007，22 (1)：167-173.

[137] Braam H，Rademakers L W M M，Verbruggen T W. CONMOW：Condition monitoring for offshore wind farms [C] // European Wind Energy Conference. Madrid，Spain：ESN Wind Energy，2003.

[138] 中国可再生能源协会风能专业委员会. 全国风电设备运行质量状况调查报告（2012 年）[R]. 北京，2013：27-28.

[139] 郭亚军. 综合评价理论与方法 [M]. 北京：科学出版社，2002.

[140] 秦寿康. 综合评价原理与应用 [M]. 北京：电子工业出版社，2003.

[141] 刘敦楠，陈雪青，何光宇，等. 电力市场评价指标体系的原理和构建方法 [J]. 电力系统自动化，2005，29 (23)：2-7.

[142] 李舜酩，郭海东，李殿荣. 振动信号处理方法综述 [J]. 仪器仪表学报，2013 (8)：229-237.

[143] 杨建，张利，王明强，等. 计及出力水平影响与自相关性的风电预测误差模拟方法 [J]. 电力自动化设备，2017，37 (9)：96-102.

[144] 王新霞，王珂，焦东翔，等. 基于正态分布离群点算法的反窃电研究 [J]. 电气应用，2017 (7)：60-65.

[145] 张小田. 基于回归分析的风电机组主要部件的故障预测方法研究 [D]. 北京：华北电力大学，2013.

[146] 肖成，刘作军，张磊. 基于 SCADA 系统的风电变桨故障预测方法研究 [J]. 可再生能源，2017，35 (2)：278-284.

[147] 郭鹏，David Infield，杨锡运. 风电机组齿轮箱温度趋势状态监测及分析方法 [J]. 中国电机工程学报，2011，31 (32)：129-136.

[148] Pangning Tan，Michael Steinbach，Vipin Kumar. 数据挖掘导论（完整版）[M]. 北京：人民邮电出版社，2011. 31-32.

[149] 商立群，王守鹏. 改进主成分分析法在火电机组综合评价中的应用 [J]. 电网技术，2014，38 (7)：1928-1933.

[150] 张靠社，罗钊. 基于 RBF-BP 组合神经网络的短期风电功率预测研究 [J]. 可再生能源，2014，32 (9)：1346-1351.

[151] 刘昊，张艳，高鑫，等. 基于 RBF 神经网络与模糊控制的短期负荷预测 [J]. 电网与清洁能源，2009，25 (10)：62-66.

[152] 魏媛，郭颖，许昌等. 最小资源分配网络在风功率在线校正预测的应用 [J]. 可再生能源，2016，34 (3)：441-447.

[153] 汪培庄. 模糊集理论及其简单应用 [M]. 上海：上海科技出版社，1983.

[154] 苊垆. 实用模糊数学 [M]. 北京：科学技术文献出版社，1989.

[155] 杨家豪，欧阳森，石怡理，等. 一种组合隶属度函数及其在电能质量模糊评价中的应用 [J]. 电工电能新技术，2014，33 (2)：63-69.

[156] 蒋金良，袁金晶，欧阳森. 基于改进隶属度函数的电能质量模糊综合评价 [J]. 华南理工大学学报（自然科学版），2012，40 (11)：107-112.

[157] 许树柏. 层次分析法原理 [M]. 天津：天津大学出版社，1988：6-13.

[158] 李仁杰，刘峰，辛明颖. 模糊算子的优化选取 [J]. 东北农业大学学报，2001，32 (3)：299-302.

[159] 蔡戈鸣. 市政工程施工新技术模糊综合后评价模型研究 [D]. 杭州：浙江大学，2004.

[160] 李辉，胡姚刚，唐显虎，等. 并网风电机组在线运行状态评估方法 [J]. 中国电机工程学报，2010，30 (33)：103-109.

[161] 江顺辉. 基于大数据分析的风电机组运行状态评估方法研究 [D]. 泉州：华侨大学，2016.

[162] 肖运启，王昆朋，贺贯举，等. 基于趋势预测的大型风电机组运行状态模糊综合评价 [J]. 中国电机工程学报，2014，34 (13)：2132-2139.

[163] 赵洪山，张健平，李浪. 基于最优权重和隶属云的风电机组状态模糊综合评估 [J]. 中国电力，2017，50 (5)：88-94.

[164] 李大中，许炳坤，常城. 基于熵值法的大型风电机组运行状态综合评价 [J]. 热能动力工程，2016，31 (4)：1-5.

[165] 郑小霞，张志宏，符杨. 基于变权模糊综合评判的海上风电机组运行状态评估 [J]. 计算机测量与控制，2013，21 (7)：1861-1863.

[166] Badea A，Proştean G，Tămăşilă M，et al. Collaborative decision-making on wind power projects based on AHP method [C]. American：Materials Science and Engineering Conference Series. 2017：163 (1)：1-5.

[167] Zhao Z，Huang W. Multi-objective Decision-making on Wind Power Projects Based on AHP Method [C]. ChangSha：International Conference on Computer Distributed Control and Intelligent Environmental Monitoring，2011：242-245.

[168] 王新生，温学谦，刘丹，等. 普适环境中基于云理论的信任模型 [J]. 计算机工程，2010，36 (7)：282-284.

[169] Fang F，Yu A. The Economic Evaluation of the Wind Power Projects Based on the Cloud Model [C]. Berlin：Third International Conference on Education Technology and Training. 2010：443-448.

[170] Sinuany-Stern Z，Amitai A. The post-evaluation of an engineering project via AHP [C]. Portland：Technology Management：the New International Language，1991：275-277.

[171] Yu C S. A GP-AHP method for solving group decision-making fuzzy AHP problems [J]. Computers & Operations Research，2002，29 (14)：1969-2001.

[172] Saaty T L，Tran L T. On the invalidity of fuzzifying numerical judgments in the Analytic Hierarchy Process [J]. Mathematical and Computer Modelling，2007，46 (7)：962-975.

[173] Liu C，Chen D，Feng Y. Post-Evaluating of Wind Power Project Based On AHP Model [C]. ChengDu：2010 IEEE Asia-Pacific Power and Energy Engineering Conference，2010：1-4.

[174] 华泽嘉，侯晨璇，谷彦章. 基于AHP和D-S证据理论的风电项目综合后评价研究 [J]. 可再生能源，2015，33 (2)：214-219.

[175] 吴爱燕，于重重，曾广平，等. 基于自然语言的模糊多属性云决策方法研究 [J]. 计算机科学，2010，37 (11)：199-202.

[176] 胡宗顺，黄之杰，朱倩，等. 基于熵权法-AHP法航空制氧制氮站安全评价指标体系权重确定方法研究 [J]. 装备环境工程，2017，14 (4)：77-81.

[177] Niu D X，Fang F，Li Y Y. A Study on the Post-Evaluation of the Social Environment of the Cloud Model-Based Wind Power Project [J]. Applied Mechanics and Materials，2011，(3)：71-78.

[178] 南智斐. 风电工程项目后评价理论与应用研究 [D]. 北京：华北电力大学，2016.

[179] Liu C X, Wu Q L, Fan L L, et al. Evaluation of Wind Power Industry Comprehensive Benefits Based on AHP and Fuzzy Comprehensive Evaluation Method [J]. Advanced Materials Research, 2012, 573-991.

[180] 雷亚国，贾峰，周昕，等. 基于深度学习理论的机械装备大数据健康监测方法 [J]. 机械工程学报，2015，51 (21)：49-56.

[181] 曲建岭，余路，袁涛，等. 基于卷积神经网络的层级化智能故障诊断算法 [J]. 控制与决策，2019，34 (12)：2619-2626.

[182] Guo Sheng, Yang Tao, Gao Wei, et al. An Intelligent Fault Diagnosis Method for Bearings with Variable Rotating Speed Based on Pythagorean Spatial Pyramid Pooling CNN [J]. Sensors (Basel, Switzerland), 2018, 18 (11): 3857-3870.

[183] 李东东，王浩，杨帆，等. 基于一维卷积神经网络和 Soft-Max 分类器的风电机组行星齿轮箱故障检测 [J]. 电机与控制应用，2018，45 (6)：80-87.

[184] 韩树发，于颖，唐堂，等. 基于联合领域自适应卷积神经网络的多工况故障诊断 [J]. 微型电脑应用，2019，35 (1)：4-9.

[185] 郝辰妍. 风电场后评价研究及软件开发 [D]. 南京：河海大学，2019.

[186] 丁佳煜. 大型风电机组的运行健康状态综合评价技术研究 [D]. 南京：河海大学，2018.

[187] 杨志宇. 基于深度学习的风电机组变桨故障诊断研究 [D]. 南京：河海大学，2020.

《风电场建设与管理创新研究》丛书
编辑人员名单

总 责 任 编 辑　营幼峰　王　丽
副总责任编辑　王春学　殷海军　李　莉
项 目 执 行 人　汤何美子
项 目 组 成 员　丁　琪　王　梅　邹　昱　高丽霄　王　惠

《风电场建设与管理创新研究》丛书
出版人员名单

封面设计　李　菲
版式设计　吴建军　郭会东　孙　静
责任校对　梁晓静　黄　梅　张伟娜　王凡娥
责任印制　黄勇忠　崔志强　焦　岩　冯　强
责任排版　吴建军　郭会东　孙　静　丁英玲　聂彦环